IMPRESSUM

Die in diesem Buch erarbeiteten Ergebnisse basieren auf wissenschaftlichen Datenquellen, ergänzt durch Abschätzungen und umfangreiche Berechnungen des Autors. Diese sind auf der Website www.zwei-grad-eine-tonne.com zu finden.

Lektorat: Caroline Egelhofer, Wolfgang Pendl
Gestaltung: Martin Caldonazzi, Veronica Burtscher
www.caldonazzi.at
Foto: Markus Gmeiner
Druck: VVA Vorarlberger Verlagsanstalt GmbH, Dornbirn
gedruckt auf Desistar 100 % Recycled Paper

ISBN 978-3-200-05606-0

Inhaltsverzeichnis

Einleitung

Mich interessiert das Pragmatische, die Umsetzung.

Der erste konkrete Schritt ist mir ebenso wichtig wie der letzte. Mit Entwürfen für eine gute Zukunft kann ich dann etwas anfangen, wenn auch Wege sichtbar sind, wie sie verwirklicht werden können. Der Klimawandel findet statt, Intensität und Dramatik der Auswirkungen sind aber immer noch massiv beeinflussbar. Die Zeit drängt, die notwendigen Veränderungen sind aber nicht von heute auf morgen zu erwirken. Parallel zu den technologischen Maßnahmen bedarf es eines gesellschaftlichen Veränderungsprozesses, der nur langsam vonstattengehen wird. Und selbst das kann nicht verordnet werden. Ein Dilemma.
Als notorischer Lösungssucher erlaube ich mir nun, ein Statement in Form dieses Buches abzugeben. Weil ich eine eher seltene Perspektive auf dieses Themenfeld bieten kann: Als Entwickler habe ich mich über Jahrzehnte mit energieeffizienten Technologien beschäftigt. Als Gründer und Geschäftsführer eines kleinen Unternehmens sind mir die ökonomischen Mechanismen sehr vertraut. Und als Bürger habe ich immer und oft vorrangig einen selbst gestellten gesellschaftspolitischen Auftrag verfolgt: zu Verbesserungen beizutragen, auch wenn es nur kleine Steine im großen Mosaik sind.

Die längste Zeit ihres Bestehens verbrauchte die Menschheit nie mehr Energie, als gerade verfügbar war – in Form von nachwachsenden Rohstoffen, Sonne, Wind und Wasserkraft. Im Zuge der Industrialisierung wurde begonnen, fossile Stoffe, wie Kohle, Öl und Gas zu verbrennen. Man entnahm also der Erde Rohstoffe, die über Jahrmillionen entstanden waren – in dieser Zeit viel Energie gebunden hatten – und verbrannte sie. Aus diesem Grund nahm der Ausstoß von Kohlendioxid (CO_2) im 19. Jahrhundert langsam, im 20. sehr schnell zu. Dementsprechend erhöhte sich auch der CO_2-Gehalt in der Atmosphäre von vorindustriell 280 parts per million (ppm) auf aktuell etwa 400 ppm. Neben CO_2, dem größten Verursacher des Treibhauseffekts, sind auch Methan, Lachgas und andere Gase daran beteiligt. Um die Effekte der verschiedenen Gase miteinander vergleichen zu können, rechnet man alle Emissionen in den Effekt von CO_2 um, in sogenannte CO_2-Äquivalente. Der Einfachheit halber wird in diesem Buch immer nur von CO_2 gesprochen, auch wenn andere Treibhausgase oder die Summe aller Gase gemeint sind.

Nun ist der Treibhauseffekt nicht nur eine wissenschaftliche Theorie, die eine globale Erwärmung durch die erhöhte CO_2-Konzentration in der Atmosphäre vorhersagt: Parallel zu diesem Anstieg wurde die Erwärmung durch wissenschaftliche Messungen belegt. Gegenüber der Temperatur um 1900 wurde es durchschnittlich bereits um ein Grad wärmer. Obwohl sich dieser Temperaturanstieg in Form von zunehmenden Extremwetterereignissen schon bemerkbar macht, sind die Auswirkungen noch vergleichsweise harmlos. Eine Erwärmung um 1 bis 2 Grad bringt schon eine deutlich erhöhte Gefahr für bereits jetzt bedrohte Ökosysteme mit sich. Gleichzeitig können sich die extremen Wetterereignisse, beispielsweise in Form von Dürren oder Überschwemmungen, auf ein Ausmaß steigern, das die Bevölkerung mancher Regionen existenziell bedroht. Die Szenarien mit 3, 4 oder 5 Grad Erwärmung werden hoffentlich nie eintreffen: Das Abschmelzen der Polkappen, der Anstieg des Meeresspiegels, der Kollaps ganzer Ökosysteme, das alles hätte zweifellos weitreichende und absolut verheerende Auswirkungen auf die gesamte Zivilisation.

Allerdings rast unsere Zivilisation gerade mit 200 Sachen auf diese Haarnadelkurve zu und denkt nicht daran, zu bremsen – die Szenarien sind so bedrohlich, dass sie am liebsten verdrängt werden. Doch gilt es, sie mit aller Kraft zu verhindern. Aus diesem Grund wurde im Rahmen der UN-Klimakonferenz in Paris 2015 das *2-Grad-Ziel* völkerrechtlich bindend festgelegt: Die Nationen werden alle Anstrengungen unternehmen, um die globale Erwärmung unterhalb von 2, besser noch 1,5 Grad zu halten.

Das ist gut und wichtig. Welch ungeheuer großer Anstrengungen es bedarf, dieses Ziel zu erreichen, ist hingegen erst in wenigen Köpfen verankert. Der jährliche, weltweite Treibhausgas-Ausstoß muss von derzeit rund 50 Milliarden Tonnen CO_2 fortlaufend reduziert werden, und zwar so, dass im Jahr 2040 nur mehr rund ein Fünftel davon übrig bleibt. Diese Reduktion um 80 Prozent bezieht sich auf unseren gesamten Planeten. Wir haben es aber je nach Kontinent und Nation mit sehr unterschiedlichen Emissionsmengen zu tun: Die Reduktionspotenziale in armen Ländern sind viel geringer als in Europa, Nordamerika oder auch China. Außerdem ist nach wie vor mit einem nicht zu vernachlässigenden Bevölkerungswachstum zu rechnen. Während die Bevölkerung in den Industrieländern bereits kaum mehr zunimmt, gibt es in Entwicklungs- und Schwellenländern durchaus noch jährliche Wachstumsraten von bis zu drei Prozent. In Summe wird der Anstieg immer flacher; die Weltbevölkerung könnte bei rund zehn Milliarden Menschen stagnieren. Das ist immerhin um ein Drittel mehr als heute.

Werden die im Jahr 2040 noch verträglichen Emissionen gerecht aufgeteilt, steht für jeden Erdenbürger ein Emissionskontingent von rund *einer* Tonne – CO_2 pro Jahr – zur Verfügung. Das ist mehr eine Größenordnung als eine Zahl, weil weder die verursachenden Parameter, wie zum Beispiel die Entwicklung der Weltbevölkerung, noch die Folgen der globalen Erwärmung exakt vorhergesagt werden können. Es spielt in Bezug auf die notwendigen Veränderungen aber auch keine Rolle, ob nun ein Mittelwert von 0,8 oder 1,4 angestrebt wird: Hierzulande müssen rund 90 Prozent der aktuellen Emissionen eliminiert werden. Das ist anspruchsvoll.

Aber nicht nur die Klimaerwärmung drängt uns zum Handeln. Sie ist zwar ein hinreichender Grund, die notwendigen Veränderungen herbeizuführen, aber bei weitem nicht der einzige. Denken wir an die Begrenztheit der fossilen Brennstoffe, die damit verbundenen globalen Konfliktherde, an die Risiken der Atomkraft, und vieles mehr. Diese (Haarnadel-) Kurve nicht zu kratzen, kann also keine Option sein.

Erhält ein Patient bei einem Arztbesuch eine vergleichbare Diagnose und gleichzeitig eine Empfehlung, wie er diesem Schicksal entgehen kann, würde er kaum zögern. Fast ebenso leicht fällt die Entscheidung, wenn es die eigene Familie, insbesondere Kinder und Enkel, betrifft. Vielleicht würde es auch eine größere Gruppe von zusammengehörigen Menschen, wie ein kleineres Unternehmen, eine kleine Gemeinde, noch schaffen, die erforderlichen Beschlüsse zu fassen und umzusetzen. In einer Großstadt oder einem Staat wird es schon viel schwieriger, aber gleich die ganze Menschheit?

Beschlüsse fassen? Falscher Ansatz. Große Veränderungen werden nicht verhandelt und beschlossen, sie können auch nicht vorgeschrieben werden. Beschlüsse können allenfalls Veränderungen folgen und sie sichtbar machen. Aber weder Vertreter der Politik noch der Wirtschaft haben die Macht (und aufgrund verschiedenster Einzelinteressen oft auch nicht den Willen), die Veränderungen im erforderlichen Ausmaß herbeizuführen. Gesellschaftlicher Wandel passiert durch Verhaltensänderungen einzelner Menschen, vieler einzelner Menschen, die still als Vorbild wirken. Politisch wird in der Regel nur das umgesetzt, was von – zumindest einem relevanten Teil – der Bevölkerung gefordert oder begrüßt wird. Für jeden einzelnen Menschen müssen im Wesentlichen zwei Voraussetzungen erfüllt sein, um Teil der Veränderung zu sein.

Erstens: Die Faktenlage muss als reale Bedrohung zur Kenntnis genommen werden. Das ist insofern eine intellektuelle Herausforderung, als wir den Klimawandel sinnlich nicht wahrnehmen können – wir spüren die Gefahr nicht. Zweitens: Lösungswege müssen erkennbar und akzeptabel (oder sogar reizvoll) sein. Ist Letzteres nicht der Fall, entscheiden sich die meisten Menschen dafür, die Bedrohung zu verdrängen und zu verleugnen.

An gangbaren Lösungswegen, wie dieser historisch einmalige Umbau von Gesellschaft und Wirtschaftssystem ablaufen könnte, mangelt es noch. Entwürfe, wie es sein sollte, ja; aber konkrete Wege? Rein technische Ansätze auf Basis desselben Systems, in dem Wirtschaftswachstum über allem steht, werden nicht ausreichen. Green Growth ja – grüne Technologien dürfen und müssen wachsen, aber der aktuelle oder sogar weiter ansteigende Bedarf an Energie und Ressourcen wird nur mit der Substitution durch erneuerbare Energien und Recyclingbemühungen nicht abgedeckt werden, bei weitem nicht. Ohne Diskussion unseres (westlichen) Lebensstils wird es nicht gehen. Doch besteht unsere Bevölkerung mittlerweile größtenteils aus Menschen, die gar kein anderes Leben kennen als dieses CO_2-intensive. Es ist normal. Deswegen finden Entwürfe, die auf den Lebensstil, auf das Verhalten des Einzelnen abzielen, kaum Anhänger.

Das ist zunächst auch nachvollziehbar: Eine Tonne CO_2 pro Person wurde von der Menschheit emittiert, als die Großeltern eines heute 80-Jährigen noch Kinder waren – also noch vor 1900. Verständlich, dass dorthin niemand *zurück* will. Denkbar sind allenfalls moderate Anpassungen; Veränderungen, die nicht Verzicht, sondern vielleicht Gewinn als Überschrift tragen. Wie sehr die CO_2-Emission durch den Lebensstil beeinflusst werden kann, wird meist stark unterschätzt. Online verfügbare CO_2-Rechner zeigen das sehr anschaulich: Unser Verhalten bietet den deutlich größeren Hebel als die verwendeten Produkte und Technologien (zum Beispiel Gebäude, Gebäudetechnik, Fahrzeuge). Der Umweltökonom Niko Paech prägte den provokanten Satz:

„Es gibt keine nachhaltigen Produkte, es gibt nur nachhaltige Lebensstile."

Diese Botschaft ist Teil eines Ökonomieentwurfs, von dem später noch die Rede sein wird.

Weil eine 90-prozentige Reduktion der Emissionen durch eine Anpassung des Lebensstils nicht zu erreichen ist, dürfen und müssen die vielen technologischen Fortschritte unserer Zeit genutzt werden. Nur dann wird ein durchaus genussvoller Lebensstandard erkennbar, der eine Vielzahl von angenehmen Nebenerscheinungen bietet, angefangen von besserer Gesundheit bis hin zu mehr Zeit und vielleicht sogar auch mehr Sinn. Die technischen Strategien – neben der Umstellung auf erneuerbare Energien auch die Ausschöpfung der Effizienzpotenziale – stellen also keine Konkurrenz für gesellschaftliche Reformen dar, die Chance liegt in der Kombination!

Hierzu ein paar Gedanken aus meinem Berufsleben, in dem sich alles darum drehte, den Energieverbrauch von Gebäuden zu reduzieren. In den 80er-Jahren entwickelte der Physiker Dr. Wolfgang Feist das Passivhaus als neuen energetischen Standard. 1990 setzte er die Theorie erstmals in die Praxis um; seither wurden weltweit Tausende Gebäude dieses Standards errichtet. Der Grundgedanke des Konzepts ist, die Gebäudehülle so gut zu dämmen, dass auf eine konventionelle Heizung verzichtet werden kann. Es wird noch Wärme benötigt, aber nur so viel, wie „passiv" – über die ohnehin vorhandene Komfortlüftung – eingebracht werden kann. In den 90er-Jahren interessierte ich mich als Lüftungstechniker für alle innovativen Konzepte. Ich hatte schon viele Solarhäuser mit Luftkollektoren – eine Nischentechnologie – realisiert. Auch sogenannte Nullenergiehäuser ganz ohne Heizung wurden gebaut.
Im direkten Vergleich erschienen mir dann die Solarhäuser zu aufwändig – auf die Heizung konnte ja dennoch nicht verzichtet werden. Die Nullenergiehäuser waren hingegen zu extrem: entweder nur für nebelfreie Lagen oder für Freaks, die gerne mal einen Pullover mehr anziehen. Für das Passivhaus war aber damals noch keine passende Gebäudetechnik verfügbar. Die Produkte aus der Heizungstechnik waren überdimensioniert. Das bloße Verringern der Heizleistung erbrachte nicht den angestrebten Kosteneffekt. Eine neue Technologie, deren hauptsächliches Merkmal das Weglassen von nicht benötigten Komponenten war, musste erst noch entwickelt werden. Genau das lag mir und ich betrachtete es als meine Aufgabe, das erste passivhaustaugliche Kompaktgerät für Lüftung, Heizung und Warmwasser auf den Markt zu bringen.
Einige Thesen dieses Buches entspringen einer ähnlichen Motivation: Wie kann man die Umgebung so gestalten, dass wir mit weniger Aufwand komfortabler leben können? Was kann man weglassen, ohne wirkliche Einbußen in Kauf nehmen zu müssen? Wie kann Technik möglichst einfach genutzt werden, wie kann man Bestehendes so zusammenführen, dass ein neuer, zusätzlicher Nutzen entsteht?

Mit erneuerbaren Energien, Effizienz und Lebensstilveränderungen stehen uns drei Strategien zur Verfügung, von denen grundsätzlich jede für sich das Potenzial in sich birgt, das 2-Grad-Ziel zumindest annähernd zu erreichen. Doch eine These dieses Buches lautet, dass es umso schwieriger, herausfordernder, akzeptanzärmer wird, je mehr eine der Strategien allein zur Zielerreichung beitragen soll. Anstrengungen und Investitionen, Umsetzungszeiträume, aber auch Widerstände gegen gesellschaftliche Veränderungen steigen mit wachsendem Anteil einer Strategie exponentiell an. Betrachtet man beispielsweise eine Reihe von unterschiedlichen Effizienzmaßnahmen, so wird schnell klar, dass wirtschaftlichere und weniger wirtschaftliche Potenziale darunter zu finden sind. Die wirtschaftlichen Potenziale werden zuerst ausgeschöpft; die ersten zehn Prozent der Emissionen können somit verhältnismäßig leicht reduziert werden. Die letzten zehn Prozent wären aber so aufwändig umzusetzen, dass es die volkswirtschaftlichen Möglichkeiten sprengen würde. Gleich verhält es sich mit dem Lebensstil. Moderate Anpassungen, die mit Genuss und besserer Gesundheit verknüpft sind, haben viel größere Umsetzungschancen als radikale Einschränkungen, die erforderlich wären, wenn der Großteil der Emissionen allein durch einen angepassten Lebensstil reduziert werden müsste.

Es liegt daher nahe, die Strategien zu kombinieren – anstelle von einer Strategie, mit der die gesamte Reduktion erreicht werden muss, steuern drei Strategien jeweils rund ein Drittel bei. Das erfordert in Summe nicht nur einen Bruchteil der Ressourcen, sondern kann auch in viel schnellerer Zeit umgesetzt werden, weil alle Strategien parallel vorangetrieben werden können. Nur so wird es möglich sein, die erforderlichen Veränderungen auch rechtzeitig umzusetzen.

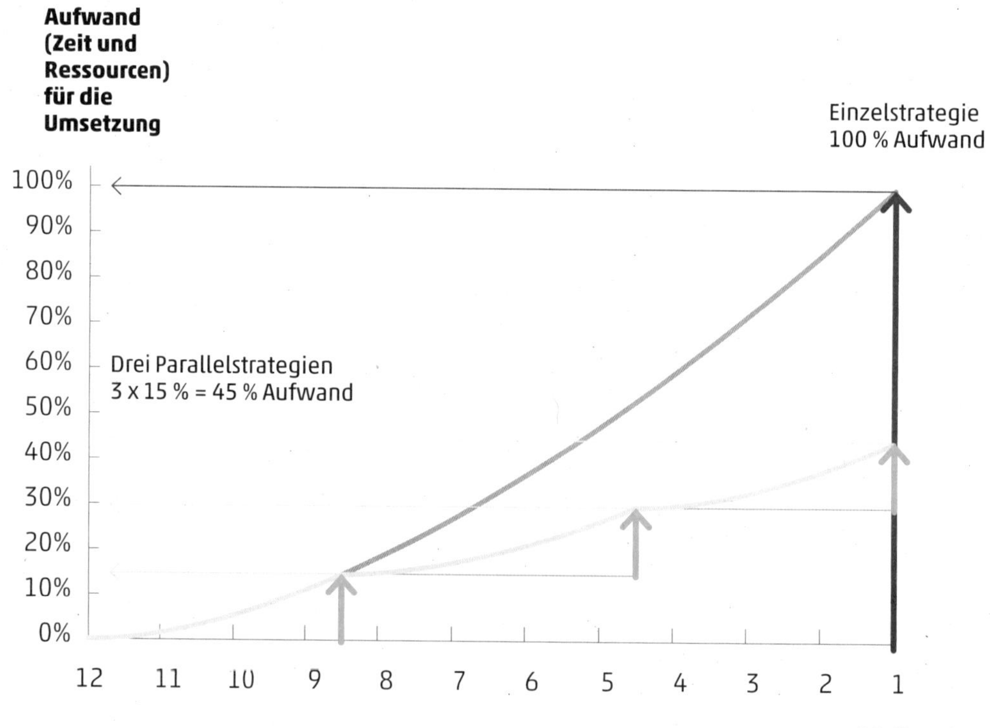

Genießen wir doch das Leben so, dass dies auch kommenden Generationen noch beschieden ist: verwöhnt von der Kraft der Sonne, unterstützt von den technischen Errungenschaften und darüber hinaus auch noch befreit vom ständigen *Mehr*.

Dieses Buch vermittelt im ersten Abschnitt, welchen Beitrag nachhaltige Lebensstile leisten können: Verhaltensänderungen, die CO_2 einsparen, führen oft direkt zu höherer Lebensqualität. Der zweite Abschnitt schildert die technischen Potenziale von Effizienzsteigerungen. Daraus ergibt sich im dritten Abschnitt, welche Rolle den erneuerbaren Energien zukommt. Der vierte Abschnitt entführt den Leser in das Jahr 2044, in dem eine denkwürdige Feier stattfindet. Zurück im Jetzt behandelt der fünfte Abschnitt die Frage, was Klimaschutz mit den menschlichen Bedürfnissen zu tun. Und skizziert eine Gesellschaft, in der beides Platz findet. Der sechste und letzte Abschnitt enthält dann die vielfältigen, konkreten Umsetzungsmöglichkeiten, insbesondere auf lokalpolitischer Ebene. Der Anhang enthält ein Glossar, zitierte Literatur und Quellenangaben. Detaillierte Berechnungen sind auf der Website des Buches zu finden.

I. Lustvoll die Welt retten

Die Strategien Lebensstil, Energieeffizienz und erneuerbare Energien haben oft Berührungspunkte zueinander; ein verwendetes, effizientes Produkt kann auch Teil oder Ausdruck des Lebensstils sein. Um den Graubereich möglichst gering zu halten, behandeln die einzelnen Kapitel in diesem Abschnitt zunächst die Frage „*Was* tue ich?". Die Frage „*Wie*, mithilfe welcher Produkte und Technologien tue ich es?" ist Thema der Abschnitte II und III.

Was wir tun, beeinflusst das Ausmaß der CO_2-Emissionen. Diese mögliche Einflussnahme soll nicht nur beschrieben, sondern auch quantifiziert werden – als Ausgangspunkt dient die Größenordnung von 12 Tonnen CO_2-Äquivalent pro Jahr und pro Person (in der weiteren Folge einfach als „Tonnen pro Jahr" oder in Tabellen und Grafiken als „to/a" – Tonnen per anno – angeführt). Dieser Wert von 12 Tonnen liegt etwas über dem europäischen Durchschnitt, ist aber für unseren mitteleuropäischen Lebensstil repräsentativ. In Deutschland liegen die offiziellen Werte zwischen 11 und 12, in Österreich knapp unter 10, in der Schweiz sogar bei rund 6 Tonnen pro Jahr. Das sind allerdings nur jene Emissionen, die im jeweiligen Land entstehen. Importe von Waren und Lebensmitteln, die Emissionen in anderen Ländern verursachen, sind hier nicht berücksichtigt, Exporte werden auch nicht abgezogen. Für die Schweiz liegt hierfür sehr gutes Zahlenmaterial vor: Nach Berücksichtigung der Emissionshandelsbilanz muss der Wert auf fast 14 Tonnen pro Jahr korrigiert werden. Deutschland weist zwar eine positive Handelsbilanz auf, exportiert also mehr, als es importiert; tendenziell sind die exportierten Produkte auf den Euro bezogen aber emissionsärmer als die importierten, weil im deutschen Export-Euro mehr Lohn steckt. Nun, es ist letztlich nicht von großer Bedeutung, ob der aktuelle Durchschnittswert bei 11, 12 oder 13 liegt. Das Klima ist zu stabilisieren, indem die Emissionen weltweit, also auch hierzulande, im Lauf der nächsten 25 Jahre auf eine Tonne pro Jahr reduziert werden.

Änderungen in unserem alltäglichen Verhalten bieten ein sehr großes Potenzial. Auch wenn nur ein Teil davon ausgeschöpft wird, ist schon eine beträchtliche Emissionsreduktion möglich. Wie zuvor beschrieben, dürfen wir dank energieeffizienter, langlebiger Produkte und dank erneuerbarer Energien ein viel komfortableres, gesünderes Leben führen, als das vor drei bis vier Generationen mit dieser *einen Tonne* möglich gewesen wäre.

Die drei Strategien sollen einen ähnlich großen Beitrag leisten, der erste Abschnitt behandelt deshalb die Reduktion von 12 auf etwa 8,5 Tonnen pro Jahr. Diese Reduktion bietet neben einer vielfältigen Palette an Lebensweisen vor allem die Möglichkeit der Entschlackung: Belastendes weglassen, sich auf das Wesentliche konzentrieren, Sinn finden. Der Raum für individuelle Interessen und persönliche Vorlieben wird dabei sogar noch größer. Denn die meisten der CO_2-minimierenden Veränderungen werden von weiteren positiven Auswirkungen begleitet. Oder umgekehrt formuliert: Vieles, was gut tut, senkt auch die CO_2-Emissionen – das wird in den nachfolgenden Kapiteln sichtbar.

Um eine persönliche Quantifizierung zu ermöglichen, sind je Kapitel die Reduktionspotenziale in Tonnen pro Jahr angeführt. Bei der Betrachtung der angeführten Zahlenwerte ist zu beachten, dass 12 Tonnen pro Jahr den Durchschnitt der mitteleuropäischen Bevölkerung darstellen. Die individuellen Werte können auch bei der Hälfte liegen oder beim Doppelten. Im Einzelfall kann die zielführende und befreiende Reduktion also deutlich geringer oder eben auch höher sein. Bei den angegebenen Zahlen handelt es sich immer um Größenordnungen, nie um exakte Werte. Viel zu groß ist die Unschärfe der vorhandenen Daten, zu vielfältig sind die Randbedingungen der zugrunde gelegten Produktions- und Transportprozesse.

Ernährung

Ich liebe gutes Essen.

Wir essen wenig Fleisch, fast nur am Wochenende. Dann aber mit Freuden. Es ist mir durchaus bewusst, dass für meinen Genuss ein Lebewesen sterben musste. Ich hoffe aber – und sorge mit meiner Auswahl möglichst dafür – dass es unter würdigen Umständen gelebt hat und geschlachtet wurde. Die hierfür erforderliche ökologische Tierhaltung hat den Nebeneffekt, dass das Fleisch gesünder ist und besser schmeckt. Ein gutes Glas Wein dazu und die Geschmacksrezeptoren tanzen. Unter der Woche gibt´s saisonales Gemüse vom Biohof in der Nähe. Jede Woche bekommen wir eine Gemüsekiste geliefert, mit allem, womit uns die Natur gerade beschenkt. Das ist sehr abwechslungsreich, oft sind fast vergessene Gemüsesorten mit dabei, die man sonst nie kaufen würde. Das erleichtert die Erstellung des Speiseplans, weil ein Teil der Zutaten schon vorgegeben ist. Meine persönliche Schwachstelle liegt beim Käse – kaum ein Abend ohne. Ich merke aber immer öfter, dass es mir gut tut, ihn hin und wieder wegzulassen und durch einen Gemüseaufstrich oder Hummus zu ersetzen.
So haben wir alle unsere Gewohnheiten, Aspekte und Kriterien, nach denen wir unsere Ernährung wählen. Die CO_2-Emission steht bei mir hier zugegebenermaßen nicht an erster Stelle. Ich versuche eher, den bewussten Genuss in den Vordergrund zu stellen und vielleicht zu spüren, was dem Körper gut tut.

Anteil Ernährung an den gesamten CO_2-Emissionen – **15%**

Man muss kein Vegetarier sein, um eine klimaverträgliche CO_2-Bilanz zu erreichen. Es ist hilfreich, geht aber auch mit maßvollem oder durchschnittlichem Konsum, ganz eine Frage des persönlichen Stils. Vegetarier per se als Weltretter darzustellen ist zu kurz gegriffen: Wie so oft, führt eine Maßnahme alleine, auch wenn sie noch so radikal umgesetzt wird, nicht zum Erfolg. Würde sich ab morgen die gesamte Menschheit fleischlos ernähren, wäre die CO_2-Emissionen vielleicht um 5 Prozent geringer. Das ist beträchtlich, aber dennoch vollkommen unzureichend. Lieber auf Radikalität verzichten und dafür eine Vielzahl von sinn- und lustvollen Veränderungen bewirken. Die Palette an Möglichkeiten ist breit!

Konkret: Die Ernährung ist eine unterschätzte Verursacherin unseres CO_2-Fußabdrucks. Von den 12 Tonnen pro Jahr gehen durchschnittlich rund 1,8 auf ihr Konto. Fleisch nimmt dabei einen beträchtlichen Anteil ein: etwa 0,5 Tonnen pro Jahr, knapp ein Drittel. Das ist genug, um mit Reduktionen eine relevante Wirkung zu erzielen, aber eben auch nicht so viel, dass zwingend alle mitmachen müssen.

Maßgeblich für die hohe CO_2-Intensität sind zum einen die riesigen Mengen an Getreide für die Tierfütterung, was meist mit großem Einsatz an mineralischem Dünger einhergeht. Zum anderen schlagen die Methangasemissionen der wiederkäuenden Rinder ordentlich zu Buche. Die nachfolgende Tabelle zeigt den Konsum des mitteleuropäischen Durchschnitts, sowie einige beispielhafte Varianten.

Fleischkonsum		CO_2, to/a
Durchschnittlich	Pro Woche ca. 4 Portionen Fleisch à 150 g, hauptsächlich Schwein, Geflügel und Rind; zusätzlich ca. 100 g Schinken und Wurst pro Tag	**0,5**
Hoch	Täglich 150 g Fleisch, erhöhter Anteil an Rindfleisch; weitere 100 g Schinken und Wurst	**0,8**
Niedrig	einmal pro Woche Fleisch oder Fisch (jeweils ca. 150 g), dreimal pro Woche 50 g Wurst oder Schinken	**0,1**
Vegetarisch	Vollständiger Verzicht auf Fleischprodukte, Fisch und Meeresfrüchte	**0,0**

Wer die Empfehlungen für eine gesunde Ernährung umsetzt, senkt die Emissionen bereits um 80 Prozent. Fleisch als Lebensmittel ist rein energetisch betrachtet sehr ineffizient: Für eine Kalorie Fleisch müssen zunächst etwa zehn Kalorien in Form von pflanzlichem Futter wachsen. Mit anderen Worten: Jene Ackerfläche, die das Futter für den Fleischkonsum eines Menschen liefert, könnte auch Getreide für zehn Menschen liefern. Das ist *ein* ethischer Aspekt. Ein anderer, der nicht unterschlagen werden darf, ist die Massentierhaltung. Durchschnittlich wurden für jeden deutschen Bürger am Ende seines Lebens über 1.000 Tiere getötet. Fast 90 Prozent davon waren Hühner, die meist aus riesigen Hühnerfarmen stammen. Ein Leben führen diese Wesen dort nicht wirklich. Darüber hinaus ist die Massentierhaltung für ökologische Schäden vor Ort und für gesundheitliche Risikofaktoren verantwortlich. Für einen bewussteren Fleischkonsum spricht also eine ganze Reihe von Gründen.

Auch Milchprodukte haben einiges an Emissionen im Rucksack. Im Mittel sind etwa 0,5 Tonnen pro Jahr zu veranschlagen, also ein weiteres Drittel. Im durchschnittlichen Ernährungsmix sind insbesondere Butter, Hartkäse und Milch dafür verantwortlich. Auch hier gilt: Wer vegan leben will, findet einen kräftigen Hebel, um seine CO_2-Bilanz zu verbessern, es bleibt aber eine von vielen Möglichkeiten.

Interessant ist, dass der relativ hohe Käsekonsum eine Erscheinung der neueren Zeit ist: Während die Generation unserer Großeltern mit etwa 4 Kilogramm Käse pro Kopf und Jahr auskam, liegt der Konsum heute bei über 20 Kilogramm. Klimaschutz und Gesundheit gehen auch hier Hand in Hand, zumindest bei den fettreichen Milchprodukten Butter, Käse, Sahne.

Konsum an Milchprodukten		CO_2, to/a
Durchschnittlich	pro Woche ca. 300 g gereifter Hart- oder Weichkäse, weitere 200 g Frischkäse; 100 g Butter, 1 bis 1,5 Liter Milch, 400 g Joghurt, 150 g Rahmprodukte (Sahne, Sauerrahm, Crème fraîche)	**0,50**
Hoch	Alle Rationen um 50 Prozent erhöht	**0,75**
Niedrig	Milchprodukte mit hohem Fettanteil (Käse, Butter, Rahm) stark reduziert; Milch und Joghurt gegenüber Durchschnitt unverändert	**0,20**
Vegan	Vollständiger Verzicht auf Milchprodukte	**0,00**

Der bewusste Umgang mit Milchprodukten kann viel bewirken.

Die CO_2-Emissionen der anderen Nahrungsmittel sind vergleichsweise gering: Rund 0,1 Tonnen pro Jahr entfallen auf Getreideprodukte, weitere 0,1 auf Obst und Gemüse. 0,2 Tonnen pro Jahr verteilen sich auf den gesamten Rest.

Den nächsten größeren Block stellen die Getränke dar. Durchschnittlich sind hierfür immerhin knapp 0,4 Tonnen pro Jahr zu verbuchen, gut 0,1 davon entfallen auf Kaffee. Ebenfalls etwa 0,1 Tonnen pro Jahr stammen von alkoholischen Getränken. Der Rest entfällt auf Tee, Säfte, Mineralwasser und – nicht mehr zu vernachlässigen – funktionelle Getränke: Sportgetränke, Energy Drinks und Ähnliches. Nennenswerte Reduktionen sind möglich. Es ist aber gerade im Bereich der Genussmittel der Vorliebe und Lust des Einzelnen überlassen, die Prioritäten zu setzen. Unseren Reichtum in Bezug auf das Trinkwasser darf man sich aber vor Augen halten: In vielen Ländern Europas finden wir die luxuriöse Situation vor, Trinkwasser aus der Leitung entnehmen zu können, praktisch kostenlos und ohne Verpackung. In Flaschen abgefülltes, stilles Mineralwasser bietet fast keinen Mehrwert – diese Emission lässt sich somit am einfachsten eliminieren.

Aber nicht nur beim Wasser, auch bei anderen Getränken spielt die Verpackung noch eine gewisse Rolle. Am ungünstigsten schneiden Weißblech- und Aluminiumdosen ab, gefolgt von Einweg-Glas- und Einweg-PET-Flaschen. Je kleiner das Gebinde, umso ungünstiger. Die beste Bilanz weisen große Mehrweg-Glasflaschen auf. Durch bewussten Einkauf lassen sich hier 0,05 bis 0,1 Tonnen pro Jahr vermeiden.

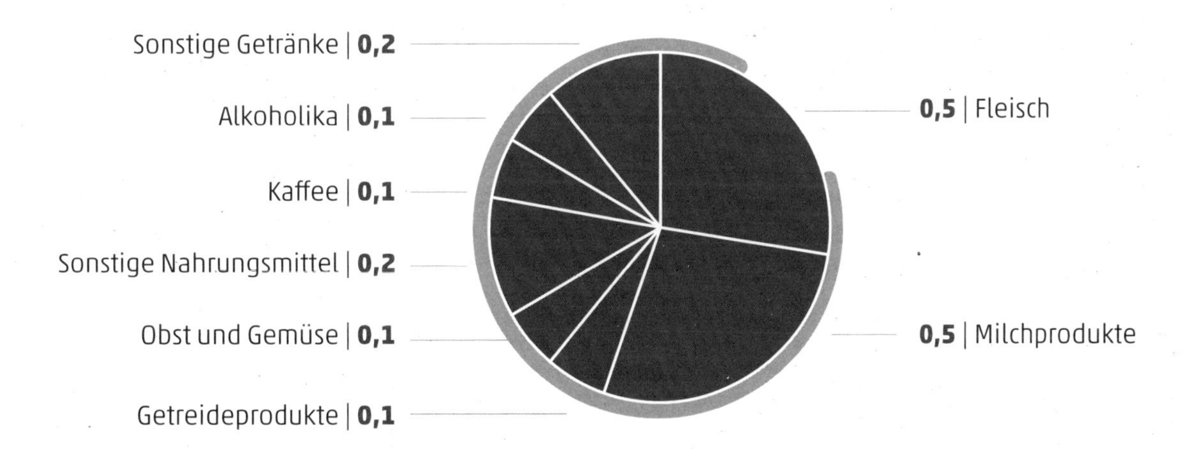

Wenn nun tierische Produkte ganz oder teilweise ersetzt werden sollen, muss der Konsum von Getreide, Obst und Gemüse natürlich deutlich gesteigert werden. Doch selbst hier gibt es noch großes Einsparpotenzial, das wiederum den Genuss steigert und die Gesundheit fördert. Deshalb braucht man mit der Zielsetzung, eine Tonne einzusparen, auch nicht zwingend vegan zu leben: Die Prinzipien saisonal, regional und biologisch können helfen, den Fußabdruck nochmal um die Hälfte zu reduzieren!

Saisonal, weil Obst und Gemüse außerhalb der natürlichen Saison entweder sehr energieintensiv in Glashäusern wächst, oder über sehr große Entfernungen transportiert wurde. Aber ist es nicht auch schön, sich im April auf den ersten Spargel zu freuen? Oder auf die ersten Erdbeeren, die den Sommer einläuten; Tomaten, Auberginen und Zucchini im Hochsommer; Kürbis im Herbst; und im Winter die reichhaltige Palette an lagerfähigem Obst und Gemüse. Umgekehrt: Kann man im Februar lustvoll in eine frische Pflaume beißen? Sauerkraut im Juli? Je frischer, je passender zur Jahreszeit, umso größer der Genuss. Wer auf Tomaten aus dem beheizten Glashaus verzichtet und stattdessen auf Saisonalität setzt, reduziert seine ernährungsbedingte Emission um bis zu zehn Prozent.

Regional, weil kurze Transportwege für niedrigen Schadstoffausstoß sorgen. Ganz besonders Lebensmittel aus Übersee, die aufgrund ihrer Verderblichkeit per Flugzeug transportiert werden müssen, verursachen beim Transport ein Vielfaches der Emissionen ihrer Produktion. Auf manche dieser Lebensmittel will man nicht verzichten; umso naheliegender ist es, bei den regional verfügbaren auch auf diese zurückzugreifen. Wenn schon Rindfleisch, dann vom Biobauern in der Nähe, nicht aus Argentinien. Üblicherweise ist das Herkunftsland jedes Lebensmittels bekannt und publiziert. Es ist schon viel erreicht, wenn man darauf achtet und prüft, ob es regionale Alternativen gibt. Kurze Transportwege wirken sich in der Regel auch positiv auf die Güte des Nahrungsmittels aus. Auf Bananen oder Kaffee aus Südamerika muss dennoch nicht verzichtet werden, schon gar nicht auf Zitronen aus Spanien: Der wöchentliche Konsum von einem Kilogramm Lebensmittel aus Südeuropa verursacht beim Transport vollkommen vernachlässigbare CO_2-Emissionen von 4 Kilogramm (0,004 Tonnen) pro Jahr. Dieselbe Menge Lebensmittel aus Südamerika, mit dem Schiff transportiert, fällt mit 0,02 Tonnen pro Jahr ebenfalls nicht ins Gewicht. Per Luftfracht transportiert, verschlechtert sich hingegen die CO_2-Bilanz um 0,7 Tonnen

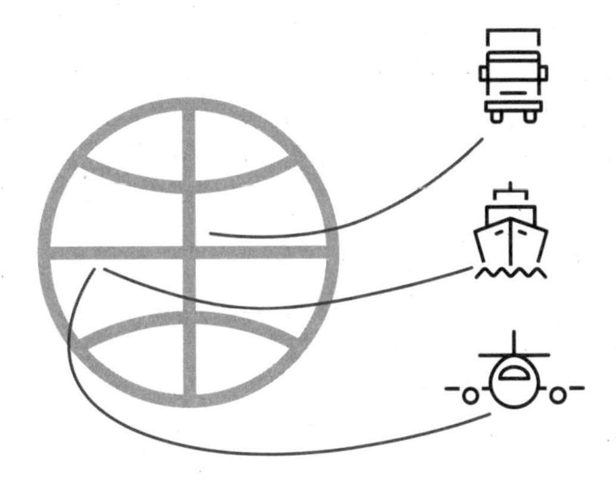

4 kg CO_2 für den LKW aus Spanien

20 kg CO_2 für das Schiff aus Südamerika

700 kg CO_2 für das Flugzeug aus Südamerika

Jährliche Emission für den Transport von 1 kg Lebensmittel pro Woche

pro Jahr, also eklatant! Auf verderbliche Ware wie Fisch, Fleisch, manche exotische Früchte aus Übersee zu verzichten, hilft ganz enorm. In Summe kann die Emission mit dem konsequenten Einkauf von regionalen Lebensmitteln um 10 bis 15 Prozent gesenkt werden.

Letzten Endes trägt auch die biologische Landwirtschaft ganz wesentlich zum Klimaschutz bei. Sie ist weniger maschinenintensiv, es kommen keine synthetischen Pflanzenschutzmittel und keine mineralischen Dünger zum Einsatz. Mit Letzterem ist weltweit ein sehr hoher Stickstoffverbrauch verbunden: Über 100 Millionen Tonnen Stickstoff verursachen in der energieintensiven Produktion über eine Milliarde Tonnen CO_2. Des Weiteren gelangt zwischen 2 und 5 Prozent des eingesetzten Stickstoffs in Form von Lachgas (N_2O) in die Atmosphäre, was einem CO_2-Äquivalent von rund einer weiteren Milliarde Tonnen CO_2 entspricht. Macht zusammen für jeden Erdenbürger 0,25 Tonnen, bei unserer mitteleuropäischen Ernährung etwa 0,4 Tonnen. Unabhängig davon, wie man sich ernährt: Alleine durch die Verwendung von Biolebensmitteln reduziert man die Emission der Treibhausgase um mindestens 25 Prozent! Der gesundheitliche Aspekt biologischer Ernährung liegt auf der Hand: weniger Pestizidrückstände, weniger Nitrate, weniger Schwermetalle, höherer Anteil an Vitaminen und Spurenelementen.

Die perfekte Kombination von saisonal, regional und bio bietet übrigens der eigene Garten. Schnittlauch auf dem Fensterbrett, Tomaten auf dem Balkon oder Salat aus dem Hochbeet – das alles hilft, das Archaische der Nahrungsaufnahme wiederzuentdecken, die Ursprünglichkeit des Essens zu schätzen. Die in Mode kommende Bewirtschaftung von Gemeinschaftsgärten zeugt von diesem Bedürfnis. Dieser Anteil der Ernährung verursacht nicht nur weniger, sondern nahezu keine CO_2-Emissionen. Das heißt nicht, dass wir nun alle Selbstversorger werden müssen. Es genügt oft wenig, um die Lust am guten Essen zu steigern und damit eine generelle Sensibilität für hochwertige und gesunde Lebensmittel zu schaffen.

Bei all diesen Ernährungsfragen interessieren immer auch die Kosten. Manches, was das Klima schützt, ist teurer. Biofleisch kostet, und nur die Reduktion des Verbrauchs kann für Ausgleich sorgen. Ist es sozial überhaupt verträglich, auf Massentierhaltung zu verzichten? Der gesamthaft positive Effekt von gesünderer Nahrung vermag zusätzlich die *externalisierten* Kosten zu reduzieren – Kosten, die nicht in den Produktpreis miteingerechnet sind, aber von der Allgemeinheit getragen werden müssen. Zum einen geht es um ernährungsbedingte Zivilisationskrankheiten und ihre Behandlung, zum anderen um direkte Kosten zur Beseitigung von Schäden, die durch Massentierhaltung und konventionelle Landwirtschaft verursacht wurden. Immense Kosten können eingespart werden: In Frankreich werden 54 Milliarden Euro ausgegeben, um Nitrate, verursacht durch Stickstoffdüngung, aus dem Trinkwasser herauszufiltern; in der gesamten EU werden hierfür Summen bis zu 320 Milliarden Euro genannt. Die immer häufiger auftretenden und Milliarden verschlingenden Überschwemmungen sind nicht nur eine Auswirkung des Klimawandels. Ein durch Monokulturen degradierter Boden kann viel weniger Wasser aufnehmen, als von Regenwürmern durchbohrtes Erdreich. Wer auf diese Umwegrentabilität nicht warten will – Bioküche und hohe Ausgaben gehören nicht zwingend zusammen, wie Rosa Wolff in ihrem Kochbuch „Arm aber Bio“ zeigt.

Welche wirtschaftlichen Auswirkungen hätte nun diese langsame Veränderung unserer Ernährungsgewohnheiten? Regionale Lebensmittel erhöhen die regionale Wertschöpfung; Einbußen ergeben sich für die Transportwirtschaft. Eine Verschiebung von konventioneller hin zu biologischer Landwirtschaft bewirkt eine Reduktion des Maschinen- und somit Energieeinsatzes und einen verstärkten Bedarf an menschlicher Arbeitskraft. Teilweise in Form von einfachen Tätigkeiten für weniger qualifizierte Arbeitskräfte, für die es in unserer zunehmend spezialisierten Wirtschaftswelt immer schwieriger wird, adäquate Beschäftigung zu finden.

Nachfolgende Tabelle enthält die Emissions-Abschätzungen verschiedener, beispielhafter Ernährungsstile:

Ernährungsstil	(Mengen jeweils pro Woche)	CO_2, to/a
Durchschnitt	4 Portionen Fleisch, täglich 100 g Schinken und Wurst, täglich Milchprodukte, mäßig Obst und Gemüse	**1,8**
Tierisch	1,5 kg Fleisch, täglich 100 g Schinken und Wurst, 10 Eier, mehr Milchprodukte als Gemüse; alles aus konventioneller Landwirtschaft	**2,4**
Flexitarier, konventionell	Zweimal Fleisch oder Fisch, durchschnittliche Mengen an Wurstprodukten, Milchprodukten, Obst und Gemüse	**1,5**
Bio-Flexitarier	Wie Flexitarier; wenn immer möglich regional und bio	**1,1**
Hauptsache gesund	Einmal Fleisch oder Fisch, wenig Milchprodukte, viel Obst und Gemüse; wenn immer möglich regional und bio	**0,8**
Enthaltsamer Veganer	Keine tierischen Produkte; wenn immer möglich saisonal, regional und bio; Verzicht auf Alkohol und Kaffee	**0,4**

Im Bereich der Ernährung kann leicht eine halbe bis ganze Tonne CO_2 pro Person und Jahr eingespart werden; mit durchaus positiven Auswirkungen auf Genuss, Gesundheit, Land- und Volkswirtschaft.

Privater Verkehr

In diesem Kapitel wird der gesamte privat verursachte Verkehr, mit Ausnahme des Fliegens, betrachtet. Im Detail: der private PKW-Verkehr, sowie Fahrrad-, Fuß- und öffentlicher Verkehr. Der Ausgangspunkt liegt bei 1,5 Tonnen pro Jahr. Zur Abgrenzung: Im Verkehrssektor werden aktuell noch weitere 0,6 Tonnen pro Jahr durch den Güterverkehr verursacht, die aber den jeweiligen Produkten zuzuordnen sind (zum Beispiel Nahrung, siehe voriges Kapitel). Weitere 0,3 Tonnen pro Jahr werden durch den geschäftlichen Verkehr verursacht, auch diese Emissionen müssen auf das jeweilige Endprodukt des Unternehmens umgelegt werden. Dem Flugverkehr ist ein eigenes Kapitel gewidmet.

Alle folgenden Betrachtungen beziehen sich auf den heutigen Mix an Fahrzeugen und Technologien. Die Auswirkungen möglicher Effizienzsteigerungen, wie zum Beispiel der Einsatz von Elektroautos, werden im darauffolgenden Abschnitt behandelt.

Wir Europäer legen pro Jahr durchschnittlich knapp 9.000 Kilometer im Privat-PKW zurück. Nicht ausschließlich alleine, auch mit einem oder mehreren Mitfahrenden – die mittlere Belegung des Autos liegt bei ungefähr 1,3 Personen. Die Fahrzwecke teilen sich in etwa folgendermaßen auf: 41 Prozent sind auf Freizeitaktivitäten zurückzuführen, 23 Prozent auf die Fahrt zur Arbeit, 21 Prozent dienen dem Einkauf, 6 Prozent dem Urlaub und 9 Prozent fällt unter Sonstiges. Die ersten beiden Positionen, die bereits zwei Drittel ausmachen, variieren individuell sehr stark, sind in besonders hohem Ausmaß eine Frage des Lebensstils.

Anteil privater Verkehr an den gesamten CO_2-Emissionen – **12%**

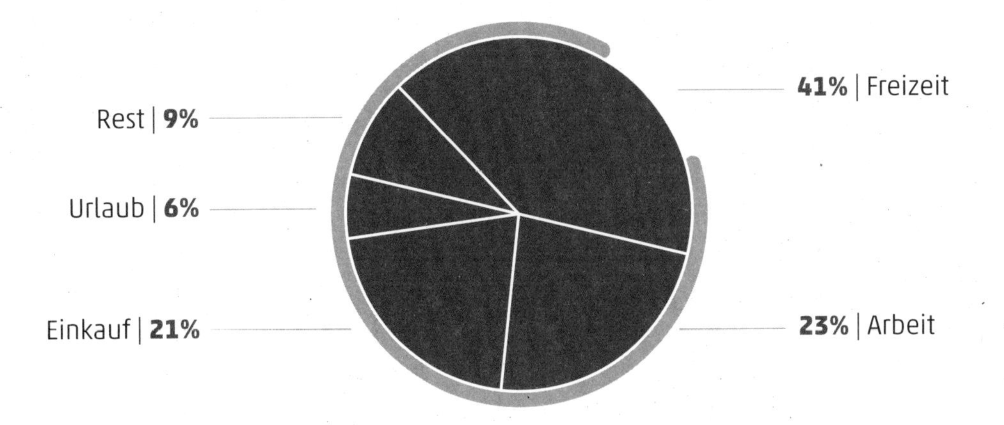

Ich schätze mich glücklich, dass mein Arbeitsplatz nur wenige Kilometer von meinem Zuhause entfernt ist. Ich fahre bei fast jedem Wetter und fast jeder Schneelage mit dem Fahrrad. Notfalls kann ich auch zu Fuß gehen. Die täglichen 6 Kilometer sorgen für eine Grundfitness; ich bin im Freien und fühle mich wohl. Ich schaffe damit auch eine gewisse Distanz zwischen Arbeit und Zuhause; ich fahre die Aktivität langsam herunter, was mir im motorisierten Straßenverkehr nicht möglich ist. Auch die meisten anderen Wege meines Alltags sind keine 10 Kilometer lang. Das ist mit dem Fahrrad wirklich gut machbar. Übrigens: der Weg zur Arbeit ist bei etwa einem Drittel der Erwerbstätigen kürzer als 5 Kilometer, bei fast der Hälfte kürzer als 10 Kilometer.

Die insgesamt starke Zunahme an Fortbewegung verdient besondere Aufmerksamkeit, weil sie in Wechselwirkung zu den meisten anderen Bereichen unseres Lebens steht. Sie beschreibt nicht nur, wie mobil wir sind – wie leicht es also ist, von A nach B zu kommen – sie ist auch Ausdruck von Unruhe, von einem gedrängten Tagesablauf. Um Freizeitaktivitäten nachzugehen, legt hierzulande jeder Mensch, vom Säugling bis zum Greis, durchschnittlich jeden Tag 10 Kilometer im PKW zurück!

Nun mal langsam, möchte man hier einwerfen, wörtlich gemeint. Tatsächlich spüren immer mehr Menschen den Wunsch nach Entschleunigung. Es kann nicht immer noch schneller, noch weiter gehen. Die vielen stressbedingten Krankheiten unserer Gesellschaft können nur eingedämmt werden, wenn das Tempo wieder etwas gedrosselt wird. Diese Schnelligkeit wird auch sichtbar in der zurückgelegten Strecke. Die tägliche Wegstrecke pro Person ist in den letzten Jahrzehnten rasant angestiegen und liegt heute durchschnittlich bei fast 40 Kilometern. Frauen fahren etwas weniger, Männer etwas mehr; außerdem steigt die Strecke mit zunehmendem Einkommen.

Natürlich ist die Fortbewegung nicht alleine für gedrängte Terminkalender und die damit verbundene Belastung verantwortlich, die heutige Mobilität schafft aber die besten Voraussetzungen dafür. Die (Fort-)Bewegung an sich sorgt schon für Hochbetrieb in unseren grauen Zellen: Durch die räumliche Veränderung hat das Gehirn eine Flut an Bildern zu verarbeiten, mitunter auch viele sehr kurze soziale Kontakte – das Unterbewusstsein checkt in noch steinzeitlicher Manier jeden visuellen Personenkontakt ab: „Fremd? Feind? Gefahr?“

Die Reduktion der Geschwindigkeit und der zurückgelegten Wege bietet nicht nur einen beträchtlichen Hebel im Kampf gegen den Klimawandel, sondern vor allem die Chance auf ein entspannteres Leben. Die schlichte Reduktion der Aktivitäten verringert die Komplexität unseres Lebens, verschafft mehr Zeit zum Durchatmen. Die im PKW verbrachte Zeit, immerhin rund vier Stunden pro Woche, könnte für andere, schönere Dinge genutzte werden. Die positive Wirkung wird aber nicht nur durch bloße Reduktion erreicht, sondern auch durch gezielte Substitution von verbleibenden PKW-Fahrten: mithilfe von öffentlichen Verkehrsmitteln, oder durch zu Fuß oder mit dem Fahrrad zurückgelegte Wege. Diese Alternativen bringen neben der psychischen Entlastung noch zwei wichtige Effekte mit sich.

Erstens: den Aufenthalt im Freien. Wer es gewohnt ist, täglich wenigstens 2 Stunden im Freien zu verbringen, weiß diese Qualität zu schätzen. Umgekehrt betrachtet verbringen die meisten Menschen über 22 Stunden pro Tag in geschlossenen Räumen oder Fahrzeugen. Schlechte Luftqualität wirkt sich negativ auf das Wohlbefinden aus. Ein kurzer Aufenthalt im Freien ist immer mit Erholung verbunden: Die veränderten Sinneseindrücke werden meist angenehm wahrgenommen, beispielsweise das veränderte Empfinden von Temperatur und Luftbewegung, die Betrachtung des freien Himmels, die Wahrnehmung anderer Geräusche. Dies gilt in besonderem Maße in der freien Natur, aber auch im besiedelten Raum und sogar im innerstädtischen Bereich.

Zweitens kann man aus gesundheitlicher Sicht von der in den Tagesablauf eingebauten Bewegung profitieren. Wird ein Arbeitsweg von 3 bis 5 Kilometern hin und zurück mit dem Fahrrad zurückgelegt, ist mit 1,5 bis 2,5 Stunden pro Woche schon ein Grundpensum an Bewegung absolviert. Das gesunde Maß an Sport kann somit mühelos am Wochenende komplettiert werden. Trendige Fahrradstädte zeigen, wie es geht: Kopenhagen, Amsterdam oder Freiburg weisen bereits sehr hohe Anteile an Radverkehr aus und profitieren von der gesamthaft gesteigerten Lebensqualität: weniger Lärm, weniger Abgase, weniger Stau, weniger Stress.

Für etwas weitere Strecken steht mit dem E-Bike eine relativ moderne und in gewisser Hinsicht bahnbrechende Technologie zur Verfügung. Das Fahren ist weniger anstrengend, sodass auch eine Strecke von 10 Kilometern noch nicht unter die Kategorie Sport fällt. Damit wird das Radfahren erstens für eine breitere Schicht interessant, zweitens kann nun der Großteil der mit dem PKW zurückgelegten Strecken abgedeckt werden. Die benötigte Energie ist im Vergleich zum PKW fast vernachlässigbar gering: Auch unter Berücksichtigung der Akku-Herstellung liegt die CO_2-Emission je nach Fahrweise nur bei 3 bis 5 Gramm pro Kilometer, bei Verwendung von Ökostrom sogar unter 2 Gramm pro Kilometer. Zum Vergleich: PKWs verursachen das 50- bis 100-fache davon.

Der Fahrradverkehr ist nicht grundsätzlich vom Wetter abhängig: Für passionierte Radfahrer gibt es bekanntlich kein schlechtes Wetter, nur schlechte Kleidung. Das heutige Angebot an wirklich komfortabler Regenbekleidung lässt keine Wünsche offen. Ein PKW-freier Arbeitsweg bietet Lebensqualität in Form der langsamen, ruhigen Distanzierung. Während im Auto wieder alles schnell gehen muss und der Druck durch den Straßenverkehr noch erhalten bleibt, beginnt mit dem Schwung aufs Rad oder dem Spaziergang zum Bus schon die Freizeit. Die Anspannung lässt langsam nach, es bleibt vielleicht noch Zeit, den Tag Revue passieren zu lassen, Belastendes abzuschütteln.

Eine Herausforderung bleibt das Pendeln. Wer täglich große Strecken zurücklegen muss, um der Arbeit nachzugehen, wird sich schwer tun, in diesem Segment einen Beitrag zum Klimaschutz zu leisten. Eine Verbesserung liefern Fahrgemeinschaften, oder der Umstieg auf öffentliche Verkehrsmittel. Auf diese Weise kann die Belastung relevant reduziert werden. Bei großen Strecken ist aber selbst die Emission von Bus und Bahn nicht vernachlässigbar. Die Maßnahmen aus den Bereichen der Effizienz und der Erneuerbaren werden ihre Wirkung zeigen. Aber der Wandel zu einer nachhaltigen Gesellschaft wird auch die Arbeitswelt an sich verändern. Auch, was die täglichen Wege zur Arbeit anbelangt.

Auch öffentliche Verkehrsmittel gibt es nicht zum Nulltarif – Fahrzeuge und Infrastruktur müssen gebaut und betrieben, mit Energie versorgt werden. Aktuell liegt diese CO_2-Emission, auf alle Bürger aufgeteilt, bei 0,1 Tonnen pro Jahr. Das ist wenig und könnte so bleiben. Zu berücksichtigen ist allerdings: Würde der öffentliche Verkehr so stark ausgebaut, dass alle PKW-Fahrten ersetzt werden können, würde die Emission auf 0,7 Tonnen pro Jahr ansteigen. Das entspricht immer noch einer Halbierung der PKW-Emissionen. Hinzu kommt, dass theoretisch auch die Emission aus der PKW-Produktion entfallen würde. Aber es wird deutlich, dass die reine Verlagerung auf ein anderes, effizienteres, aber dennoch mit Fremdenergie versorgtes Verkehrsmittel wesentlich weniger Wirkung zeigt als die Substitution durch das Fahrrad – oder das Weglassen der einen oder anderen Strecke.

Noch ein Wort zu den Kosten: Die durch den motorisierten Individualverkehr verursachten Kosten werden nur zum Teil vom Verursacher getragen. Vor allem externe Unfallkosten, aber auch Lärmschutzmaßnahmen, Kosten durch Gesundheitsschäden, Kosten infolge des Klimawandels, volkswirtschaftliche Kosten durch Staus und vieles mehr müssen von der Allgemeinheit getragen werden. Ohne sich zu sehr mit Details der Ermittlung dieser Kosten auseinanderzusetzen, Werte zwischen 10 und 40 Cent pro Kilometer wurden in verschiedenen Studien ermittelt. Das entspricht in der EU einem Betrag zwischen 500 und 2.000 Milliarden Euro. Das ist viel Geld, unabhängig davon, welche Zahlen man tatsächlich ansetzt. So wirkt sich ein diesbezüglich entspannter Lebensstil nicht nur für die eigene Geldbörse positiv aus, sondern auch volkswirtschaftlich, und zwar in sehr hohem Ausmaß: Eine Größenordnung von 5 bis 10 Prozent des Bruttoinlandsprodukts könnte eingespart werden!

Abschließend wieder eine Reihe von beispielhaften Quantifizierungen:

Verhalten in Bezug Privatverkehr	Beschreibung mit beispielhafter Aufteilung der Strecken	CO_2, to/a
Durchschnittlich	Fahrstrecke 8.700 km pro Person und Jahr: 3.600 km Freizeit 2.000 km Berufsverkehr 1.800 km Einkauf 500 km Urlaub 800 km Rest	**1,5**
Vielfahrer	Fahrstrecke 17.400 km pro Person und Jahr: 5.000 km Freizeit 8.000 km Berufsverkehr 2.000 km Einkauf 1.200 km Urlaub 1.200 km Rest	**3,0**
Wenigfahrer	Fahrstrecke 5.500 km pro Person und Jahr: 1.500 km Freizeit 0 km Berufsverkehr 900 km Einkauf 200 km Urlaub 400 km Rest; zusätzlich werden PKW-Fahrten ersetzt durch: 2.000 km Fahrrad 500 km öffentlich	**0,5**
Ohne eigenes KFZ	Fahrstrecke 4.800 km pro Person und Jahr – PKW-Fahrten werden ersetzt durch: 300 km Taxi 500 km Leihauto/Carsharing 2.000 km Fahrrad 1.000 km E-Bike 1.000 km öffentlich	**0,2**

Abgrenzung: Betrachtet werden nur die treibstoff-, bzw. strombedingten Emissionen; Produktion und Instandhaltung der Fahrzeuge sind nicht enthalten.

Eine breite Palette an Möglichkeiten mit mannigfaltigem Nutzen steht zur Verfügung. Reduktionen sind in vielen Fällen möglich, zielführend und mit erwünschten Nebenwirkungen behaftet. Dennoch gibt es in ebenfalls vielen Einzelfällen Gründe, warum dieses oder jenes Potenzial zumindest kurzfristig nicht gehoben werden kann. Viele Wege führen nach Rom!

Fahrzeugbesitz

Unsere Kraftfahrzeuge, diese Wunder der Ingenieurskunst, verdienen allen Respekt. Unsere Kultur darf wirklich stolz darauf sein, welch geniale „Maschinen" die Techniker unserer Zeit erdacht, welche Technologien erforscht, welche Systeme in Form des Automobils entwickelt wurden. Doch ist auch die Kehrseite der Medaille nicht mehr zu übersehen: Geister, die wir riefen und nicht mehr loswerden. Nicht nur der Energieverbrauch und die damit verbundenen Emissionen beim Fahren, auch das Fahrzeug selbst hat – vor allem bei der Herstellung – einen Emissions-Rucksack erhalten.

Je nachdem, welche Studie zitiert wird, verursacht die Produktion, alle Reparaturen und Wartungstätigkeiten, sowie die Entsorgung eines PKW zwischen 3,5 und 12 Tonnen CO_2. Natürlich kommt es auch auf das Fahrzeug selbst an – zwischen Kleinwagen und Luxuslimousine kann ein Faktor von 2 bis 3 liegen – ansonsten unterscheiden sich die Studien aber hauptsächlich in ihren Systemgrenzen, das heißt darin, was genau alles betrachtet wurde. Wenn man aber über ein globales Budget spricht, müssen auch wirklich alle Emissionen mit hineingenommen werden, die in Verbindung mit diesem Fahrzeug stehen: Rohstoffgewinnung, Transport der Rohstoffe, Produktion der Einzelteile bei den Zulieferern, Transporte dieser Einzelteile, Produktion des Fahrzeugs, alle Emissionen, die durch die Infrastrukturen der produzierenden Unternehmen verursacht werden, Ersatzteile, Emissionen der Reparaturwerkstätten und die Entsorgung.

Anteil Fahrzeugbesitz an den gesamten CO_2-Emissionen – **6%**

Die Summe liegt somit eher im oberen Bereich; als Durchschnittswert ist hier der Wert von 10 Tonnen CO_2 pro Fahrzeug angesetzt. Setzt man weiters eine durchschnittliche Lebensdauer von 10 Jahren an, ergibt sich bei der aktuellen PKW-Dichte von 0,57 PKW pro Person ein jährlicher Ausstoß von ebenfalls 0,57 Tonnen pro Jahr.

Ein Elektroauto liegt trotz der zusätzlich erforderlichen Lithium-Ionen-Batterie nicht wesentlich höher, da andere, ebenfalls ressourcenintensive Bauteile des Verbrennungsmotors entfallen. Wenn ein Mittelklasse-PKW mit 1.400 Kilogramm Gesamtgewicht durch einen Kleinwagen mit Elektroantrieb (1.100 Kilogramm) ersetzt wird, war die Gesamtemission bei der Herstellung sogar etwas geringer. Ein Tesla Model S mit 2.000 Kilogramm Leergewicht verursacht hingegen deutlich mehr Emissionen.

Sowohl Fahrräder als auch E-Bikes sind bezüglich der Produktionsemission vernachlässigbar. Motorräder müssen zwar mit 1 bis 2 Tonnen veranschlagt werden (bei 10 Jahren Lebensdauer 0,1 bis 0,2 Tonnen pro Jahr), die vergleichsweise geringe Anzahl führt aber zu keiner relevanten Erhöhung des europäischen Mittelwerts. Die durch den gesamten Fahrzeugbesitz verursachte CO_2-Emission ist mit durchschnittlich 0,6 Tonnen pro Jahr nur geringfügig höher, als die durch den PKW-Besitz verursachte.

Der individuelle, personenbezogene Wert hängt davon ab, wie viele Fahrzeuge man besitzt. Beanspruche ich einen PKW für mich alleine, liegt der Wert fast beim doppelten des Durchschnitts, kommt eine vierköpfige Familie mit einem Auto aus, liegt er bei der Hälfte. Wer ein Fahrzeug beispielsweise mit Nachbarn teilt oder überhaupt kein eigenes Fahrzeug besitzt und stattdessen auf öffentliches Carsharing zurückgreift, verursacht sehr geringe Emissionen.

Gemessen am Aufwand, der für die Herstellung eines Autos betrieben werden musste, und daran, was es zu leisten im Stande ist, wird es im Durchschnitt sehr wenig genutzt – nur etwa 3 Prozent der Zeit. Die restlichen 97 Prozent ist das Fahrzeug eigentlich ein „Stehzeug", kann seiner Bestimmung nicht nachkommen und nimmt wertvollen Raum in Anspruch. Eine intensivere Nutzung durch mehrere Personen verkürzt die Lebensdauer nicht: Autos werden in der Regel verschrottet, weil sie zu alt an Jahren sind und nicht weil die Funktionstauglichkeit nicht mehr wirtschaftlich hergestellt werden kann. Die tatsächlichen

Laufleistungen liegen meist deutlich unterhalb der technischen Möglichkeiten: Je nach Motor und Pflege können weit über 200.000 Kilometer, sogar bis zu 500.000 Kilometer erreicht werden.

Was spricht nun abseits der CO_2-Emission für oder gegen den Fahrzeugbesitz? Zunächst gilt: Besitz belastet. Versicherung, Wartung und Reparaturen, Autowäsche, Reifenwechsel; um alles muss man sich kümmern, alles kostet Geld. Jährlich kostet ein PKW durchschnittlich 6.700 Euro, von der Finanzierung bis zum Benzin, von der Versicherung bis zu den Parkgebühren.

Um diesen Betrag kann man sich täglich (!) eine Taxifahrt über etwa 10 Kilometer leisten. Fährt man nur jeden zweiten Tag mit dem Taxi, kann man sich zusätzlich eine Jahreskarte für öffentliche Verkehrsmittel leisten, ein gutes E-Bike, die Carsharing-Grundgebühr und es bleiben immer noch 2.000 bis 3.000 Euro übrig – jedes Jahr! Um Autowäsche und Winterreifen muss man sich auch nicht mehr kümmern. Klingt doch entspannt.

Fahrzeugbesitz	Beschreibung	CO_2, to/a
Durchschnittlich	2 PKW in einem Vierpersonenhaushalt, 1 Moped, ein paar Fahrräder, keine Motorräder, keine sonstigen Fahrzeuge	**0,6**
Viel	1 PKW pro Person 1 Motorrad 1 Fahrrad	**1,2**
Wenig	1 PKW in einem Vierpersonenhaushalt, 2 E-Bikes, ein paar Fahrräder	**0,3**
Kein eigenes KFZ	Fahrrad, E-Bike, Anteil Carsharing	**0,1**

Fliegen

Ich fliege nicht gerne. Das war schon so, als ich noch hin und wieder geschäftlich fliegen musste. Das Einchecken, die Sicherheitskontrollen, der Lärm im Flugzeug, das alles stresste mich viel mehr als eine Zugfahrt, auch wenn sie ein paar Stunden länger ging. Den sommerlichen Familienurlaub traten wir nur ein einziges Mal mit dem Flugzeug an. Staus und Baustellen auf der Anfahrt zum Flughafen sorgten für Nervenkitzel, den ich zum Urlaubsbeginn nicht gebraucht hätte. Wir verloren so viel Zeit, dass wir wirklich in allerletzter Minute zum Check-in kamen. Seither kommt Fliegen nur in Frage, wenn das Ziel einen großen Mehrwert gegenüber anderen, leichter zu erreichenden Zielen bietet. (Es wäre aber gelogen, wenn ich behaupten würde, dass die klimaschädliche Wirkung des Fliegens bei unserer Urlaubsplanung keinen Aspekt darstellt.)
Wussten Sie, dass man von Bregenz am Bodensee in weniger als zehn Stunden mit dem Zug nach London kommt? Mit dem TGV von Stuttgart oder Zürich nach Paris und mit dem Eurostar unter dem Ärmelkanal durch. Obwohl wir beim Umsteigen in Paris das Pech hatten, in eine defekte Metro einzusteigen und dadurch die Reise erst eine Stunde später als geplant fortsetzen konnten, habe ich die Zugreise nach England wesentlich entspannter in Erinnerung als den Flug nach Sardinien.
Natürlich gibt es Grenzen, was die Urlaubsdestinationen anbelangt. Wir haben das Glück, dass wir sehr gerne in Europa Urlaub machen, insbesondere in Frankreich und Italien. Aber auch die Reisen nach Spanien und eben England waren ohne Flugzeug gut möglich.

Anteil Fliegen
an den gesamten
CO_2-Emissionen – **5%**

Wie entspannt oder hektisch Flugreisen wahrgenommen werden, ist individuell verschieden. Will man aber an einen Ort reisen, der mehrere tausend Kilometer entfernt ist, gibt es zum Fliegen kaum Alternativen. Ein anderes Land, vielleicht eine völlig andere Welt kennenzulernen ist auch etwas ganz Besonderes. Es kann bereichern, glücklich, demütig oder bescheiden machen. Aber muss es diese Häufigkeit an Fernreisen sein? Fliegen ist in Bezug auf die Treibhausgasemissionen einer der wenigen Lebensbereiche, bei dem die Reduktion mit keinem unmittelbaren Vorteil verbunden ist, anders als bei der Ernährung oder der Mobilität. Weniger zu fliegen stellt einen Verzicht dar, der vordergründig mit keinem adäquaten Nutzen verbunden ist. Vielleicht ist das der Punkt, zur Kenntnis zu nehmen, dass es ganz ohne Verzicht nicht gehen wird. Nicht auf alle Flugreisen und nicht grundsätzlich auf Fernreisen. Aber vielleicht auf die alljährliche Reise nach Thailand oder in die Südsee.

Der französische Ökonom und Philosoph Serge Latouche schreibt in seinem Buch „Es reicht!" darüber, die Langsamkeit wieder genießen zu lernen, die nähere Umgebung zu erkunden und wertzuschätzen. Reisen an ferne Ziele, so Latouche, hätten früher auch viel mehr Abenteuer geboten – wirklich Neues kennenzulernen, begleitet von so manchen Unwägbarkeiten. Heute muss man sich fragen, ob dieses Neue, diese Abenteuer nicht vielmehr in der unmittelbaren Umgebung zu finden sind. Vielleicht sogar zu Fuß oder per Fahrrad. Auch Regionen, die noch sehr verträglich mit der Bahn oder auch mit dem PKW erreichbar sind, bieten so viel Neues und Interessantes, dass man in einem Leben gar nicht in der Lage ist, alles kennenzulernen.

Aber wieder gilt: Wenn ein junger Mensch nach seiner Ausbildung eine andere Kultur in einem fernen Land kennenlernen möchte, kann das durchaus so wertvoll sein, dass der Schaden dieser einmaligen Emission mehr als kompensiert wird. Die Dosis macht das Gift!

War das Fliegen über Jahrtausende ein Menschheitstraum, gleicht es heute eher einem Überdruckventil unserer Gesellschaft. Bis zum lang ersehnten Urlaub erhöht sich der Druck bei der Arbeit (es muss ja alles fertig werden) und oft auch in den Beziehungen (Stress pur bis zur Abreise); endlich kann er – flugs – abgelassen werden. Im wahrsten Sinne des Wortes, wie uns die weithin sichtbaren Kondensstreifen am Himmel zeigen. Dieser Wasserdampf ist übrigens mitverantwortlich dafür, dass Treibhauseffekt und Klimaerwärmung durch den Flugverkehr viel stärker vorangetrieben werden, als das die bloße CO_2-Emission erwarten lässt. Der CO_2-Ausstoß selbst liegt bei Kurzstreckenflügen (weniger als 800 Kilometer), die durch den hohen Anteil von Start- und Landephase besonders ineffizient sind, bei rund 0,2 Kilogramm pro Personenkilometer. Für den zusätzlichen Treibhauseffekt, der durch Wasserdampf- und andere Emissionen in einigen tausend Metern Höhe entsteht, hat der Weltklimarat IPCC einen Faktor von 2,7 festgelegt (in anderen Quellen sind noch deutlich höhere Werte zu finden), sodass der Effekt bereits auf 0,55 Kilogramm CO_2 pro Personenkilometer ansteigt. Mittelstreckenflüge (zwischen 800 und 3.000 Kilometer) verursachen ein CO_2-Äquivalent von etwa 0,34, Langstreckenflüge 0,25 Kilogramm pro Personenkilometer. Noch nicht berücksichtigt sind hier die Aufwendungen für den Bau des Flugzeugs sowie für den Bau der Flughäfen und deren Betrieb.

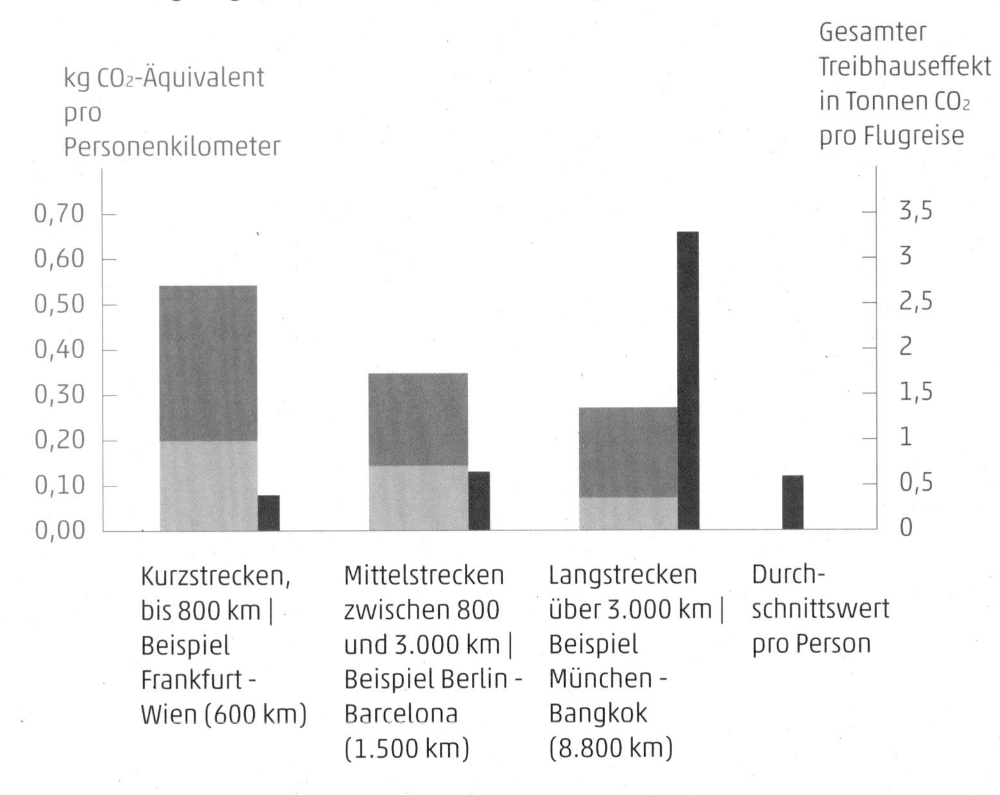

Zürich Kloten, ein im europäischen Maßstab mittelgroßer Flughafen, weist eine Nettonutzfläche von knapp 1,3 Millionen Quadratmeter auf. Hier sind unter anderem 20.000 Parkplätze untergebracht, rund 27.000 Mitarbeiter sind für verschiedene Arbeitgeber tätig. Neben den 1,6 Milliarden Litern Kerosin werden jährlich noch viele weitere Ressourcen benötigt, unter anderem 1,4 Millionen Liter Enteisungsmittel (Glykol). Der Flughafen muss mit Wärme und elektrischer Energie versorgt werden, hierfür werden jährlich über 500 Millionen kWh (Kilowattstunden) Primärenergie aufgebracht. Damit könnten rund 35.000 Wohnungen mit Wärme und Strom versorgt werden.

Durch den stetigen Anstieg des Flugverkehrs werden immer mehr und größere Flughäfen erforderlich; mit der Größe nimmt auch die Komplexität zu. Dass hier Grenzen des Machbaren erreicht werden können, zeigt der Flughafen Berlin-Brandenburg, dessen Spatenstich im Oktober 2006 erfolgte. Die Eröffnung war ursprünglich für 2011 geplant, wurde aber seither immer wieder verschoben und wird jetzt für 2019 oder 2020 erwartet. Die von der Flughafengesellschaft zu tragenden Kosten für die Verzögerung werden mit rund einer Million Euro pro Tag beziffert.

Es sind also neben den eigentlichen, treibhauswirksamen Emissionen des Flugverkehrs noch viele andere ökologische Aufwendungen zu berücksichtigen. Der Löwenanteil, gut 90 Prozent, wird jedoch durch den Flug selbst verursacht, weshalb sich die Quantifizierung hier darauf beschränkt. Zumindest muss aber noch erwähnt werden, dass der Flugverkehr neben dem oft vermeintlichen Gewinn an Lebensqualität für Millionen von Menschen auch massiv verschlechterte Lebensbedingungen mit sich bringt – man denke nur an die lärmgeplagten Anwohner von großen Flughäfen: In Frankfurt starten und landen jeden Tag mehr als 1.000 Flugzeuge.

Bei der nachfolgenden Tabelle fehlt die sonst immer ganz oben angeführte Darstellung des durchschnittlichen Mitteleuropäers, weil ein solches Verhalten eigentlich nicht definiert werden kann. Der Durchschnittswert für Langstreckenflüge läge bei etwa 1.000 Kilometer pro Jahr und Person; bei einem Langstreckenflug werden aber mindestens 3.000 Kilometer zurückgelegt. Dies kommt daher, dass ein Großteil der Menschen gar keine Langstreckenflüge vornimmt und ein ebenfalls beträchtlicher

Teil der Menschen überhaupt nicht fliegt. Zu beachten ist, dass hier ausschließlich der private Flugverkehr betrachtet wird, geschäftliche Reisen sind dem Produkt, das vom jeweiligen Unternehmen erzeugt wird, zugeordnet (oder der entsprechenden Dienstleistung).

Flugverhalten	Beschreibung	CO_2, to/a
Sehr viel	Jährlich eine Langstreckenreise (2x 6.000 km), sowie drei Kurzstreckentrips (je 2x 600 km)	**5,0**
Viel	Jährlich eine Mittelstreckenreise (2x 1.500 km), sowie zwei Kurzstreckentrips (je 2x 600 km)	**2,3**
Regelmäßig	Jährlich eine Mittelstreckenreise (2x 1.500 km)	**1,0**
Ausnahmsweise	Alle 10 Jahre eine Mittelstreckenreise (2x 1.500 km)	**0,1**
Nie	Keine Flüge	**0,0**

Der Durchschnittswert von 0,6 Tonnen pro Jahr trügt also: Er wird, wie schon erwähnt, von der relativ großen Gruppe von Menschen nach unten gedrückt, die nie oder fast nie fliegen. Gegenüber dem Durchschnittswert kann man hier also nicht sehr viel gutmachen, umgekehrt reicht ein ungünstiges Flugverhalten, um alle anderen Bemühungen zunichte zu machen.

Urlaub

Dem Urlaub gebührt ein eigenes Kapitel. Die Bandbreite an Möglichkeiten ist sehr groß, dementsprechend viel oder wenig hat dieses Thema mit dem Klima zu tun. Die Emission der Anreise wurde bereits in den Kapiteln Privater Verkehr und Fliegen behandelt, die Sport- und Freizeitaktivitäten während des Urlaubs folgen im nächsten Kapitel. Es bleiben also nur Unterkunft und Verpflegung. Mit drei Prozent der Gesamtemission stellt dieser Bereich den kleinsten Teil, wie beim Fliegen kann hier gegenüber dem Durchschnitt deshalb nicht viel eingespart werden. Nach oben hin sind dem Verbrauch hingegen kaum Grenzen gesetzt.

Es überrascht nicht, dass auf einem Campingplatz wesentlich weniger Emissionen verursacht werden als in einem Fünf-Sterne-Luxushotel. Jede Einrichtung, die als Unterkunft dient, muss gebaut, erhalten, beheizt und oft auch klimatisiert werden. Letzteres speziell in südlichen Gefilden, ganz besonders aber in Ländern mit tropischem Klima. Hallenbad und Wellnessbereich benötigen Energie, Reinigung und Wäsche wirken sich ebenfalls aus. Auch der Aufwand für ein reichhaltiges Buffet ist nicht zu unterschätzen: Alleine die zwangsläufig bereitzustellenden Übermengen sorgen für eine ungünstige Bilanz.

Am besten kann man mit Einfachheit punkten, wie die nachstehende Tabelle zeigt. Da sich die Unterkünfte auch in ihrem Energiestandard unterscheiden, sind für jede Kategorie von-bis-Werte angegeben. Ein geringer Energieverbrauch zählt noch sehr selten zu den vermarkteten Qualitäten eines Hotels, doch langsam nimmt die Anzahl an Öko-, Bio- oder auch Passivhausunterkünften zu. In diesem Fall kann man sich an den niedrigeren Werten orientieren.

Anteil Urlaub an den gesamten CO_2-Emissionen – **3%**

Unterkunft	CO_2, kg pro Nacht und Person	
	von	bis
Campingplatz	0	5
Ferienwohnung	**5**	**10**
Einfaches Hotel, nicht klimatisiert	**10**	**20**
Vier-Sterne-Hotel, klimatisiert	**20**	**40**
Vier-Sterne-Hotel, klimatisiert, mit SPA-Bereich	**40**	**80**
Fünf-Sterne-Luxushotel, Kreuzfahrtschiff	**80**	**150**

Je nachdem, wie man sich im Urlaub verpflegt, muss noch etwas zugeschlagen werden: Für „Essen wie zuhause", am Campingplatz oder in der Ferienwohnung, ist gar nichts zu veranschlagen; reichhaltige Hotel-Buffets ohne Bio-Anspruch müssen hingegen mit bis zu 20 Kilogramm CO_2 pro Person und Tag berücksichtigt werden.

In der nachfolgenden Tabelle ist die Durschnittszeile erneut mit Vorsicht zu genießen: Fast die Hälfte der Bevölkerung unternimmt keine Urlaubsreise. Menschen, die noch nicht oder nicht mehr reisen können; Menschen, die nicht (mehr) reisen wollen; Menschen, die sich die Reise nicht leisten können. Mit „Durchschnitt" ist deshalb nicht der durchschnittliche Urlauber gemeint, sondern der Durchschnitt aller Bürger.

Wäre es nicht schön, man könnte sich etwas mehr Urlaub leisten, auch wenn er dafür etwas einfacher ausfällt? Ökologisch spricht wenig dagegen:

Urlaubstyp	Beschreibung	CO_2, to/a
Durchschnitt	2 Wochen Spanien im einfachen Hotel	**0,3**
Durchschnittlicher Urlauber	2 Wochen Spanien im klimatisierten Hotel, 3 Tage Kurzurlaub im Wellness-Hotel	**0,6**
Aufwändig	2 Wochen Thailand im klimatisierten Wellness-Hotel, 1 Woche Mittelmeer-Kreuzfahrt	**2,0**
Einfach	2 Wochen Sommer-, 1 Woche Winterurlaub, jeweils in der Ferienwohnung, hin und wieder auswärts essen	0,2
Sehr einfach, dafür länger	3 Wochen am Campingplatz, 1 Woche in der Ferienwohnung	0,1

Abgrenzung: In dieser Betrachtung sind jeweils nur Übernachtung und Essen enthalten.
Anreise und sportliche Aktivitäten werden in den jeweiligen Kapiteln betrachtet.

Sport und Freizeit

Tanzen zum Beispiel. Tanzen kann man vor Freude, alleine, zu zweit oder in der Gruppe. Tanzen erfreut Kinder ebenso wie alte Menschen. Tanzen geht mit und ohne Musik – einfach, um einem Gefühl, einer Stimmung Ausdruck zu verleihen oder auch um sich mit perfekt einstudierten Bewegungsabläufen an heißen Rhythmen zu erfreuen. Im Rahmen eines Seminars hat uns der Trainer den Vorschlag gemacht, den Müll tanzend vors Haus zu tragen. Es ist viele Jahre her, aber es fällt mir fast bei jedem Müllsack ein. Und dann tanze ich, zumindest in Gedanken (Was denken die Nachbarn). Aber probieren Sie mal. Das lässt den Alltag weit weg erscheinen und die täglichen Sorgen klein. Tanzen erhebt. Ach ja, und Tanzen verursacht kein CO_2.

In diesen unterschätzten Bereich fließen im Mittel weitere 0,9 Tonnen pro Jahr – 7 Prozent der gesamten Emissionen. Dabei verfolgen die wenigsten von uns nur *ein* Hobby, das dafür verantwortlich ist. Vielmehr gehen die meisten Menschen einer Reihe von Freizeitaktivitäten nach, die alle mehr oder weniger Wirkung zeigen, was sich dann beachtlich aufsummiert. Viele Sportarten und andere Freizeitbetätigungen kommen (fast) ohne materielle Hilfsmittel aus. So manches Hobby hilft sogar, an anderer Stelle Emissionen einzusparen: Was ein Heimwerker selbst anfertigt oder repariert, muss nicht industriell produziert werden, wer sich selbst ein Kleid näht, muss es nicht aus China importieren. Der relativ hohe Durchschnittswert liegt zum einen an der Vielzahl von Freizeitaktivitäten, zum anderen an bestimmten Pauschalbeträgen, die angesetzt werden müssen, sofern man die Teilnahme an der modernen Welt nicht vollständig verweigert: Film und Fernsehen verursachen ebenso relevante Emissionen wie das Internet. Die Serverfarmen von Google und Co müssen zumindest zur Hälfte der privaten Unterhaltung aufgebürdet werden. Durch Vermeidung von sehr emissionsreichen Aktivitäten kann die Belastung aber dennoch halbiert werden.

Anteil Sport und Freizeit an den gesamten CO_2-Emissionen – **7%**

Da die Möglichkeiten hier so vielfältig sind, folgt anstelle der gewohnten Tabelle mit repräsentativen Mustern eine (unvollständige) Auflistung von Sport- und Freizeitbetätigungen, zum Teil mit einem typischen Ausmaß versehen. Mehrere Betätigungen sind entsprechend zu addieren.

Sport- / Freizeitbetätigung	CO_2, to/a
Vernachlässigbare Tätigkeiten: Spielen, Basteln, Malen, Zeichnen, Lesen, Singen, Rätseln, Tanzen, Nähen, Sticken, Stricken, Heimwerken, Musizieren auf akustischen Instrumenten; Radfahren, Joggen, Wandern, Schwimmen (im Sommer) und viele Outdoor-Sportarten ohne nennenswerten Geräte- und Energiebedarf	<0,05
Musizieren auf elektrischen / elektronischen Instrumenten (Materialeinsatz, Energie)	0,05
Segeln, Langlaufen, Skitouren (Ausrüstung)	0,05
Eine Heißluftballonfahrt (Ausrüstung, Gasverbrauch)	0,05
Regelmäßiger Fitnesscenter-Besuch (Errichtung, Heizung und Klimatisierung des Gebäudes; Stromverbrauch)	**0,15**
Schifahren, 10 bis 15 Schitage pro Jahr (Ausrüstung, Herstellung und Betrieb der Liftanlagen, Beschneiung, Pistenpräparierung)	**0,20**
Fußballspielen – aktiv im Verein (Ausrüstung, Herstellung und Erhalt der Sportanlage inklusive Clubheim)	**0,20**
Schwimmen im Hallenbad – einmal pro Woche	**0,20**
Motorradfahren, 2.500 km im Jahr (Verbrauch, Ausrüstung, ohne Fahrzeug)	**0,40**
Eishockey (Ausrüstung, Herstellung und Erhalt der Sportanlage; die Eisfläche verursacht einen hohen Energiebedarf für die Kälteerzeugung)	**0,80**
Heliskiing (1 Woche, 40.000 Höhenmeter)	**2,00**

Unterhaltung, Sport- und Kulturveranstaltungen:	
20 Theater- oder Konzertbesuche	0,05
10 Restaurantbesuche, mittlere und gehobene Kategorie gemischt	0,10
25 sonstige Gastronomiebesuche (Café, Bar, ...)	0,10
Pauschale für Film und Fernsehen (Filmproduktion, Fernsehstudios, Kinos)	0,10
Pauschale für Internetnutzung	0,20
Regelmäßige Besuche von Sport-(Groß-) Veranstaltungen	0,20
Vier Tage Open Air Festival	0,20

Abgrenzung: In dieser Betrachtung sind die Aktivitäten sowie das hierfür erforderliche Equipment enthalten. Aufwendungen, etwa für die Anreise, werden in den jeweiligen Kapiteln betrachtet.

Haustiere

Mit 3 Prozent der Gesamtemission stellen die Haustiere zwar einen sehr kleinen Teil, dafür sind die Reduktionsmöglichkeiten durch Effizienz und erneuerbare Energien relativ beschränkt. Man darf nicht vergessen, dass der Betrag von 0,4 Tonnen pro Jahr im angestrebten 1-Tonnen-Szenario fast die Hälfte ausmachen würde. Das verleiht dem Thema eine gewisse Bedeutung.

Wenn man in diesem Zusammenhang von Haustieren spricht, sind Hunde und Katzen gemeint. Erstens, weil sie den größten Anteil der Haustiere stellen und zweitens mit Abstand am meisten Ressourcen verschlingen: Für einen Hund wird in Form von Nahrung, Verpackung, Müll und Energie durchschnittlich eine CO_2-Emission von 2,5 Tonnen pro Jahr verursacht, für eine Katze etwa 1 Tonne pro Jahr. Beide Werte sind Durchschnittswerte, die im Einzelfall sowohl deutlich über- als auch unterschritten werden können. Der mittleren Emission des Hundes ist der deutsche Hunderassen-Mix zugrunde gelegt. Der Durchschnittshund wiegt 29 kg und erhält eine tägliche Frischfleischration von 3 Prozent des Hundegewichts, also 0,9 Kilogramm. Für eine über 55 Kilogramm schwere Dogge muss dementsprechend fast die doppelte Emission, also etwa 5 Tonnen pro Jahr angesetzt werden. Ein Dackel kommt hingegen mit etwas mehr als 1 Tonne aus. Bei der Katze hängt die verursachte Emission stark mit dem produzierten Müll zusammen: Freigängerkatzen kommen vielleicht ganz ohne Katzentoilette aus und somit ohne Katzenstreu, aber auch bei Wohnungskatzen kann Art und Menge der Katzenstreu noch stark variieren.

Anteil Haustiere an den gesamten CO_2-Emissionen – **3%**

Andere Haustiere, wie Meerschweinchen, Kanarienvögel und Zierfische, sind in jeder Beziehung sparsamer; sie liegen allesamt deutlich unter 0,1 Tonnen pro Jahr. Bei Fischen kann lediglich der Stromverbrauch für das Aquarium zu einer deutlich erhöhten Emission führen – je nach Größe des Aquariums.

Die Frage, wie sehr ein Haustier zur Lebensqualität beiträgt, hängt von vielen Faktoren ab und ist nur individuell zu beantworten. Die Zahlen zeichnen folgendes Bild:

Haustier-Situation	Beschreibung	CO_2, to/a
Durchschnitt	Freigängerkatze im Zweipersonenhaushalt	**0,4**
Sehr ungünstig	Paar mit Dogge	**2,5**
Ungünstig	Alleinstehende Person mit Wohnungskatze	**1,2**
Günstig	Familie mit Meerschweinchen oder ohne Haustier	**0,0**

Um Missverständnisse zu vermeiden: Keiner alleinstehenden Person soll ihr Haustier verwehrt werden. Interessant wäre allenfalls eine Diskussion darüber, warum sich unsere Gesellschaft in diese Richtung (vieler Alleinstehender) entwickelt hat, und ob die Wiederentdeckung von größeren Wohnverbünden – ob innerfamiliär oder nicht – unsere Lebensqualität nicht positiver beeinflussen würden als die Ersatz-Kommunikationspartner in Form von Hund und Katz.

Sonstiger Konsum

Im sonstigen Konsum findet sich noch eine Menge von Kleinigkeiten: Bekleidung und Schuhe, elektronische Geräte, Wohnungseinrichtung und Haushaltsgegenstände, Waschmittel und Produkte zur Körperpflege und Papier. Alles zusammen schlägt mit durchschnittlich 1,5 Tonnen pro Jahr ganz schön zu Buche.

Mit einem bewussten Lebensstil kann man in diesem Bereich viel bewirken. Einmal in Form der Grundsatzfrage, welche Produkte denn wirklich benötigt werden, wie langlebig diese Produkte sind und welche Transportwege sie hinter sich haben. Und dann natürlich auch in Form der Nutzung selbst: Wie sorgsam geht man damit um, wie schnell wird ein altmodischer oder leicht beschädigter Artikel ersetzt und das vielleicht noch gebrauchsfähige Produkt entsorgt?

Bekleidung und Schuhe verursachen im Mittel 0,4 Tonnen pro Jahr. Mit dem immer neuesten Schrei vom Discounter kann man weit über den Durchschnitt schießen, mit hochwertigen Textilien (die von Hobby-NäherInnen sogar geflickt werden können) lässt sich die Emission leicht halbieren. Eine sehr wesentliche Rolle kommt bei den Textilien aber auch noch der Herkunft und der Produktionsweise zu. Wird konventionelle Baumwolle aus den USA nach China geliefert und dort zu einem T-Shirt verarbeitet, hat dieses – nach der Flugfracht nach Europa – 7 Kilogramm CO_2 in seinem Rucksack. Wird es mit derselben Baumwolle in Europa hergestellt, sind es nur noch 4 Kilogramm. Handelt es sich um Bio-Baumwolle aus Peru, reduziert sich die Belastung gar auf rund 1 Kilogramm.

Anteil sonstiger Konsum an den gesamten CO_2-Emissionen – **13%**

Bei der Wohnungseinrichtung (inklusive Haushalts- und Gartenartikel etwa 0,4 Tonnen pro Jahr) kann man vor allem mit Langlebigkeit punkten. Die Frage, ob Küche und Bad, Bett und Schrank wirklich benötigt werden, stellt sich nicht. Aber wie billig, im Sinne von kurzlebig die Anschaffungen sind, ist beeinflussbar und nicht unbedingt eine Frage des Geldes. Hochwertige Materialien und gutes Handwerk haben zwar ihren Preis, die Ersatzanschaffung ist aber meist erst viel später notwendig als bei industrieller Billigware. Ähnlich verhält es sich mit Haushaltsgeräten. Qualität hat ihren Preis aber auch ihren Wert.

Die Elektronik: Mobiltelefone, Flachbildfernseher, Playstation, Laptop und Drucker, all diese Dinge sind heute in fast jedem Haushalt Standard und verursachen Emissionen in der Höhe von rund 0,3 Tonnen pro Jahr. Wobei hiermit der Stromverbrauch noch nicht erfasst ist, sondern erst die Herstellung. Ein Computer, heute nach drei Jahren bereits alt(-modisch), muss auch häufig ersetzt werden. Die üblichen Fragen: Braucht ein Vierpersonenhaushalt wirklich zwei oder mehr Fernsehgeräte? Ist der Laptop vielleicht doch noch reparabel und kann seine Dienste noch ein bis zwei weitere Jahre leisten? Muss das alte Handy entsorgt werden, nur weil das neue Modell scheinbar unverzichtbare Features verspricht?

15 Prozent der weltweiten Holznutzung werden für die Produktion von Papier und Zellstoff verwendet. Das ist viel; dementsprechend wirkt sich der Papierverbrauch auch auf die CO_2-Emission aus. Pro Person werden hierzulande Jahr für Jahr 250 Kilogramm Papier und Karton produziert; knapp die Hälfte davon für Verpackungen; man denke an die Zunahme von Paketsendungen durch den Onlinehandel. Das Papier ist aber noch mit wesentlich mehr CO_2 befrachtet, wenn es bedruckt wurde, sodass Zeitungen und Postwurfsendungen (Werbung) den Löwenanteil im privaten Verbrauch ausmachen: rund 0,15 Tonnen pro Jahr. Insgesamt weitere 0,05 fließen in die Paket-Verpackungen, in (privates) Drucker- und Hygienepapier. Bücher sind in diesem Zusammenhang mit einigen wenigen Kilogramm pro Exemplar vernachlässigbar. Potenziale: Postwurfsendungen vermeiden (Briefkastenaufkleber), Zeitungen mit mehreren Lesern teilen oder online lesen, Papiermüll dem Altpapier zuführen, Recyclingpapier verwenden, Geschenke kreativ papierlos verpacken...

Bei Konsumgütern des täglichen Gebrauchs (Wasch- und Putzmittel, Körperpflege und Ähnliches – in Summe weitere 0,2 Tonnen pro Jahr) hilft der bewusste Umgang und die Verwendung von ökologisch möglichst verträglichen Produkten.

Konsumverhalten		CO_2, to/a
Durchschnitt	Bekleidung und Schuhe: jährliche Ausgaben von 1.100 Euro pro Person	
	Elektronik: 1 Fernseher (10 Jahre) für 2 Personen, 1 PC (4 Jahre) pro Haushalt, 1 Mobiltelefon (3 Jahre) pro Person	
	Küche und Bad sowie Möbel werden nach 20-30 Jahren erneuert; gesamte Investitionen pro Haushalt, auf ein Jahr umgelegt 1.200 Euro	
	Haushaltsartikel und -Geräte mit mittlerer Lebensdauer; gesamte Investitionen pro Haushalt, auf ein Jahr umgelegt 550 Euro	
	Eine Tageszeitung pro Haushalt, Postwurfsendungen werden empfangen und dem Altpapier zugeführt	**1,5**
Ungünstig	Ausgaben für Bekleidung und Schuhe jährlich 2.000 Euro pro Person	
	1 Fernseher pro Person, weitere, aufwändige Unterhaltungselektronik (Heimkino)	
	Möbel werden öfter erneuert, großzügige Ausstattung mit neuesten Haushaltsgeräten	**2,2**
Günstig	Hauptaugenmerk aller Anschaffungen ist die Langlebigkeit; nach Möglichkeit wird repariert.	
	Beachtung von ökologischen Kriterien bei Bekleidung und Konsumgütern des täglichen Gebrauchs	
	Keine Postwurfsendungen	**0,7**

Haushaltsstrom

Wenn wir von unseren Eltern oder Großeltern zum Energiesparen animiert wurden, war in der Regel der Haushaltsstrom betroffen. Das Licht ausschalten, das Wasser im Kochtopf nur mit geschlossenem Deckel zum Kochen bringen, den Fernseher nicht einfach so laufen lassen... Verblüffend, dass dieser Anteil an den gesamten CO_2-Emissionen nur bei etwa 5 Prozent, ungefähr 0,6 Tonnen pro Jahr, liegt. Das mit dem Strom ist aber so eine Sache. Wieviel Emission eine Kilowattstunde verursacht, hängt nämlich davon ab, wie der Strom gerade produziert wird: Wieviel steuern zum Beispiel die Kohlekraftwerke bei, wieviel die Photovoltaik? Das ändert sich ständig, ganz relevant aber zwischen Sommer und Winter. Der Winterstrom kann gut und gerne drei- bis fünfmal soviel Emissionen verursachen wie der Sommerstrom. Was den personenbezogenen Wert von 0,6 Tonnen pro Jahr anbelangt, ist von Bedeutung, wie groß der Haushalt der betreffenden Person ist, weil in der Regel jeder Haushalt einen gewissen Sockelverbrauch aufweist: Die Verbräuche von Kühlschrank, Gefriertruhe, Beleuchtung, diversen elektronischen Geräten mit Stand-by-Verbrauch, all das wird auf die Anzahl der im Haushalt wohnenden Personen aufgeteilt. Ausstattung des Haushalts (wie viele Geräte), Qualität der Geräte und Nutzerverhalten spielen eine wesentliche Rolle.

Anteil Haushaltsstrom an den gesamten CO_2-Emissionen – **5%**

Die Bandbreite ist wie immer groß. Der erste Punkt, die CO_2-Emission des Strommixes, wird in diesem Kapitel nicht behandelt: Alle Angaben basieren auf dem aktuellen Durchschnittswert der EU-28, das sind etwa 0,4 Kilogramm CO_2 pro Kilowattstunde. Der gegenwärtige und zukünftig mögliche Einfluss der erneuerbaren Energien wird im Abschnitt III betrachtet.

Zunächst ein Blick auf die Haushaltsgröße: Weil in der Regel jeder Haushalt mit Haushaltsgeräten ausgestattet ist, die zumindest teilweise unabhängig von der Personenanzahl betrieben werden müssen, gibt es einen Sockelbetrag, der pro Haushalt anfällt. Dieser Betrag wird auf alle im Haushalt lebenden Personen aufgeteilt – je größer der Haushalt, umso niedriger der Verbrauch pro Person. Für die Ermittlung der Gesamtemission wurde ein gewichteter Mix der Durchschnittsverbräuche aus Deutschlands, Österreich und der Schweiz herangezogen. Demnach beträgt die Pro-Kopf-Emission in einem Einpersonenhaushalt rund 1 Tonne pro Jahr, in einem Zweipersonenhaushalt 0,6 Tonnen pro Jahr, bei drei Personen nur noch 0,5 Tonnen pro Jahr.

Haushaltsgröße (Personen):	1	2	3	4
Angesetzter Durchschnittsverbrauch in kWh pro Haushalt	2.390	3.110	3.730	4.160
Durchschnittsverbrauch in kWh pro Person	2.390	1.555	1.245	1.040
CO_2-Emission in Tonnen pro Person und Jahr	**1,0**	**0,6**	**0,5**	**0,4**

Nun kann der Verbrauch hier tatsächlich sehr stark durch die Energieeffizienz des Produkts selbst beeinflusst werden (was im nächsten Abschnitt behandelt wird), gewisse Potenziale birgt der Lebensstil aber auch. Mit etwa 20 Prozent des gesamten Haushaltsstromverbrauchs stellt das Kühlen und Gefrieren die größte Einzelposition. Die Entscheidung über die Größe der Geräte beeinflusst den Verbrauch maßgeblich. Eine Kühl-Gefrier-Kombination anstelle einer separaten, größeren Kühltruhe spart bereits 0,05 Tonnen pro Jahr ein. Beim Waschen und Trocknen (etwa 10 Prozent) stellt sich die Frage, ob das Trocknen wirklich maschinell erfolgen muss, oder ob die Wäsche nicht auch in der Wohnung trocknen kann. Zusammen mit tendenziell niedrigeren Waschtemperaturen, die in vielen Fällen ausreichen, kann man hier ebenfalls 0,05 Tonnen pro

Jahr eingesparen. Beim Kochen und bei der Beleuchtung (jeweils weitere 10 Prozent des Gesamtverbrauchs) können die einfachen Tipps der Eltern nach wie vor ihre Wirkung zeigen. Der Geschirrspüler ist mit rund 5 Prozent von geringer Relevanz; der große Rest (45 Prozent) stammt von Kleinverbrauchern: TV und Audio, DVD- und MP3-Player, Tablets und E-Book-Reader, PC und Drucker, Mobiltelefone, Spielekonsolen und Digitalkameras, Bügeleisen und Staubsauger, Föhn und Rasierapparat, Mikrowelle und Toaster, Wasserkocher und Espressoautomat, Küchenmaschine und Standmixer, Sodastreamer und Eismaschine und was es sonst noch alles gibt. Smart Home ist ein weiterer Trend, der mehr Elektronik und vor allem Stand-by-Verbräuche in unsere Wohnungen bringt – mit dem hehren Ziel, die vielen Geräte sparsam und intelligent (worunter in der Regel „mittels App" verstanden wird) zu steuern.

Hier ist die Frage: Welche beziehungsweise wie viele dieser Geräte haben mir bisher zu meinem Glück gefehlt?

Haushaltsstrom		CO_2, to/a
Durchschnitt	Zweipersonenhaushalt; durchschnittliche Geräteausstattung	**0,6**
Sehr ungünstig	Singlehaushalt mit Heimkino, zahlreiche elektronischen Geräte, alles mittels Smart Home vernetzt	**1,6**
Ungünstig	Zweipersonenhaushalt mit Heimkino, zahlreiche elektronischen Geräte, alles mittels Smart Home vernetzt	**1,1**
Günstig	Vierpersonenhaushalt mit moderater Geräteausstattung	**0,3**

Bauen und Wohnen

Berufsbedingt hat mich dieses Thema immer schon sehr interessiert. Noch lange bevor wir unser Eigenheim errichtet haben, versuchte ich, ein Gemeinschaftsprojekt zu initiieren, warb um Interessenten, suchte nach einem Baugrund und ließ eine Wohnanlage entwerfen. Aufgrund von Schwierigkeiten mit dem Grundbesitzer scheiterte der Anlauf aber kurz vor Abschluss. Wir wollten die Idee des gemeinsamen Bauens schon fast aufgeben, trafen dann aber glücklicherweise auf einen Architekten, der uns einen interessanten Vorschlag präsentierte. Ein Einfamilienhaus aus den 60er-Jahren wurde schon seit längerer Zeit zum Verkauf angeboten, es stand auf einem relativ großen Grundstück, sodass der Preis sehr hoch war. Es war aber so ungünstig platziert, dass kaum weitere Gebäude Platz gefunden hätten. Der Architekt schlug nun vor, das (energetisch sanierungsbedürftige) Einfamilienhaus abzutragen und auf dem Grundstück eine Wohnanlage für acht Familien zu errichten. Wir konnten uns schnell für das Projekt erwärmen und gingen wieder auf die Suche nach Miterrichtern, zwei Jahre später bezogen wir unsere Passivhaus-Wohneinheit. Die Bilanz: Wo zuvor eine Familie wohnte, fanden nun acht Familien ihr Zuhause; der Energieverbrauch dieser acht Familien liegt heute aber nur bei der Hälfte dessen, was das Einfamilienhaus im schlechten energetischen Standard benötigte: Faktor 16. Das gemeinsame Bauen hat seine Tücken, die Planung ist mühsamer, vielleicht dauert sie auch länger. Das Gestalten der Verträge ist anspruchsvoll. Auch das Zusammenleben bietet nicht nur Vorteile, und doch überwiegen sie deutlich. Was ich am Entstehungsprozess am meisten geschätzt habe, ist das gemeinsame Arbeiten, das Kennenlernen und Respektieren

Anteil Bauen und Wohnen an den gesamten CO_2-Emissionen – **16%**

anderer Bedürfnisse. Die eigenen Vorstellungen zu verfolgen, aber auch aufeinander einzugehen. Der Begriff Zusammenrücken fällt mir hierzu ein. Ich glaube, dass ich in dieser Phase (die 20 Jahre her ist) sehr viel gelernt habe.

Obwohl das Bauen und Wohnen neben der Ernährung den größten Einzelposten (1,9 Tonnen pro Jahr) darstellt, wird es ganz am Ende dieses ersten Abschnitts behandelt. Der Grund liegt darin, dass hier die größten Einsparungen über Effizienz und erneuerbare Energien möglich sind und nur ein kleinerer Teil durch den Lebensstil beeinflussbar ist. Er ist aber nicht zu unterschätzen: Mit der Größe der Wohnfläche hängt sowohl der Errichtungsaufwand als auch der Energieverbrauch direkt zusammen. Einen indirekten, aber durchaus wesentlichen Einfluss üben Wohnlage und Wohnform aus.

Während die heizungsbedingten Emissionen relativ leicht ermittelt werden können, ist die Umlegung des Aufwands für Errichtung und Instandhaltung des Gebäudes auf alle Jahre der Lebensdauer viel schwieriger. Natürlich sind die verwendeten Rohstoffe und Baumaterialien von großer Bedeutung, hierzu gibt es auch gute Datenbanken, denen die vorgelagerte CO_2-Emission zu entnehmen ist. Dennoch muss man sich mit ermittelten Durchschnittswerten zufriedengeben, die auf bestimmten Annahmen beruhen. Diese Annahmen verändern sich im Lauf der Zeit und variieren von Hersteller zu Hersteller, von Land zu Land. Auch die Leistungen vor Ort sind schwer abzubilden: Werden die Arbeiten vom Handwerker aus dem Dorf verrichtet oder wurde der billigere, aber 100 Kilometer entfernte Konkurrent beauftragt, der nun täglich mit zwei Klein-LKWs anreist? Die tatsächliche Lebensdauer der Bauteile spielt ebenso eine entscheidende Rolle. Ob die getroffenen Annahmen in der Praxis unter- oder überschritten werden, weiß man erst in vielen Jahren. Trotzdem soll hier eine Zahl herhalten: Die Fülle der vorliegenden Studien und Informationen legt nahe, dass für Errichtung und Instandhaltung eine Größenordnung von etwa 7 Kilogramm CO_2 pro Quadratmeter Nutzfläche und Jahr anzusetzen ist. Wie diese Größe beeinflussbar ist, folgt in den weiteren Abschnitten. Hier soll zunächst nur der Status quo festgehalten werden: Die aktuelle, mittlere Pro-Kopf-Wohnfläche von 45 Quadratmeter liefert eine CO_2-Emission von etwas mehr als 0,3 Tonnen pro Jahr. Für die Beheizung – dieser Wert kann mit deutlich größerer Genauigkeit genannt werden – sind im Gebäudebestand heute durchschnittlich 29 Kilogramm CO_2 pro Quadratmeter Nutzfläche und Jahr zu veranschlagen – macht 1,3 Tonnen pro Jahr. Die restlichen 0,3 fallen für das Warmwasser an.

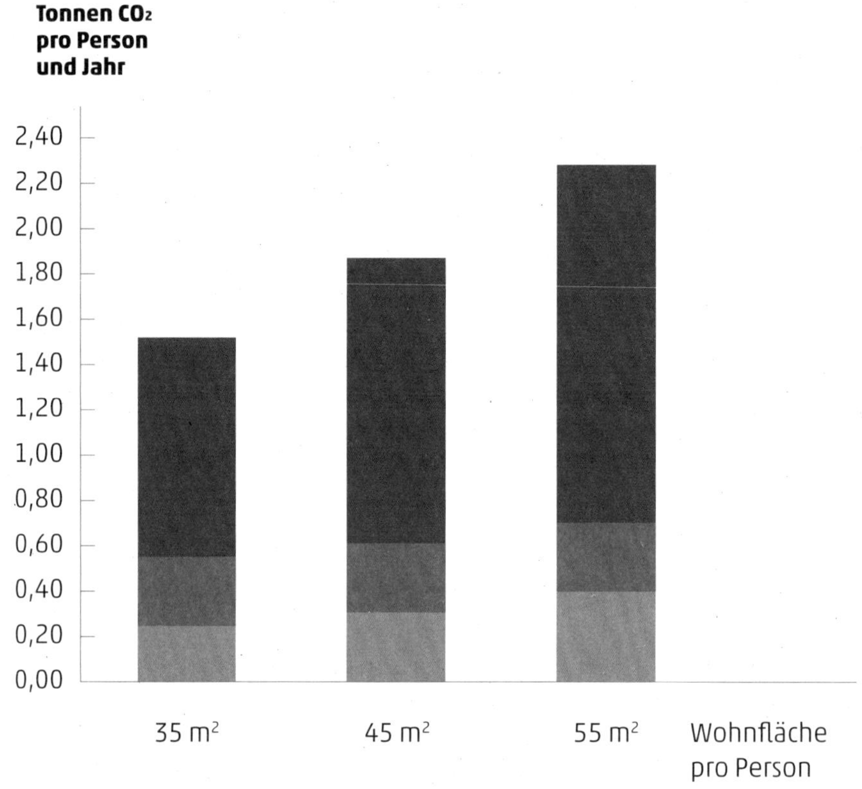

Einfache Rechnung – bei 35 Quadratmeter pro Kopf (zum Beispiel in einem Mehrfamilienhaus) sind es um 0,4 Tonnen pro Jahr weniger; bei 55 Quadratmeter pro Kopf (zum Beispiel in einem Einfamilienhaus) sind es um 0,4 mehr. Ein Zweitwohnsitz schlägt dementsprechend hoch zu Buche.

Beim Warmwasserverbrauch gibt es sehr große Schwankungen. Der Mittelwert liegt bei rund 40 Liter pro Person und Tag; die individuellen Werte liegen aber oft zwischen 20 und 80 Litern. Das reduziert die CO_2-Belastung im besten Fall um 0,15 Tonnen pro Jahr und erhöht sie im schlechtesten Fall um 0,3 – das alles beim gegenwärtigen Mix von Warmwassertechnologien.

Nun schneidet das vielzitierte Einfamilienhaus auf der grünen Wiese nach diesen Zahlen noch nicht zwingend schlechter ab als ein Mehrfamilienhaus mit guter Anbindung an öffentliche Verkehrsmittel. Höhere Dichte wirkt sich aber stark auf andere Bereiche, insbesondere den privaten Verkehr aus. Kürzere Wege ermöglichen die Nahversorgung zu Fuß, per Fahrrad oder öffentlich, auf PKW kann immer öfter ganz verzichtet werden, was die Lebensqualität wieder ansteigen lässt. Die Zersiedelung kann im CO_2-Maßstab nicht direkt abgebildet werden, die höheren Erschließungsaufwände belasten aber nicht nur das Budget der Allgemeinheit, sondern auch deren Emissionen.

Man muss sich nicht zwischen (großem) Einfamilienhaus und (kleiner) Wohnung im Mehrfamilienhaus entscheiden. Gemeinsames Wohnen ermöglicht eine dichte Bauweise und kann in allen Lagen und Größen realisiert werden. Der große Vorteil wirkt sich nur indirekt aus: Es bieten sich Möglichkeiten für die gemeinsame Nutzung – von Räumen, die man sich sonst vielleicht nicht leisten würde, von Gebrauchsgegenständen, vielleicht auch von Autos (in Form des einfachsten Carsharing-Modells). Und letzten Endes bietet das gemeinsame Wohnen sogar die Möglichkeit, sich gegenseitig mit unterschiedlichen Fähigkeiten zu unterstützen, was vielleicht noch an Bedeutung gewinnen wird.

Bei der nachfolgenden Beispieltabelle ist zu beachten, dass sie für den durchschnittlichen Heizenergiebedarf gilt. Schlechtere oder bessere Effizienz sowie der Einsatz von erneuerbaren Energien wird in den nächsten beiden Abschnitten berücksichtigt.

Wohnform		CO_2, to/a
Durchschnitt	Zweipersonenhaushalt in einer 90 m² Wohnung; durchschnittlicher Warmwasserverbrauch	**1,9**
Sehr ungünstig	Single-Penthouse mit 150 m²; sorgloser Warmwasserverbrauch	**6,0**
Ungünstig	Drei Personen im 165 m² großen Einfamilienhaus	**2,2**
Günstig	Vierpersonenhaushalt im 140 m² großen Reihenhaus, sparsamer Warmwasserverbrauch	**1,4**

Zusammenfassung

Dieser Abschnitt bietet nun also einen Überblick, auf welche Lebensbereiche sich die CO_2-Emissionen hierzulande aufteilen, vor allem aber, welche Einflussmöglichkeiten der Lebensstil bereits bietet. Noch ohne jegliche Zuhilfenahme von Energieeffizienz und erneuerbaren Energien könnte man den CO_2-Ausstoß um fast zwei Drittel senken oder ihn – bei sehr verschwenderischem Lebensstil – auch mehr als verdoppeln. Wie die nachfolgenden Abschnitte zeigen werden, ist es aber gar nicht erforderlich, das gesamte Potenzial auszunutzen. Es genügt, wenn die durchschnittliche CO_2-Emission lebensstilbedingt von aktuell 12 auf durchschnittlich 8,5 Tonnen pro Jahr gesenkt wird. Für den Rest dürfen wir die technischen Errungenschaften unserer Zeit bemühen: Die erforderlichen Energieeffizienzmaßnahmen sind mit vertretbarem Aufwand, der noch erforderliche Ausbau der erneuerbaren Energien ist mit Akzeptanz der Bevölkerung umsetzbar. Bei gleichbleibendem oder sogar noch aufwändigerem Lebensstil scheint dies hingegen undenkbar.

Was zeigt denn nun die vorangegangene Analyse? Zunächst wird klar, dass es um viel mehr geht, als Gebäude gut zu dämmen und Fahrzeuge mit elektrischen Antrieben auszustatten. Diese beiden Themen stehen oft im Fokus der Diskussion, stellen zusammen aber nur rund ein Viertel der Emissionen. Vielmehr liegt eine Vielzahl von Bereichen vor, die allesamt beachtliche Einsparungen ermöglichen. Wer beispielsweise regelmäßig fliegt, findet hier einen großen Hebel. Ernährung und Privater Verkehr bieten große Potenziale, aber auch in jedem der restlichen sieben Bereiche kann man alleine durch den Lebensstil durchschnittlich eine halbe Tonne gutmachen. Ganz nach persönlicher Vorliebe! Darüber hinaus wird sichtbar, dass Klimaschutz nicht mit Einzelmaßnahmen betrieben werden kann. Zu viele Bereiche unseres Lebens sind davon betroffen. Die breite Durchsetzung klimaverträglicher Lebensstile wird deshalb nicht ohne Konsequenz auf das gesamte gesellschaftliche Leben bleiben. Auch unsere Wirtschaft wird sich verändern.

Die nachstehende Tabelle führt alle behandelten Bereiche auf, in den Spalten sind die gegenwärtige Durchschnittsemission und die beschriebenen Minimal- und Maximal-Emissionen zu finden. Die letzte Spalte ist für den eigenen Status quo oder auch einen Plan reserviert.

Die letzte Zeile enthält einen pauschalen Betrag für den öffentlichen Bereich, der durch den persönlichen Lebensstil nicht direkt beeinflussbar ist. Hierüber sind wenige und recht unterschiedliche Zahlen veröffentlicht worden. Die absolute Größe ist von geringerer Bedeutung; wichtig ist, dass die Bereiche erfasst sind und in den folgenden Abschnitten behandelt werden: Errichtung und Betrieb von öffentlichen Gebäuden, Versorgungsinfrastruktur (Strom, Wasser, Kanal), Infrastruktur für Straßen- und Schienenverkehr, Gesundheits- und Bildungswesen, Politik und Verwaltung, Polizei und Militär, Finanzdienstleistungen und Versicherungen, und noch andere Bereiche sind hiermit gemeint.

	Heutiger Durchschnitt (to/a)	Min (to/a)	Max (to/a)	Meine Bilanz / mein Plan (to/a)
Ernährung	1,8	0,4	**2,4**	
Privater Verkehr	1,5	0,2	**3,0**	
Fahrzeugbesitz	0,6	0,1	**1,2**	
Fliegen	0,6	0,0	**5,0**	
Urlaub	0,3	0,0	**2,0**	
Sport und Freizeit	0,9	0,4	**3,0**	
Haustiere	0,4	0,0	**2,5**	
Sonstiger Konsum	1,5	0,7	**2,2**	
Haushaltsstrom	0,6	0,3	**1,6**	
Bauen und Wohnen	1,9	1,4	**6,0**	
Öffentlicher Bereich (durch Lebensstil nicht beeinflussbar)	1,9	1,9	**1,9**	
Gesamt	12,0	5,4	**30,8**	

Wem Ökologie in seinem Alltag schon ein Anliegen ist, wird feststellen, dass es ein realistisches Vorhaben ist, 8 bis 9 Tonnen pro Jahr zu erreichen. Aber ist ein solcher Lebensstil für die gesamte Bevölkerung denkbar? Nein, ist er nicht. So wenig, wie heute alle Menschen 12 Tonnen pro Jahr verursachen, so wenig müssen in Zukunft alle bei 8,5 zu liegen kommen. Die Menschen sind verschieden, heute und in Zukunft. Betrachtet man die verschiedenen Gruppen unserer Gesellschaft, untergliedert nach den sogenannten Sinus-Milieus, wird das durchschnittliche Erreichen dieser 8,5 Tonnen CO_2 pro Person und Jahr aber wieder plausibel: Während die Gruppe der „Konservativ-Etablierten" noch fast 12 Tonnen pro Jahr für sich in Anspruch nimmt, kommen „Post-Materielle" (das sozialökologische Milieu) schon mit 5 aus.

Ich persönlich liege momentan – lebensstilbedingt – ziemlich genau bei 8,5 Tonnen. Ich fühle mich dabei recht wohl, halte mich für gesund. Was ich schätze: gutes Essen, guten Wein, viel Bewegung, viel Zeit im Freien, Wandern, Schifahren, Reisen. Musik machen und Schach spielen. Barfuß gehen. Eine kostbare Beziehung zu meiner großen Liebe, das Glück, Kinder zu haben. Gute Freunde. Worauf ich oft verzichten kann: immer online zu sein, zu viele soziale Kontakte, shoppen, fliegen. Worauf ich kaum verzichten kann: Kaffee, Berge. Anerkennung. Liebe. Woran ich arbeiten möchte: das Leben noch mehr zu genießen. Nicht im hedonistischen Sinn. Einfach gut finden, was da ist. Lust haben, auf das, was zu tun ist. Mich meiner Gesundheit erfreuen, bewusst essen, mich mit Freude bewegen, mit Hingabe arbeiten. Lustvoll die Welt retten, sozusagen.

II. Effizienz auf allen Ebenen

Energieeffizienz verfolgt das Ziel, weniger Energie für dasselbe Ergebnis einsetzen zu müssen. Oder umgekehrt, mehr Ergebnis für eine Einheit eingesetzte Energie zu bekommen. Damit ist neben dem Nutzen auch schon die Gefahr der Effizienzbewegung erklärt: Wo immer die Effizienz erhöht wird, kann beides passieren. Es wird weniger Energie eingesetzt, oder es wird mehr Ergebnis produziert.

Man spricht vom Rebound-Effekt. Die erreichte Effizienzerhöhung führt zunächst zu weniger Energieeinsatz und -kosten, was dazu verleiten kann, sich etwas weniger sparsam zu verhalten. Es gibt einige klassische Beispiele hierfür: Der Stromverbrauch von Flachbildschirmen ist gegenüber jenem der Röhrenbildschirme deutlich geringer, zumindest pro Flächeneinheit. Im Zuge der Einführung der Flachbildschirme sank der Stromverbrauch aber nicht, weil gleichzeitig die Bildschirmfläche vergrößert wurde. Bei solchen Beispielen kann man darüber streiten, ob die Fläche nicht auch dann zugenommen hätte, wenn die Effizienz nicht erhöht worden wäre – mit dem Nachteil eines steigenden, anstelle eines stagnierenden Verbrauchs. In der Regel ist eine eindeutige Antwort schwer zu liefern. So viel zur Theorie.

In der Praxis sind einige wichtige Anwendungsbereiche für Energieeffizienz bekannt, bei welchen der Rebound-Effekt nur eine untergeordnete Rolle spielt.

Da sind zunächst unsere Gebäude – das beste Beispiel für umsetzbare und hochwirksame Effizienzmaßnahmen. Das Passivhaus, seit 1990 praxiserprobt, ist der Inbegriff eines effizienten Gebäudes. Indem die Gebäudehülle sehr gut gedämmt wird und Lüftungswärmeverluste mit Hilfe einer Wärmerückgewinnung drastisch reduziert werden, erhält man ein ebenso warmes und noch komfortableres Gebäude, setzt aber um rund 85 Prozent weniger Energie ein als im mitteleuropäischen Gebäudebestand üblich. Zahllose Forschungsprojekte unterstreichen die Wirksamkeit der Maßnahmen; ein direkter Rebound-Effekt findet nicht statt. Allenfalls die in den letzten Jahrzehnten kontinuierlich angestiegene Raumtemperatur könnte als solcher interpretiert werden. Dieser Trend zu wärmeren Wohnungen wird allerdings in effizienten und in weniger effizienten Gebäuden gleichermaßen festgestellt.

Das Passivhaus ist jedenfalls ein Beispiel, bei dem die Effizienz ganz großartig hilft, Emissionen zu senken. Durch die gute Dämmung, die hohe Dichtheit des Gebäudes und die Komfortlüftung wird die Behaglichkeit im Gebäude noch erhöht. Über die Lebensdauer betrachtet sind Passivhäuser wirtschaftlich, es gibt keine nennenswerten Nachteile. Der breiten Durchsetzung von energieeffizienten Gebäuden steht nichts im Weg – ein wichtiger Bestandteil der Gesamtstrategie! Mehr zum Thema Bauen folgt im anschließenden Kapitel.

Auch die im Gebäude eingesetzte Technik kann mehr oder weniger effizient sein. Insbesondere im Bestand ist hier Potenzial vorzufinden. Mit sehr einfachen Maßnahmen ist oft viel zu erreichen. In modernen, hocheffizienten Gebäuden ist aber zu beachten, dass bereits das Gebäude selbst für fast 90 Prozent Einsparung sorgt, sodass für die Technik viel weniger Potenzial verbleibt. Hier kann es sinnvoll sein, der maximalen Effizienz eine optimale Wirtschaftlichkeit vorzuziehen, um die Durchsetzung der energieeffizienten Gebäude im Allgemeinen zu beschleunigen. Um nicht missverstanden zu werden: Effizienzmaßnahmen, die sich im Lauf des Lebenszyklus wirtschaftlich darstellen, sollen immer umgesetzt werden; hier steht der breiten Durchsetzung nichts im Wege. Diese ist nur dann gefährdet, wenn zulasten der langfristigen Wirtschaftlichkeit das letzte Prozent „herausgekitzelt“ werden soll.

Das alles macht die Gebäudetechnik zu einem sehr spannenden Feld für Effizienzverbesserungen. Technikverliebte Menschen neigen dazu, Effizienz mit einem Mehr erreichen zu wollen, oft geht es aber mit weniger besser. Suffizienz nennt man das – französisch *ça suffit* – es reicht. Eine überbordende Technisierung ist der Feind niedriger Verbräuche. Wenn die Einfachheit verloren geht, wenn Bedienung und Handhabung der Technik nicht mehr intuitiv möglich sind, ist die Gefahr eines unkontrollierten Verbrauchs am größten. Komplexität erhöht auch die Fehleranfälligkeit – je größer die erforderliche Expertise, umso abhängiger, umso gefährlicher. Technische Systeme müssen robuster, fehlerunempfindlicher werden. Es gibt keine 100-prozentige Qualität – mit Fehlern ist immer zu rechnen. Wichtig ist, die Auswirkungen der Fehler von vornherein möglichst gering zu halten.

In diesem Zusammenhang ist der Blick auf das Passivhaus noch einmal interessant: Das intelligent gestaltete Gebäude macht eine aufwändige Technik überflüssig – es funktioniert großteils von selbst, also passiv. Das Ausmaß an erforderlicher, aktiver Technik wird massiv reduziert. Suffizienz ist noch besser als Effizienz. Das Schöne: Die Minimaltechnik reicht aus, weil es aufgrund der geschickten Gebäudekonzeption nicht mehr braucht. Der Komfort wird davon nicht beeinträchtigt.

Zur Mobilität. Kraftfahrzeuge liefern immer wieder interessanten Stoff für Rebound-Diskussionen. Neigt man dazu, einmal öfter ins Auto zu steigen, eine Tour mehr zu unternehmen, wenn das Autofahren billiger wird? (Unabhängig davon, ob aufgrund des niedrigeren Verbrauchs oder aufgrund der gefallenen Treibstoffpreise.) Ein alter Benzinpreis-Witz handelt von einem, dem die Preiserhöhung nichts ausmacht, weil er ohnehin immer um zehn Euro tankt. Der wahre Kern darin: Für eine bestimmte Ausgabenkategorie wird ein bestimmter Betrag bereitgehalten. Wenn man dafür etwas weniger bekommt – schade, ist es etwas mehr, umso besser. Hier ist also Vorsicht angebracht – der Rebound gefährdet die Bemühungen um verbesserte Effizienz. Das soll aber niemanden veranlassen, an der prinzipiellen Notwendigkeit und Wirksamkeit der Effizienzverbesserungen zu zweifeln! Das technisch Mögliche ist umzusetzen, im Speziellen dann, wenn die Umsetzung langfristig auch noch wirtschaftlich attraktiv ist.

So groß das Potenzial von Effizienzmaßnahmen auch ist, der Versuch, mit Effizienz alleine zum erhofften Ergebnis zu kommen, ist zum Scheitern verurteilt. Es gibt Bereiche, wo Effizienzmaßnahmen zu einer 90-prozentigen Reduktion des Verbrauchs führen. Andere Bereiche, wie zum Beispiel der Flugverkehr, bieten deutlich weniger Spielraum.

Im Folgenden werden nicht nur die Potenziale der Energieeffizienz, sondern auch der Ressourcen- und Prozesseffizienz behandelt, wieder unterteilt in einzelne Lebensbereiche. Vor dieser Quantifizierung aber noch einige Grundsätze, die beim Aufspüren und Bewerten von Maßnahmen und Strategien helfen. Die Parole „Suffizienz vor Effizienz“ fand ihren Niederschlag bereits im vorherigen Abschnitt: Oft bietet das schlichte Weglassen eines Produkts oder einer Aktivität mehr Vor- als Nachteile. Das betrifft nicht nur den privaten Sektor, sondern in besonderem Maße die Gebäudetechnik; manchmal sogar die industrielle Entwicklung von Produkten. Um den primären Nutzen noch um ein paar Prozent zu verbessern, wird hier noch ein Umschaltventil ergänzt und da noch eine Pumpe eingesetzt. Der Aufwand in Form von Hilfsenergie und Verlusten wird ebenso missachtet wie der erhöhte Materialaufwand und die zusätzlich entstehende Fehlerquelle.

Lebensdauer und Reparierbarkeit stellen wesentliche Nachhaltigkeitsmerkmale dar. In jedem Produkt stecken Ressourcen und Energien – von der Rohstoffgewinnung über alle einzelnen Transporte bis hin zu allen einzelnen Produktionsschritten. Nichts geht ohne stofflichen Input und Energiezufuhr. Eine doppelte Lebensdauer stellt einen 50-prozentigen Effizienzgewinn dar, das ist eine einfache Rechnung. Eine hohe Reparaturfreundlichkeit kann weitere Wunder wirken. Das Potenzial wird deutlich, wenn ein Haushaltsgerät aufgrund eines elektrischen Wackelkontakts innerhalb eines geschlossenen Kunststoffgehäuses entsorgt und ersetzt werden muss. Ein verschraubtes Gehäuse würde eine fast aufwandslose Reparatur ermöglichen.

In diesem Zusammenhang stellt sich außerdem noch die Frage der Resilienz: Wie unempfindlich ist ein Produkt oder ein Bauteil gegenüber äußeren Einflüssen, wie sicher kann ein System seine Funktion aufrechterhalten, wenn eine Komponente ausfällt? Der Rasenmäher ist hierzu ein schönes Beispiel. Der Spindelrasenmäher, vor über hundert Jahren erfunden und seither in fast unveränderter Art und Weise produziert, ist ein einfaches, mechanisches Produkt. Bestehend aus knapp 10 Kilogramm Stahl, mit wenig oder ganz ohne Kunststoffe erhältlich, kein Verbrennungsmotor, keine Elektrik, keine Elektronik. Er tut seine Dienste, in dem die Körperkraft des Anwenders intelligent auf die hochwertige Mechanik übertragen wird, sodass das angestrebte Ergebnis (der geschnittene Rasen) mit wenig Aufwand erreicht werden kann. Ein hochwertiges Modell enthält praktisch keine Teile, die kaputt gehen können, lediglich die Messer müssen alle paar Jahre geschliffen werden. So hält dieses Produkt – nach heutigen Maßstäben – ewig. Der austroamerikanische Autor und Philosoph Ivan Illich nannte solche Technologien „konvivial", was im Englischen in etwa „fröhlich zusammen" bedeutet. Das „Zusammen" bezieht sich auf Mensch und Technik. Die menschliche Arbeitskraft wird nicht ersetzt, sondern durch Technik erleichtert. Ein sehr modernes Beispiel ist das E-Bike, das die Körperkraft des Menschen verstärkt, aber nicht ersetzt. Rasenmäher sind heute hingegen fast ausschließlich benzin- oder elektrisch betrieben. Sie sind schwerer, brauchen mehr Platz, machen mehr Lärm, müssen aufwändiger gereinigt werden und enthalten eine große Anzahl von Teilen, die kaputt gehen können und werden. Meist wird aber der ganze Rasenmäher (alle fünf bis zehn Jahre) wegen kleiner Defekte entsorgt, weil sich die Reparatur finanziell nicht lohnt. Diese Thematik wurde auch im vorherigen Abschnitt schon angesprochen, es ist aber auch eine Frage der Effizienz im weitesten Sinn, mit wie wenig Aufwand das gewünschte Ergebnis noch komfortabel erreicht werden kann.

Diese Grundsätze sind in den nachfolgenden Kapiteln immer wieder zu finden.

Die Gliederung dieses Abschnitts unterscheidet sich von jener des ersten Abschnitts. Manche Effizienzpotenziale sind nur teilweise einem Lebensbereich zuzuordnen, andere Potenziale gelten für ganze Verbrauchssektoren: Prozesswärme, Treibstoffe für den Güterverkehr, Gebäudewärme im Nicht-Wohnbereich – all diese Effizienzpotenziale wirken sich auf einige Lebensbereiche aus und müssen auf diese aufgeteilt werden. Die Ausgangslage stellt sich in etwa folgendermaßen dar:

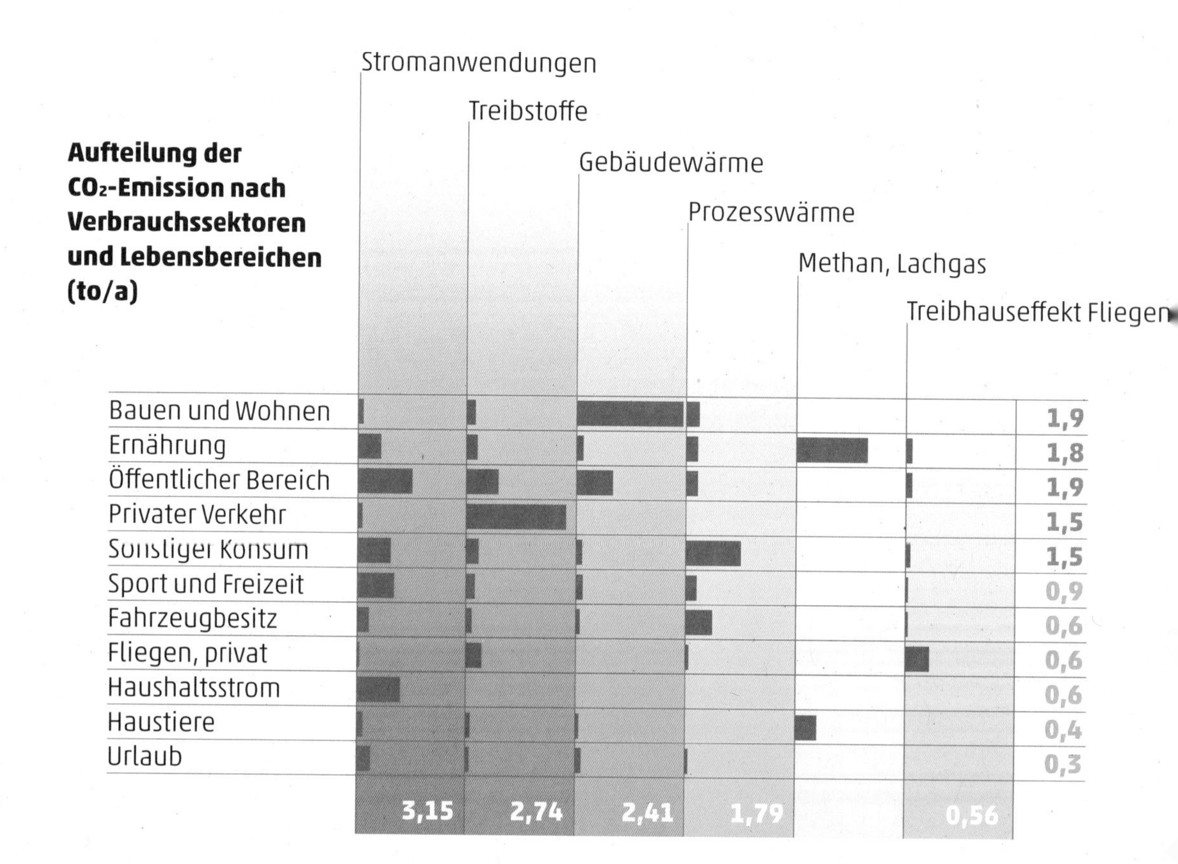

Es wird schnell sichtbar, dass die Gebäudewärme bei „Bauen und Wohnen“ einen großen Einzelposten darstellt, ebenso der Treibstoffverbrauch des privaten Verkehrs. Der Haushaltsstrom ist ausschließlich den Stromanwendungen zuzuordnen, beim Fliegen wird die Emission größtenteils durch den Treibstoffverbrauch und den zusätzlichen Treibhauseffekt des Flugverkehrs verursacht. Der öffentliche Bereich, sonstiger Konsum, Fahrzeugbesitz, Urlaub sowie Sport und Freizeit sind hingegen Bereiche, die in drei, vier oder fünf Verbrauchssektoren Emissionen verursachen. Diese Bereiche sind deshalb in einem Kapitel zusammengefasst; die „Sonstige Effizienz“ behandelt hier nicht Lebensbereiche, sondern die Effizienzpotenziale der einzelnen Sektoren. Diese sonstige Effizienz wirkt sich in geringem Maße auch auf die anderen Bereiche aus. Die Landwirtschaft nimmt in Bezug auf Effizienz eine Sonderrolle ein und wird ganz am Ende behandelt.

Zu beachten ist, dass in der Regel zunächst absolute Einsparpotenziale, und zwar auf Basis des heutigen Verbrauchs, ermittelt werden. Die daraus resultierende relative Einsparung in Prozent kann anschließend für verschiedene Szenarien, also mit oder ohne Berücksichtigung des ersten Abschnitts, erfolgen. Alle ermittelten Werte werden umgelegt auf die einzelne Person, auf der bereits eingeführten Skala mit Tonnen pro Jahr.

Bauen und Wohnen

Wurde dieses Kapitel im letzten Abschnitt ganz am Ende behandelt, so gebührt ihm hier ein Platz in der ersten Reihe. In keinem Bereich unseres Lebens wurde die Effizienz schon so gründlich behandelt, die Möglichkeiten so tief erforscht, die erforderlichen Produkte bereits in der Breite umgesetzt und so viele praktische Erfolge gefeiert. Woran das liegt? Vielleicht an der vergleichsweise einfachen Ausgangslage. Ein Gebäude ist im Gegensatz zu einem Auto, einem Flugzeug oder auch zu einem komplexen Produktionsprozess ein relativ einfaches, statisches Gebilde. Dennoch hat es sich leider bei weitem noch nicht durchgesetzt, den ökonomisch sinnvollen Standard zu bauen. Ein paar Zahlen, um die Sache genauer zu beleuchten: Wie im vorigen Abschnitt ermittelt, gehen im Durchschnitt etwa 1,9 Tonnen CO_2 pro Person und Jahr auf das Bauen-und-Wohnen-Konto jedes Bürgers. Das sind zum einen die jährlichen Energieverbräuche für Heizung und Warmwasser. Zum anderen die graue Energie, also alle Aufwendungen, die für die Errichtung des Wohngebäudes getätigt werden mussten, verteilt auf die Lebensdauer der einzelnen Bauteile. (Der Haushaltsstrom wird im nächsten Kapitel behandelt.)

Bereits die Wahl des Gebäudestandorts ist eine Frage der Effizienz. Zufahrt, Kanal-, Wasser- und Stromanschlüsse können in einem gut erschlossenen Gebiet mit vernachlässigbarem Ressourceneinsatz errichtet werden. Bei einem Einfamilienhaus im Niemandsland können diese Aufwände hingegen leicht so groß werden wie jene für die Errichtung des Gebäudes selbst! Die weiteren indirekten, nachteiligen Wirkungen der Zersiedelung wurden im letzten Abschnitt gestreift. Der Raumplanung kommt deshalb eine bedeutsame Rolle zu, auch wenn die realen Auswirkungen verschiedener Strategien an dieser Stelle nicht präzise abgebildet werden können.

Wenig bekannt ist der Einfluss der Kompaktheit eines Gebäudes. Ein großvolumiges Gebäude schneidet grundsätzlich besser ab, weil das Verhältnis von Außenhülle zu Volumen günstiger ist. In die Außenhülle werden die meisten Ressourcen gesteckt und die Lebensdauer der Bauteile ist geringer als jene der tragenden Innenkonstruktion. Ein Mehrfamilienhaus verursacht also – pro Quadratmeter – weniger Emissionen als ein Reihenhaus, das wiederum besser abschneidet als ein freistehendes Einfamilienhaus. Ansonsten sind die Errichtungsemissionen eine Frage der Materialwahl. Liegt der auf die Person umgelegte Mittelwert bei rund 0,3 Tonnen pro Jahr, kann mit energiearmen Baustoffen wie

Holz und anderen Naturmaterialien eine Reduktion um bis zu zwei Drittel (bei 45 Quadratmeter Wohnfläche pro Person also von 0,3 auf 0,1) erreicht werden. Umgekehrt ist ein überdurchschnittlich hoher Anteil von energieintensiven Baustoffen wie Stahlbeton, Ziegel, Metall und Glas leicht in der Lage, den Wert gegenüber dem Durchschnitt um ein Drittel (auf 0,4 Tonnen pro Jahr) anzuheben. Diese Werte beziehen sich jeweils auf den heutigen Gebäudemix. Für Einfamilienhäuser gelten tendenziell noch höhere, für Mehrfamilienhäuser niedrigere Werte.

Für den Heizenergieverbrauch (1,3 Tonnen pro Jahr) ist nun hauptsächlich die Gebäudehülle verantwortlich – und nicht die Heiztechnik, wie manchmal angenommen wird. Soll der Kaffee in der Glaskanne der Kaffeemaschine warm bleiben, so muss er auf der Warmhalteplatte stehen, über die ständig Wärme zugeführt wird. Die Hülle aus Glas hat schlechte Dämmeigenschaften. In einer guten Thermoskanne hingegen kann der Kaffee warmgehalten werden, ohne dass Energie zugeführt werden muss. Die Thermoskanne verfügt über eine gute thermische Hülle. Genau gleich verhält es sich im Gebäude: Was nicht verlorengeht, muss nicht ersetzt werden – so einfach ist das. Keine zusätzliche, komplizierte Technik, nur etwas mehr Materialaufwand in Form der Wärmedämmung. Dieser Aufwand lohnt sich sowohl finanziell als auch ökologisch. Je nach Material liegt das ökologische Optimum bei Dämmstärken von 25 bis 50 cm. Das bedeutet, dass erst bei noch größeren Dämmstärken mehr Energie in das Material gesteckt wurde, als im Lauf der Lebensdauer eingespart werden kann. Hierzu wurde schon so viel geforscht, gelehrt und geschrieben, dass an dieser Stelle nur die wichtigsten Prinzipien des nachhaltigen Bauens aufgeführt sind:

- Kompakte Gebäudehülle, keine unnötigen Ecken und Kanten – das spart nicht nur Energie, sondern auch Kosten
- Gut gedämmte Gebäudehülle (U-Wert 0,1 bis 0,15 W/m^2K)
- Thermisch hochwertige Fenster (U-Wert Fenster inkl. Rahmen <= 0,8 W/m^2K)
- Wärmebrückenfreie und luftdichte Gebäudehülle

Hält man sich hieran, kann der Heizwärmebedarf vom heutigen Durchschnitt, gut 100 kWh/m^2a, auf etwa 30 reduziert werden. Die Einheit kWh/m^2a steht für Kilowattstunden pro Quadratmeter Nutzfläche und Jahr und wird in weiterer Folge noch öfter verwendet. Sie beschreibt die Energiemenge, die jährlich für einen Quadratmeter Wohnfläche für die Beheizung benötigt wird. Auf unserem CO_2-Maßstab können die mittleren 1,3 Tonnen pro Jahr auf 0,4 reduziert werden, immer die durchschnittliche Wohnfläche und den derzeitigen Energiemix vorausgesetzt. Die Mehrkosten für das effizientere Gebäude werden im Lauf der Lebensdauer mehr als eingespart, wie viele einschlägige Studien und Feldtests belegen. In diesen hochwertigen Gebäuden verbreitet sich aus mehreren Gründen eine noch verhältnismäßig junge Technologie – die Komfortlüftung mit Wärmerückgewinnung. Erstens aus energetischen Gründen: Von den oben angeführten 30 kWh/m²a wird die Hälfte „zum Fenster hinaus" geheizt. Eine kleine, automatische Lüftungsanlage mit hocheffizienter Wärmerückgewinnung spart fast den gesamten Lüftungs-Energiebedarf ein, sodass der Heizwärmebedarf weiter auf 15 kWh/m²a gesenkt werden kann. Einsparung: 0,2 Tonnen pro Jahr. Zweitens stellt diese Lüftungsanlage sicher, dass ausreichend gelüftet wird und somit Schimmel und etwaige Bauschäden zuverlässig verhindert werden. Drittens bietet die Lüftung hohen Komfort: Ständig frische Luft, geräuschlos eingebracht, ist insbesondere im Schlafzimmer ein Segen.

Gegenüber dem heutigen Bestand ist durch die schlichte Verringerung des Bedarfs eine Einsparung von 85 Prozent (1,1 Tonnen pro Jahr) erzielbar.

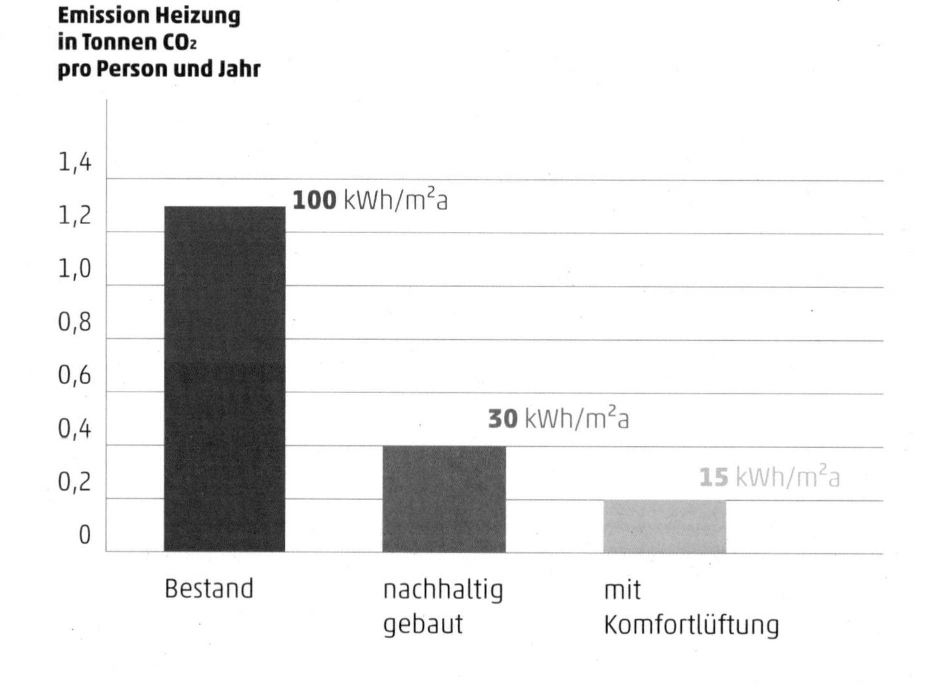

Die eingesetzte Heiztechnik kann zwar auch mehr oder weniger effizient sein, das Potenzial ist hier jedoch viel geringer. Nicht nur, weil der größte Teil bereits passiv eingespart wurde, sondern auch, weil in der Gebäudetechnik keine Effizienzsprünge von 80 bis 90 Prozent möglich sind. Die ernüchternden Zahlen: Bei diesem extrem niedrigen Bedarf führt der heutige Mix an Heizungssystemen zu einer Emission von 0,2 Tonnen pro Jahr. Repräsentativ hierfür ist eine Gasheizung. Den heutigen Strommix (EU-28) vorausgesetzt, reduziert eine effiziente Wärmepumpe, die aus einem Teil Strom vier Teile Wärme macht („Jahresarbeitszahl 4"), den Wert um 0,1 Tonnen pro Jahr auf die Hälfte. Eine Jahresarbeitszahl von 5, was mit aufwändiger Technik erreichbar ist, würde nur noch weitere 0,02 Tonnen pro Jahr bringen – also fast nichts mehr. Das macht deutlich, dass die beschriebenen Einsparungen durch eine optimierte Gebäudehülle (von 1,3 auf 0,2) von keiner noch so effizienten Technik erreicht werden können. Anders ausgedrückt: Im typischen Gebäude des heutigen Bestandes wäre dieselbe, hocheffiziente Wärmepumpe nur in der Lage, die Emissionen von 1,3 auf 0,65 Tonnen pro Jahr zu reduzieren, was ein viel schlechteres Gesamtergebnis liefert.

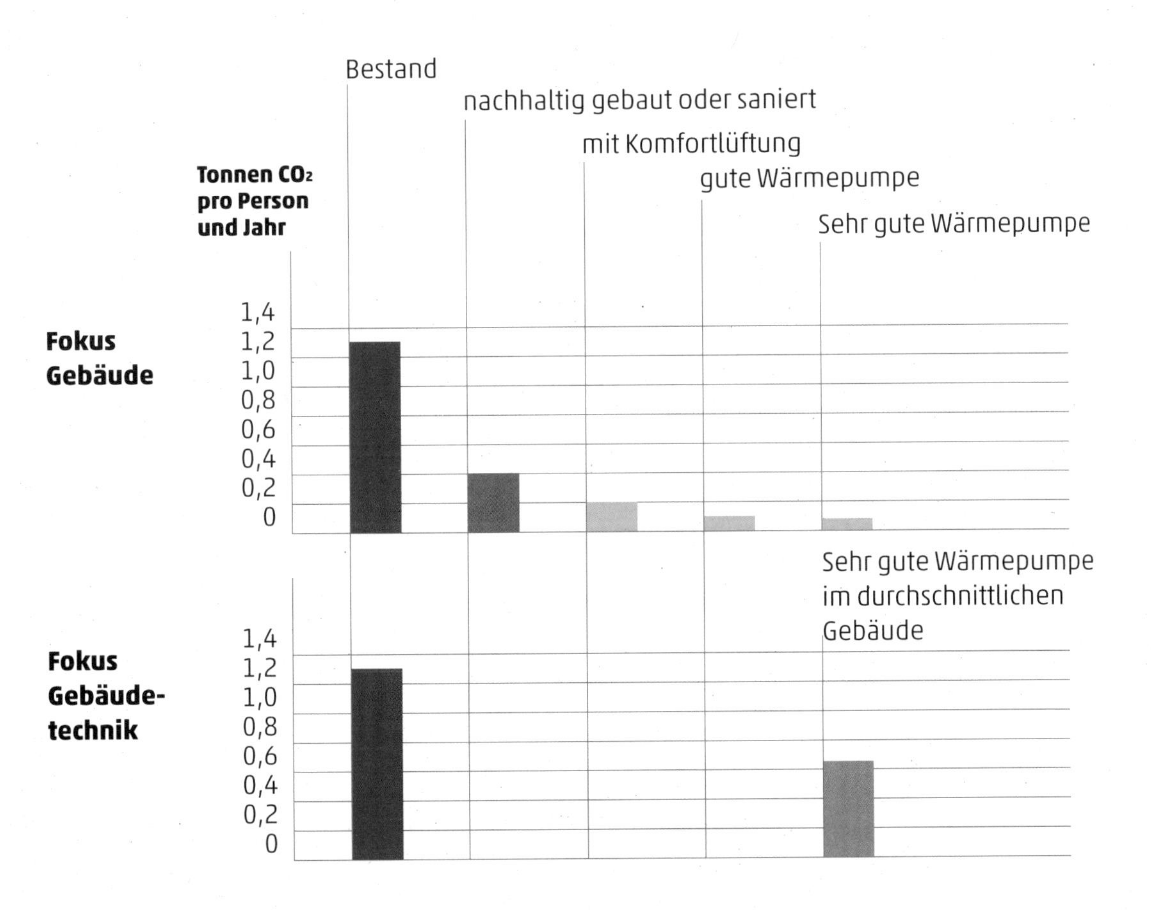

Ein zentraler Vorteil von Wärmepumpen liegt darin, dass sie ausschließlich Umgebungswärme und Strom benötigen, wodurch eine Vollversorgung mit erneuerbaren Energien möglich wird. Deshalb wird ein großer Teil der Gebäude in Zukunft von Wärmepumpen beheizt werden. Effizienz ist aber auch die Überschrift der anderen Heizungstechnologien: Abwärme aus der Müllverbrennung und aus industriellen Prozessen sowie Wärme aus Kraft-Wärme-Kopplung werden zukünftig vermehrt Fern- und Nahwärmenetze speisen, insbesondere im urbanen Bereich.

Uns Vorarlbergern sagt man nach, wir würden nicht lange reden, sondern machen. Wie das historisch gewachsen ist, weiß ich nicht, jedenfalls ist das Land mit knapp 400.000 Einwohnern heute hoch industrialisiert und wirtschaftlich sehr erfolgreich, dennoch gibt es keine Universität. Es wird – im sprichwörtlichen Sinn – nicht aus allem eine Doktorarbeit gemacht.
So mag es auch gekommen sein, dass ich Mitte der 90er-Jahre begonnen habe, ein Wärmepumpen-Kompaktgerät für Passivhäuser zu entwickeln. Ich kannte weder Marktstudie noch Entwicklungsbudget, war mir aber sicher, dass diese Herausforderung so groß nicht sein konnte. Ich hatte ja zuvor schon einfache Lüftungsgeräte selbst gebaut und auch das erste österreichische Passivhaus mit meiner Technik ausgestattet. Mit einem sehr engagierten Netzwerk von Mitarbeitern und Ingenieuren in meinem Umfeld gelang es mir auch, ein Produkt (es wurde auf den Namen AEREX getauft) auf den Markt zu bringen. Nachdem es zunächst das Einzige dieser Art war, konnte es nicht mit anderen verglichen werden. Die Verbrauchswerte waren aber extrem niedrig. Ein sehr frühes Forschungsprojekt bestätigte das, die Daten waren offiziell: Mit unserem Gerät wurden Heizkosten von unter hundert Euro (pro Jahr) erreicht.
Darauf war ich stolz, aber erst später verstand ich, dass dies keine technologische Meisterleistung war. Die Verbräuche waren so niedrig, weil die Technik in Passivhäusern zum Einsatz kam. Ob die Effizienz des Gerätes selbst nun zehn Prozent besser oder schlechter ist, wirkt sich in dem Fall nur marginal aus. Hingegen freue ich mich heute noch darüber, dass ich das Vorhaben einfach wagte, versuchte, die von wissenschaftlicher Seite formulierten Anforderungen zu erfüllen und das Konzept in die Praxis einführte.

Wie einfach oder aufwändig die Technik nun wirklich sein soll, hängt deshalb von der energetischen Qualität des Gebäudes ab: Wird der Verbrauch an Heizenergie in einem Passivhaus auf 15 kWh/m²a minimiert, kann eine sehr einfache und kostengünstige Technik eingesetzt werden. Als Wärmequelle dient zum Beispiel die abgekühlte, verbrauchte Luft aus der Komfortlüftung und auch die Einbringung der Wärme kann über dieses System erfolgen. Ein kleiner Anteil an direktelektrischer Spitzenlastabdeckung ist ohne Weiteres vertretbar. Wenn nur die Technik für sich betrachtet wird, ist die Jahresarbeitszahl von 2,5 bis 3 nicht sonderlich effizient. In Summe sind Energieeinsatz und CO_2-Emission aber dennoch sehr niedrig. Soll dasselbe, niedrige Emissionsniveau in einem etwas weniger guten Gebäude mit zum Beispiel 25 kWh/m²a erreicht werden, muss schon eine aufwändigere Technik mit einer Jahresarbeitszahl von 4 zum Einsatz kommen. Eine sehr gute, leistungsgeregelte Luftwärmepumpe mit Fußbodenheizung ist hierzu in der Lage, verursacht aber deutlich höhere Kosten. Mehr Technik bedeutet darüber hinaus in der Regel immer mehr Komponenten, die kaputt gehen können und nach einer bestimmten Zeit auch werden. Beträgt der Heizwärmebedarf 35 kWh/m²a, muss noch aufwändigere Technik eingesetzt werden, um dasselbe Emissionsniveau zu halten: Eine Jahresarbeitszahl von über 5 schafft nur eine leistungsgeregelte Solewärmepumpe mit Tiefenbohrung, sogar eine kleine Solaranlage für das Warmwasser im Sommer wird noch benötigt. Im Sanierungsbereich kann das gesamtwirtschaftlich durchaus sinnvoll sein, weil die Verbesserung auf 25, 20 oder gar 15 kWh/m²a oft nur mit unverhältnismäßig hohem Aufwand erreicht werden kann. In der Regel ist aber die Investition in (langlebige) passive Maßnahmen langfristig attraktiver als in (kurzlebigere) aktive Gebäudetechnik.

Ein Leuchtturm-Beispiel für Technikreduktion ist das Bürogebäude „2226“ von Architekt Dietmar Eberle. Die Gebäudehülle wurde so weitgehend optimiert, dass auf Heiz-, Kühl- und Lüftungstechnik fast zur Gänze verzichtet werden konnte. Das Gebäude ist sehr kompakt und weist nicht allzu große Fensterflächen auf. Die Außenwände sind sowohl wärmedämmend als auch wärmespeichernd. Automatisiert wurde lediglich die motorische Öffnung der Fenster, um ausreichend, aber nicht zu viel zu lüften. Bei sehr kalten Außenbedingungen kann es sein, dass die (wärmeabgebende) Beleuchtung etwas länger eingeschaltet bleibt, als es eigentlich nötig wäre. Das reicht dann schon aus, um im Winter 22°C nicht zu unterschreiten, im Sommer 26°C nicht zu überschreiten. Daher der Name des Gebäudes: 2226. Die Energieverbräuche für IT und Beleuchtung sind insgesamt trotzdem niedrig, die Lebenszykluskosten ebenso. Ein Lehrbeispiel der Technik-Suffizienz, auch wenn eingeräumt werden muss, dass dieses Konzept nur genau zu diesem Gebäude passt – großvolumig, mit fast luxuriösen Raumhöhen, sehr geringer Personendichte und trotzdem einigen internen Wärmequellen, die eine zusätzliche Wärmeeinbringung erübrigen. Übertragungen auf andere Anwendungsbereiche sind nur sehr bedingt möglich. Speziell die passiven Vermeidungsstrategien von sommerlicher Überhitzung können aber relativ einfach multipliziert werden.

Doch zurück zu jener Gebäudetechnik, die noch nicht eingespart werden kann: Im Fall der Wärmepumpe darf der Treibhauseffekt des Kältemittels nicht ganz vernachlässigt werden. Heutige Wärmepumpen enthalten in der Regel einige Kilogramm Kältemittel mit einem GWP (Global Warming Potential) von 1.400 bis 2.500. Das bedeutet, jedes Kilogramm Kältemittel verursacht denselben Treibhauseffekt wie 1.400 bis 2.500 Kilogramm CO_2. Je nachdem, ob beziehungsweise wie oft das enthaltene Kältemittel im Lauf der Lebensdauer entweicht, und von wie vielen Personen die Wärmepumpe genutzt wird, müssen äquivalente Emissionen von weniger als 0,05 Tonnen pro Jahr (zum Beispiel bei größeren Wärmepumpen im Mehrfamilienhaus) bis hin zu 0,3 Tonnen pro Jahr (in kleinen Haushalten) angesetzt werden. Zukünftige, teilweise natürliche Kältemittel, werden allerdings nur noch vernachlässigbar kleine GWP zwischen 3 und 6 aufweisen. Nach der sogenannten F-Gase-Verordnung der EU muss die Treibhauswirkung der gesamthaft eingesetzten Kältemittel stetig abnehmen. In zwei- bis dreijährigen Zyklen werden die Obergrenzen herabgesetzt, bis im Jahr 2030 nur noch 20 Prozent der Menge von 2015 emittiert werden dürfen. Mit klimaschonenden Kältemitteln ist das ohne Weiteres machbar, selbst wenn in Zukunft ausschließlich mit Wärmepumpen geheizt wird.

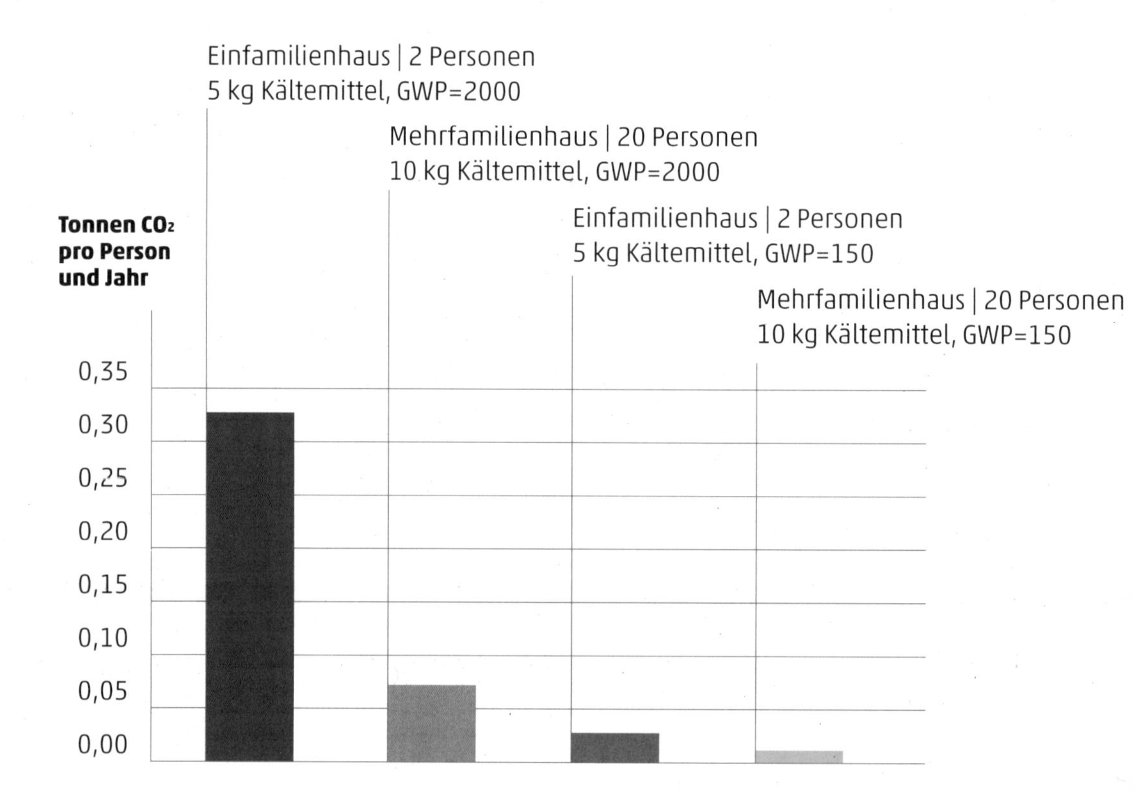

Fazit Gebäudetechnik: Wenn das Hauptaugenmerk auf die Gebäudehülle gelegt wird, ist man auf maximale Effizienz um jeden Preis nicht angewiesen. Die Technik kann einfacher und kostengünstiger werden.

Für das Warmwasser gilt Ähnliches: Die verursachte Emission liegt im Mittel bei knapp 0,3 Tonnen pro Jahr. Die rein elektrische Warmwasserbereitung führt zu einem Wert von 0,4; mit Hilfe einer Wärmepumpe und/oder Solaranlage sind Werte um 0,1 Tonnen pro möglich. Mit einer passiven Maßnahme, in Form einer Duschwasser-Wärmerückgewinnung, könnte aber ebenso knapp die Hälfte eingespart werden. Das ist deutlich kostengünstiger als beispielsweise eine Solaranlage mit einem Deckungsgrad von 40 Prozent.

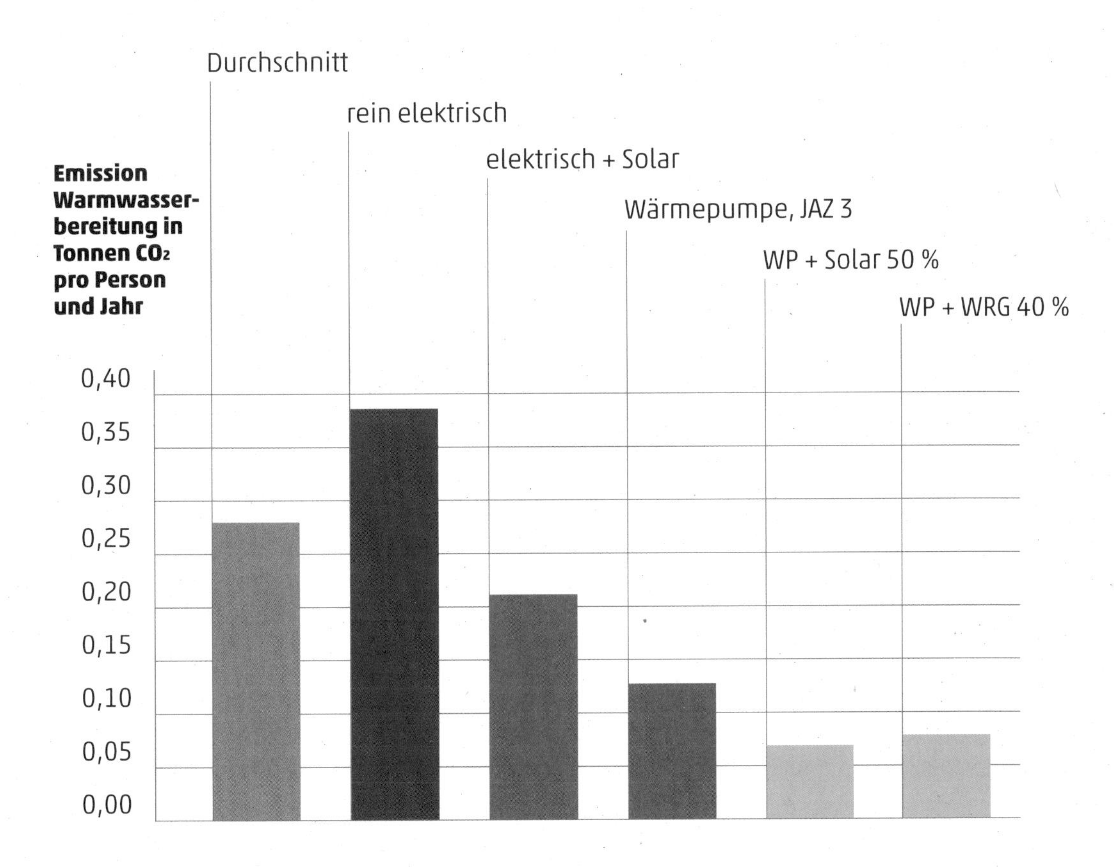

Für sämtliche Maßnahmen im Bereich Bauen und Wohnen stellt sich die Frage nach dem richtigen Zeitpunkt. Die größte Aufmerksamkeit ist eindeutig der Gebäudehülle zu schenken, dennoch macht es keinen Sinn, nur der Energieeinsparung wegen funktionsfähige Fassaden oder Fenster zu ersetzen. Die Wirtschaftlichkeit einer besseren energetischen Qualität ist nur dann gegeben, wenn die Sanierung, der Austausch eines Bauteils ohnehin erfolgen soll. Wenn Sanierung, dann auf bestes energetisches Niveau. Halbherzige Sanierungen auf mittleres Energieniveau verbauen die Chancen auf Jahrzehnte! Besser eine Komponente nach der anderen, dafür immer die zum jeweiligen Zeitpunkt beste verfügbare Qualität. Auf diese Art und Weise ist der größte Teil des Gebäudebestands in den nächsten 30 Jahren zu schaffen.

Bereich	Durchschnitt (to/a)	Best Practise (to/a)
Errichtung des Gebäudes	**0,30**	**0,10**
Wärmeverluste Gebäudehülle	**1,05**	**0,15**
Lüftungswärmeverluste	**0,25**	**0,05**
Effizienzverbesserung Heizungstechnik	-	**-0,10**
Warmwasserbereitung	**0,30**	**0,10**
Gesamt	**1,90**	**0,30**

Rund 85 Prozent der Emissionen können durch Effizienzmaßnahmen eingespart werden. Für die weitere Modellierung werden gesamthaft nur 65 Prozent Reduktion angesetzt, unter anderem basierend auf der „Dampferstudie“ aus Vorarlberg. Die Studie berücksichtigt alle Gebäudetypen des Bestands, also auch Baudenkmäler und nur bedingt sanierbaren Bestand. Die realistische, wirtschaftlich umsetzbare Einsparung beim Heizwärmeverbrauch wurde mit 65 Prozent (-0,85 Tonnen pro Jahr) ermittelt. Dieselbe relative Einsparung ist bei der Errichtung von Gebäuden erreichbar (entspricht -0,2 Tonnen pro Jahr). Das Potenzial der Gebäudetechnik wird hier nur für das Warmwasser angesetzt (-0,2 Tonnen pro Jahr). Das zusätzliche Potenzial im Bereich der Heizungstechnik wird im nächsten Abschnitt berücksichtigt, weil Wärmepumpen in Form von Umgebungswärme erneuerbare Energiequellen nutzen. Diese Technologie kann übrigens sehr einfach und kostengünstig bleiben: Eine mittlere Jahresarbeitszahl von 2,5 – was heute schon fast als frevelhaft niedrig gilt – reduziert die mittlere CO_2-Emission für jede Kilowattstunde Wärme auf 160 Gramm. Der derzeitige Mix liegt zwischen 250 und

300 Gramm pro Kilowattstunde. Durch diese vergleichsweise niedrige Anforderung soll keine schlechtere Technik eingesetzt werden, als verfügbar ist. Es geht vielmehr darum, einen Spielraum zu schaffen, wirklich kostengünstige Lösungen in der Breite einzuführen. Je besser die Gebäudehülle, umso weniger wichtig die Effizienz der Gebäudetechnik. Es ist kontraproduktiv, die Förderung für eine Wärmepumpe in einem Passivhaus an eine Jahresarbeitszahl von 4 zu koppeln: Wer bereits viel Geld in die Gebäudehülle gesteckt hat, kann eine einfache, kostengünstige Lösung für die Heizung zum Einsatz bringen. Die Forderung nach zu hoher Effizienz am falschen Ort verhindert die breite Durchsetzung in der erforderlichen Geschwindigkeit.

Im Gesamtsegment Bauen und Wohnen stecken noch einige Aufwändungen, die im Kapitel „Sonstige Effizienz" mitbehandelt werden: Baustrom, Treibstoff für die Anfahrten der Handwerker, Prozesswärme, die in den industriell produzierten Baumaterialien steckt. Wie später zu lesen ist, sind die Effizienzpotenziale in diesen Bereichen etwas geringer, sodass sich das rechnerische Potenzial für den gesamten Bereich noch etwas reduziert, auf 60 Prozent. Das entspricht etwa 1,15 Tonnen pro Jahr, am heutigen Niveau gemessen.

Der Genauigkeit halber ist wieder zu erwähnen, dass sich diese Werte auf die durchschnittliche Wohnfläche von 45 Quadratmeter pro Person beziehen. Eine kleinere oder größere Fläche konnte im vorherigen Abschnitt berücksichtigt werden, das Effizienzpotenzial ist dann entsprechend kleiner oder größer.

Haushaltsstrom

Im Bereich der Haushaltsgeräte konnte in den letzten Jahren der Rebound-Effekt beobachtet werden. Die Effizienz vieler elektrischer Verbraucher ist eklatant verbessert worden: Beleuchtung, Kühl- und Gefrierschrank, Geschirrspüler und Waschmaschinen, Flachbild-TV und PC – der spezifische Energieverbrauch konnte vielfach um mehr als die Hälfte gesenkt werden. Dennoch ist der gesamte Verbrauch von Haushaltsgeräten inklusive Kommunikation in Deutschland zwischen 2005 und 2015 nicht gesunken, sondern angestiegen. Nur ein paar Prozent, aber doch. Wir verfügen über eine viel größere Anzahl an elektrischen und elektronischen Geräten. Von diesem – in Bezug auf die Produkte – sehr effizienten Niveau aus sind technologisch keine Quantensprünge mehr zu erwarten. Da sich die Erneuerung eines funktionsfähigen Gerätes der Effizienz wegen meist aufgrund der Kosten und der Herstellenergie nicht lohnt, lautet die Devise: Neuanschaffung, wenn notwendig, aber dann höchste verfügbare Effizienzklasse. Auf diese Art und Weise wird der Bestand sukzessive auf Top-Niveau gebracht und der gesamte Verbrauch im Lauf der nächsten Jahrzehnte um rund 50 Prozent (ausgehend von 0,6 auf 0,3 Tonnen pro Jahr) gesenkt. Aber nur dann, wenn Gesamtanzahl und Betriebsdauer nicht weiter zunehmen!

Privater Verkehr

Wie schon im vorherigen Abschnitt dargestellt, entfällt rund die Hälfte aller verkehrsbedingten CO_2-Emissionen auf den privaten PKW-Verkehr. Dementsprechend dominant wird dieses Thema auch diskutiert, die Elektromobilität ist in aller Munde. Zu Recht, da elektrische Antriebe mit viel höheren Wirkungsgraden arbeiten und somit tatsächlich zu einer deutlichen Reduktion der Emissionen beitragen können: Die mittlere CO_2-Emission pro Fahrkilometer bei Diesel- und Benzinfahrzeugen liegt im Bestand bei 180 bis 200 Gramm. Dieser Wert beinhaltet auch die vorgelagerten Emissionen für Treibstoffherstellung, Transport und Tankstellen-Infrastruktur, nicht aber die Produktion des Fahrzeugs. Elektrofahrzeuge kommen hingegen schon beim heutigen, europäischen Strommix mit 60 bis 70 Gramm pro Fahrkilometer aus. Dieser Wert bildet den realen Verbrauch ab, inklusive Zusatzaufwänden wie Innenraumbeheizung im Winter. Der rund 60-prozentigen Einsparung stehen keine nennenswerten Nachteile gegenüber, die höheren Investitionskosten können über die Energiekosteneinsparung wirtschaftlich dargestellt werden. Mit steigender Nachfrage ist zudem eine Kostensenkung im Bereich der Batterieproduktion zu erwarten. Elektroautos bieten noch weitere Vorteile: Sie sind leiser und emittieren im Betrieb keinerlei Schadstoffe (CO_2, Stickoxide, Feinstaub).

Der Herkunft des Stroms kommt eine zentrale Bedeutung zu. Müsste die zusätzlich benötigte Energie beispielsweise ausschließlich mithilfe von Kohlekraftwerken bereitgestellt werden, wäre der Effizienzgewinn schon fast verspielt. Ein hoher Anteil an erneuerbaren Energien im Strommix verbessert die Situation hingegen noch weiter. Mehr dazu im Abschnitt III.

Zum Begriff „vorgelagert" eine Geschichte: Es scheint, als ginge von Generation zu Generation so manch praktisches Wissen verloren. Dinge, die wie von selbst funktionieren, werden nicht erklärt, weil es für die ältere Generation selbstverständlich ist, und für die jüngere Generation stellt sich die Frage nicht. Der vorherige Absatz behandelte unter anderem die vorgelagerten Emissionen des Treibstoffs. Diesel und Benzin waren nicht immer schon im Tank der Tankstelle, sondern wurden von einem Tanklastwagen dorthin gebracht. Zuvor waren auch noch einige Produktions- und Transportschritte erforderlich, nachdem das Öl irgendwo aus der Erde geholt wurde. Ich behaupte, dass dieser Umstand nicht allen treibstofftankenden Menschen bewusst ist. Als ich im Rahmen meiner Arbeit als Passivhaus-Techniker eine Anlagen-Inbetriebnahme durchführte und die Besitzer des Hauses einwies, war auch der vielleicht 10-jährige Sohn mit dabei. Ich erklärte die Lüftungsanlage und demonstrierte das Herausnehmen eines Zuluftauslasses.

Da sah der Junge, dass sich hinter dem Einlass eine Öffnung in der Wand befand und daran angeschlossen eine Luftleitung. Er interessierte sich für den Verlauf der Leitung und die genaue Funktion. Dann dachte er nach und fragte nach einer Weile, ob sich denn hinter dem Wasserhahn auch eine Leitung befinde.
Ich vertrete die Ansicht, dass die wichtigsten und einfachsten Dinge unseres täglichen Lebens in ihrer Funktion gelehrt werden sollten. Dass der Strom zwar aus der Steckdose kommt, aber dahinter eine technische Installation und eine Anbindung an ein zentrales Netz erforderlich ist, um die gewünschte Funktion zu erhalten. Das soll ja nicht heißen, dass die Inhalte der Elektriker- und Installateursausbildung in die Schule verschoben werden sollen. Aber passt das noch zusammen, wenn man den Unterschied zwischen Pro- und Eucyten kennt aber nicht weiß, dass sich hinter dem Wasserhahn auch eine Leitung befindet?

Ausgehend von den beschriebenen Szenarien in Bezug auf das Mobilitätsverhalten bietet uns die Energieeffizienz nachfolgende Potenziale:

Verhalten Privatverkehr	CO_2-Emission, ohne Effizienz-Verbesserung, to/a	CO_2-Emission, mit E-Mobilität, to/a
Durchschnittlich	**1,5**	0,6
Vielfahrer	**3,0**	1,2
Wenigfahrer	**0,5**	0,2
Ohne eigenes KFZ	**0,2**	0,1

Achtung Rebound: Das angenehme, leise und emissionsfreie Fahren könnte dazu verleiten, die eine oder andere zusätzliche Strecke mit dem Elektroauto zurückzulegen. Schlimmer noch: Weil aufgrund der begrenzten Reichweite doch nicht alle Strecken elektrisch bewältigt werden können, schafft man das smarte E-Mobil als Zweitauto an (das man sonst gar nicht gebraucht hätte).

Im Zusammenhang mit der Effizienzverbesserung stellt sich mitunter auch die Frage, ob sich eine frühzeitige Anschaffung eines besseren Autos (und somit die frühzeitige Verschrottung des aktuellen Autos) lohnt. Eine berechtigte Frage, da bei der Produktion beträchtliche Emissionen verursacht werden. Die Antwort hängt von zwei Daten ab: Wie hoch ist die jährliche Fahrleistung und um wieviel effizienter wäre das neue Auto? Verglichen wird die jährliche Emission des alten Autos mit der jährlichen Emission des neuen Autos, zuzüglich der Emission der Produktion des neuen Autos, aufgeteilt auf die angesetzte Lebensdauer von zehn Jahren. Soll nun beispielsweise ein Fahrzeug mit einem Verbrauch von 6 Liter Benzin pro 100 Kilometer durch ein effizienteres mit 4,5 Liter pro 100 Kilometer ersetzt werden, lohnt sich das ökologisch nur bei einer hohen jährlichen Fahrleistung von 28.000 Kilometer oder mehr. Wird dasselbe durchschnittliche Fahrzeug durch ein Elektroauto ersetzt, lohnt es sich bei einer Fahrleistung von 10.000 Kilometern oder mehr. Nur wenn man einen richtigen Spritfresser ersetzen kann, kommt das vorzeitige Ausrangieren schon bei kleineren Fahrleistungen in Frage: 6.000 Kilometer pro Jahr stellen den Kipppunkt für eine Verbesserung von 12 auf 5 Liter pro 100 Kilometer dar. Liegt die Fahrleistung darüber, sollte man den Wagen aus ökologischer Sicht ersetzen.

Eine frühzeitige Neuanschaffung ist bei der Mehrzahl der Autos (Fahrleistung unterhalb von 12.000 Kilometer pro Jahr) nur dann sinnvoll, wenn die Treibstoffeinsparung mindestens 3,5 Liter pro 100 Kilometer beträgt. Wenn das nicht der Fall ist, kann man den Neukauf aus ökologischer Sicht getrost verschieben.

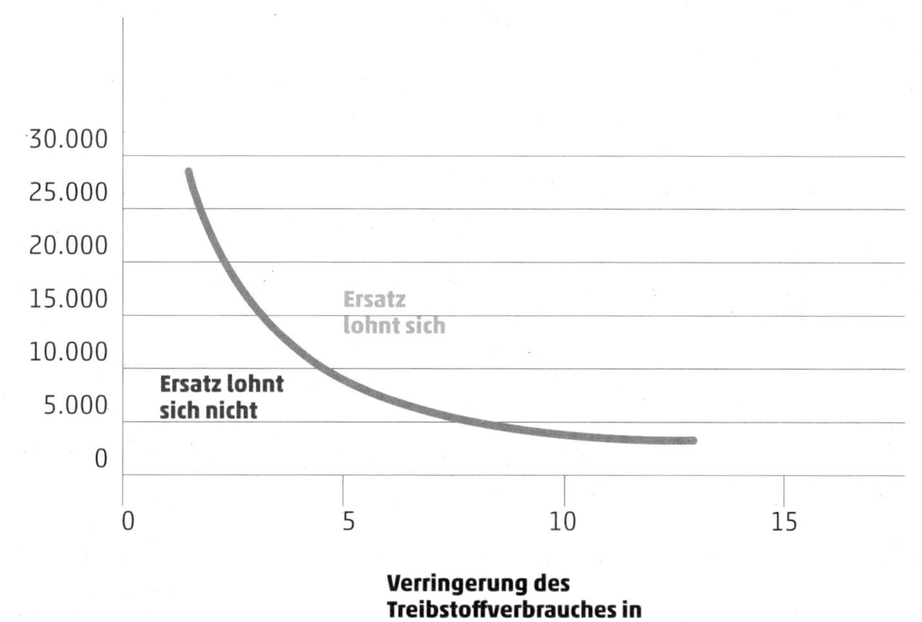

Fliegen

Im Flugverkehr sind große Effizienzsprünge leider nicht in Sicht. Die Treibstoffkosten sind für die Fluggesellschaften ohnehin ein so wesentlicher Kostenfaktor, dass schon aus betriebswirtschaftlichen Gründen auf höchste Effizienz nicht verzichtet wird. Wie dem Nachhaltigkeitsbericht der Lufthansa aus dem Jahre 2011 zu entnehmen ist, wurde der spezifische Kerosinverbrauch in den letzten 20 Jahren um etwa ein Drittel gesenkt. Für die Zukunft muss man sich damit begnügen, Effizienzgewinne im Bereich des jährlichen Wachstums zu erzielen – also wenige Prozent pro Jahr. Das Effizienzpotenzial für den Flugverkehr wird deshalb für das Jahr 2040 mit 20 Prozent angesetzt. Knapp ein Zehntel der Emission dieses Bereichs wird nicht durch den Flugverkehr selbst verursacht, sondern durch die Flugzeugproduktion und Flughafengebäude. Weil diese Potenziale (Kapitel „Sonstige Effizienz“) deutlich höher sind, steigt der Effizienzgewinn für den gesamten Bereich des Fliegens auf 24 Prozent an.

Sonstige Effizienz

Die bisher behandelten Kategorien für Effizienzsteigerungen stehen auch in den Bereichen der industriellen und gewerblichen Produktion von kurz- und langlebigen Konsumgütern, in Tourismus und Freizeit sowie im öffentlicher Sektor zur Auswahl: Es werden Gebäude benötigt, die beheizt und eventuell klimatisiert werden müssen, elektrische und elektronische Geräte und Maschinen kommen zum Einsatz, Güter müssen transportiert werden. Vor allem in der Industrie kommt noch der wesentliche Bereich der Prozesswärme hinzu. Die im Folgenden behandelten Verbrauchskategorien und Effizienzpotenziale beziehen sich somit auf mehrere der im vorherigen Abschnitt unterteilten Lebensbereiche: Fahrzeugbesitz, Urlaub, Sport und Freizeit, Sonstiger Konsum und öffentlicher Bereich. Manche der Potenziale wirken sich in geringem Maße auch noch auf die bereits behandelten Lebensbereiche aus, das findet in den entsprechenden Kapiteln Berücksichtigung.

Fast ein Viertel der gesamten Endenergie wird in Deutschland für Prozesswärme bereitgestellt. Hauptsächlich in der Industrie, aber auch im Gewerbe müssen technische Verfahren angewandt werden, um Material zu trocknen, Rohstoffe zu schmelzen und vieles mehr. Die Potenziale, etwa durch effizientere Wärmebereitstellung und Abwärmenutzung, sind enorm. In der Metall- und Glasindustrie werden sehr hohe Temperaturen benötigt. Eine höhere Recyclingquote von Stahl, Aluminium und Glas liefert den einfachsten, aber sehr wertvollen Beitrag zur Effizienzsteigerung. In verschiedenen Studien wurden insgesamt mögliche Einsparungen von 30 bis 50 Prozent ermittelt. Ausgehend vom Status quo entspricht das einer Emissionsminderung von 0,5 bis 0,9 Tonnen CO_2 pro Person und Jahr. Als Basis für die weiteren Berechnungen wird der Mittelwert, also 0,7 Tonnen pro Jahr, verwendet.

Der Gebäudebereich bietet auch hier relevante Optimierungsmöglichkeiten. Büro- und Verwaltungsbauten, Bildungsstätten und Kinderbetreuungseinrichtungen, Pflegeheime und Krankenhäuser – all diese Gebäude müssen errichtet und beheizt werden. (Die eventuelle Belüftung und Klimatisierung wird im Rahmen der Stromanwendungen separat behandelt.) Das Volumen ist zwar geringer als im Wohnbau, das bereits ermittelte Effizienzpotenzial von 60 Prozent entspricht aber immer noch einer Größenordnung von 0,6 Tonnen pro Jahr. Das Erschließen dieser Potenziale ist allerdings anspruchsvoller als im Wohnbau. Die Gebäudetechnik in großvolumigen Bauten weist oft zwangsläufig eine gewisse Komplexität auf, was sich fast ebenso oft in unerwarteten Mehrverbräuchen gegenüber der geplanten Theorie niederschlägt. Höhere Komplexität bietet mehr Raum für Fehler in Planung, Ausführung und Betrieb. Je größer das Gebäude, umso mehr lohnt es sich, nicht nur in gute Planung und Qualitätssicherung zu investieren, sondern auch in das Monitoring der ersten Betriebsjahre. Das ermöglicht Anpassungen an das Nutzerverhalten, Optimierungen der Einstellungen und das Aufspüren von Fehlern. Nur so kann das Effizienzpotenzial zur Gänze gehoben werden.

Die Umstellung der geschäftlichen Automobilität (Außendiensttätigkeit) und des Straßengüterverkehrs auf elektrische Antriebe ist kurzfristig nicht im selben Ausmaß wie im privaten Bereich möglich: Die Fahrzeuge werden viel mehr genutzt und die Fahrstrecken sind länger. Kürzere Reichweiten und lange Ladezeiten sind hierbei hinderlich. Der Elektroantrieb ist aber nicht die einzige Alternative. Insbesondere beim Güterverkehr bietet die Verlagerung vom LKW auf die Bahn und auf das Schiff (sowohl Meeres- als auch Binnenschifffahrt) eine gute Alternative. Das Einsparpotenzial ist dadurch langfristig eher noch größer als im privaten Verkehr (60 Prozent). Eine angesetzte Effizienzsteigerung von gesamthaft 50 Prozent scheint somit langfristig nicht allzu optimistisch – weitere 0,6 Tonnen pro Jahr.

Der größte Teil der nicht direkt vom privaten Sektor verursachten Emissionen stammt aus Stromanwendungen. Das sind zum einen Stromverbräuche in Gebäuden: In Büro und Verwaltung sind Lüftung, Klimatisierung, Beleuchtung und IT von Bedeutung. Zum anderen erfolgt auch die Produktion von Investitions- und Konsumgütern nie ohne elektrischen Energieeinsatz: Wieder muss gelüftet und klimatisiert werden und für die Produktionsprozesse wird eine Vielzahl von motorgetriebenen Systemen eingesetzt (Kälteerzeugung, Flüssigkeitspumpen, Druckluft, und vieles mehr). Ein Teil der Prozesswärme wird ebenfalls elektrisch bereitgestellt.

Die Lüftung als Stromverbraucher wird oft unterschätzt, wie folgendes Praxisbeispiel zeigt: In einem Großraumbüro mit 80 Arbeitsplätzen wurde die Regelung der Lüftungsanlage mit einfachsten Mitteln optimiert. Status quo war eine zu hoch eingestellte Luftmenge (für die TechnikerInnen: 6.000 Kubikmeter pro Stunde), vor allem aber die fehlende Bedarfssteuerung: Dauerbetrieb während der gleitenden Arbeitszeit, davor und danach zwei Stunden grundlüften, damit die Luft morgens nicht abgestanden wirkt. Umgesetzt wurden lediglich zwei Maßnahmen: Einsatz einer

Luftqualitätsregelung, damit die Lüftungsanlage nur so viel Luft wie nötig befördert und Einsatz von kleineren Antriebsmotoren, um bessere Teilleistungs-Wirkungsgrade zu erzielen. Ergebnis: Anstelle von bisher knapp 6.000 Kilowattstunden elektrischer Energie wurden nach der Optimierung nur noch 1.200 Kilowattstunden verbraucht. Über weite Strecken der Betriebszeit konnte die Anlage mit viel geringerer Luftmenge betrieben werden, wodurch das Leitungssystem überdimensioniert und somit sehr druckverlustarm war. Es interessiert aber nur, *dass* die Anlage um 80 Prozent weniger verbraucht als vorher, nicht warum. Die Investitionskosten lagen (inklusive Honorar) bei knapp 3.000 Euro; die jährliche Einsparung beträgt 900 Euro. Nach dreieinhalb Jahren wirkt sich die Maßnahme somit nur noch gewinnbringend aus. Ein weiteres Beispiel in einer anderen Größenordnung: Eine in die Jahre gekommene Lüftungsanlage in einer sehr großen Produktionshalle eines metallverarbeitenden Betriebs wurde analysiert und wirtschaftlich optimal saniert: Einbau einer Wärmerückgewinnung, Optimierung des Leitungsnetzes, Einbau effizienterer Ventilatoren, bedarfsgesteuerte Luftmengenregelung. Die Amortisation lag mit 4,3 Jahren in derselben Größenordnung wie beim vorherigen Beispiel. Die absoluten Zahlen sind aber beeindruckender: Eine Investition von 5,5 Millionen Euro sorgte für eine Einsparung von 32 Millionen Kilowattstunden Wärme und 3 Millionen Kilowattstunden Strom. Die jährlichen Energiekosten sanken um mehr als 1 Million Euro. Die eingesparte Menge an CO_2 beträgt über 8.000 Tonnen, Jahr für Jahr.

Der Klimatisierung (Kühlung, teilweise auch Befeuchtung) kommt in mehrerlei Hinsicht eine zentrale Bedeutung zu: Erstens wird der Aufwand tendenziell zunehmen, da die Klimaerwärmung in unseren Breiten bereits jetzt zu deutlich wärmeren Sommermonaten und höheren Extremtemperaturen führt. Zweitens, weil Klimatisierung in der Regel mit dem Einsatz von treibhauswirksamem Kältemittel einhergeht. Drittens sind hier die Effizienzpotenziale enorm. Bereits mit intelligenter Planung des Gebäudes kann der Klimatisierungsbedarf minimiert oder sogar eliminiert werden. Die Investition in hochwertige, energiesparende Verbraucher (LED-Beleuchtung, IT) lohnt sich hier doppelt, weil viel weniger Wärme abgegeben wird. Durch diese Optimierungen werden passive Kühlmöglichkeiten (erdreichgekoppelte, passive Kühlung, Nachtauskühlung,) hochinteressant und verursachen nur einen Bruchteil der Energiekosten einer konventionellen Klimaanlage. Erst wenn hohe Lasten und die damit erforderliche aktive Kühlung nicht vermeidbar sind, kommt Energieeffizienz im Sinne von Steuerungsintelligenz und effizienter Technologie ins Spiel. Rechenzentren und Serverfarmen sind eine Spielwiese für Effizienz-Ingenieure: Nicht selten wird für die Klimatisierung der Räumlichkeiten genau so viel Strom verbraucht wie für die IT selbst. Gerade für solche Großanwendungen lohnt es sich auch ökonomisch, effizienteste Technologien einzusetzen. In der Schweiz hat die Swisscom ein Rechenzentrum für 5.000 Server errichtet, das für die Klimatisierung um 90 Prozent weniger Strom verbraucht als branchenüblich. Die Mehrkosten für die effizientere Technologie konnten dabei bereits im ersten Betriebsjahr eingespart werden. Facebook baut seine Serverfarmen vermehrt in nördlichen Ländern, um den Kühlbedarf zu minimieren. In Odense (Dänemark) entsteht gerade ein 55.000 Quadratmeter großes Rechenzentrum, das nicht nur ausschließlich mit Windenergie betrieben wird, sondern dessen winterliche Abwärme auch noch 6.900 Gebäude beheizen soll. Ein weiteres Feld mit enormem Effizienzpotenzial: Die auf jeden Bürger bezogene CO_2-Emission im Bereich Lüftung und Klima kann von rund 0,8 Tonnen pro Jahr mindestens um die Hälfte auf 0,4 reduziert werden.

Die schon angesprochene LED-Beleuchtung hilft, Kühllasten zu reduzieren, weil die Leistungsaufnahme und somit die Wärmeabgabe viel geringer ist. Der primäre Effizienzgewinn ist aber die Lichtausbeute, die um etwa zwölfmal höher ist als bei konventionellen Glühlampen und immerhin noch doppelt so hoch wie bei Leuchtstoffröhren. Die CO_2-Emission wird auch in diesem Ausmaß gesenkt, da die Aufwände für die Herstellung – im Vergleich zum Energieverbrauch während des Betriebs – marginal sind. Für Beleuchtung und IT zusammen beträgt die Emission derzeit rund eine Tonne. Aufgrund des starken Anstiegs der IT-Anwendungen wird insgesamt nur eine Einsparung von 30 Prozent (0,3 Tonnen pro Jahr) angesetzt.

Die meisten der restlichen industriellen Stromanwendungen (Kältekompressoren, Umwälzpumpen, Druckluft) sind motorbetrieben und bieten dem Effizienz-Ingenieur ebenfalls ein weites Feld: Der Energieverbraucher selbst (Motor) steht hier weniger im Fokus als das System. Anpassung an tatsächliche Bedarfe, optimierende Regelungstechnik, Leckagen-Beseitigung in Druckluftsystemen, Reduktion von Druckverlusten in Luft- und Flüssigkeitskreisläufen, hocheffiziente Turboverdichter, Abwärmenutzung und Free-Cooling sind die Schlagwörter hierzu. Die Emission liegt derzeit bei 0,6 Tonnen pro Jahr. Das wirtschaftliche Einsparpotenzial wird mit 70 Prozent (0,4 Tonnen pro Jahr) beziffert.

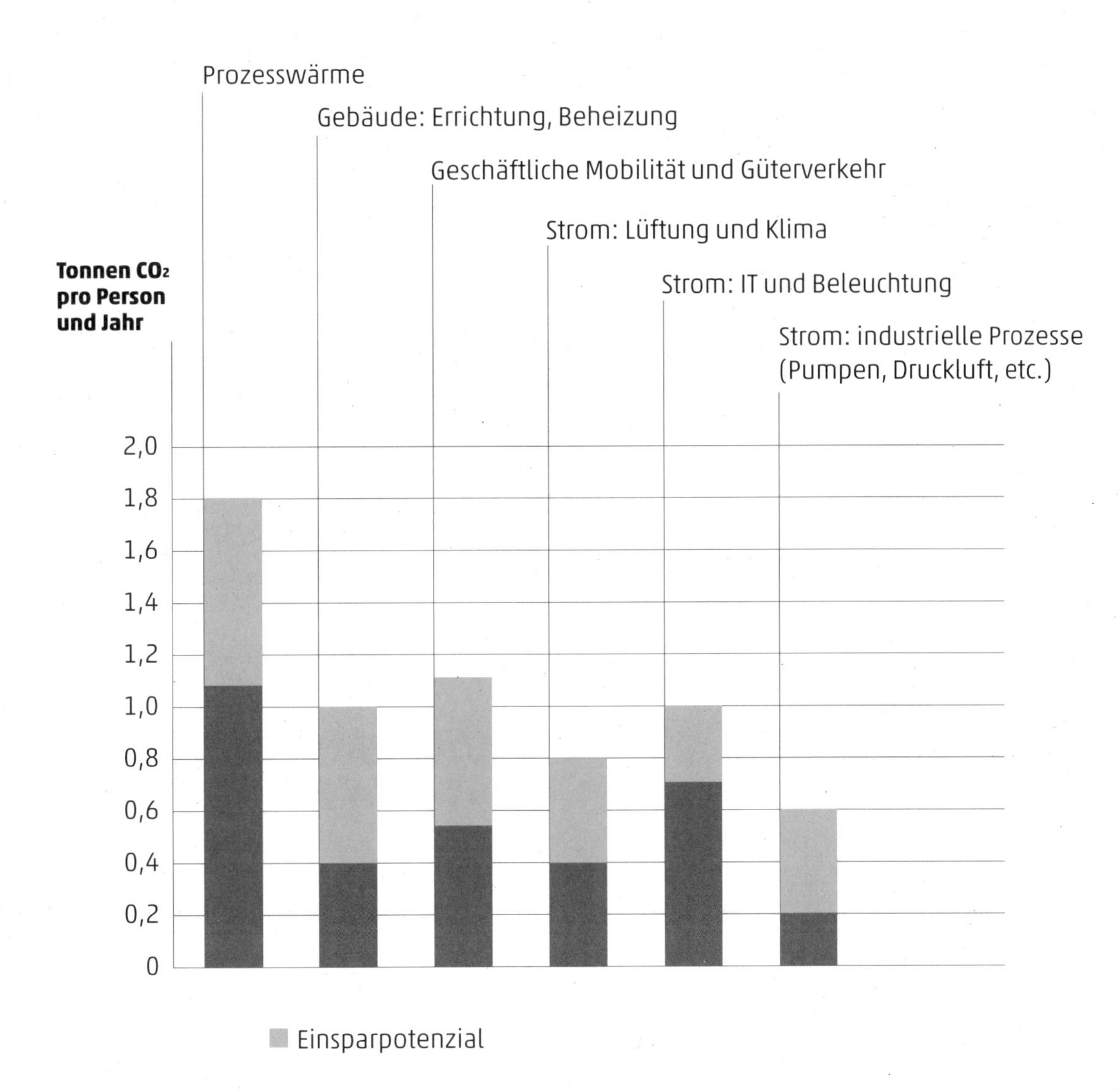

All diese ermittelten Potenziale summieren sich zu einem Wert von 3 Tonnen pro Jahr. Davon sind 2,45 Tonnen pro Jahr den Lebensbereichen Fahrzeugbesitz, Urlaub, Sport und Freizeit, Sonstiger Konsum sowie öffentlicher Bereich zuzuordnen. Bezogen auf die derzeitige Emission von 5,2 Tonnen pro Jahr sind das 47 Prozent. Das restliche Effizienzpotenzial von 0,55 Tonnen pro Jahr steckt in den Lebensbereichen Haustiere und Ernährung (Transporte, Gebäude Lebensmittelhandel, Kühlung) sowie Bauen und Wohnen (Prozesswärme in den verwendeten Industrieprodukten, Baustellentransporte, Stromanwendungen auf der Baustelle).

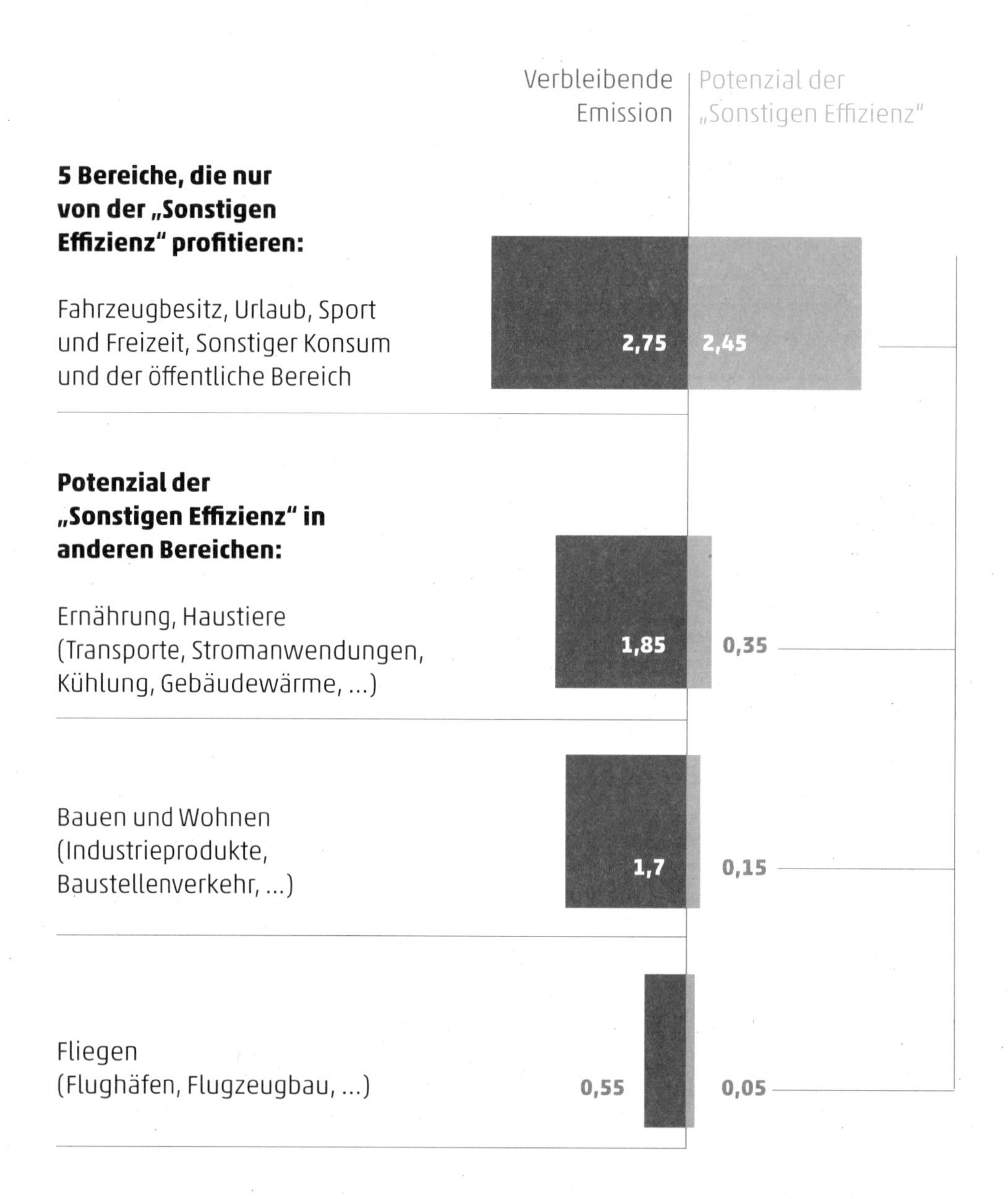
Tonnen CO_2 pro Person und Jahr
Verbleibende Emission
Potenzial der „Sonstigen Effizienz"
5 Bereiche, die nur von der „Sonstigen Effizienz" profitieren:
Fahrzeugbesitz, Urlaub, Sport und Freizeit, Sonstiger Konsum und der öffentliche Bereich
2,75
2,45
Potenzial der „Sonstigen Effizienz" in anderen Bereichen:
Ernährung, Haustiere (Transporte, Stromanwendungen, Kühlung, Gebäudewärme, ...)
1,85
0,35
Bauen und Wohnen (Industrieprodukte, Baustellenverkehr, ...)
1,7
0,15
Fliegen (Flughäfen, Flugzeugbau, ...)
0,55
0,05

Die stolze Summe von 3 Tonnen CO_2 pro Person und Jahr – ein Viertel der Gesamtemission – überrascht. Die betroffenen Bereiche stehen alles andere als im Fokus der Bemühungen. Im Vergleich dazu: Für Wohngebäude und private Mobilität, jene beiden Bereiche, die in diesem Zusammenhang fast ausschließlich thematisiert werden, beträgt das Potenzial jeweils rund 1 Tonne pro Jahr. Bei Nicht-Wohngebäuden, im Güter- und im geschäftlichen Verkehr sowie in Industrie, Handel und Gewerbe (inklusive Tourismus) kann alleine über wirtschaftliche Effizienzmaßnahmen mehr eingespart werden, als von privater Hand (teilweise) beeinflussbar ist.

Haben Sie auch ein Gerät zuhause, das scheinbar ewig hält? Wir haben 1993 eine Küchenmaschine angeschafft. Sie kann rühren, mixen, mahlen, passieren und vieles mehr. Das macht sie nun seit 24 Jahren. Vor Kurzem gab sie während des Betriebs vermeintlich den Geist auf, es roch verbrannt. Das war wohl die Motorwicklung, dachte ich mir und bedankte mich innerlich für die tollen Dienste über all die Jahre. Sah aber doch noch in der Bedienungsanleitung nach, ob ich etwas tun kann. Zwei Handgriffe später wurde ein Reset-Knopf sichtbar, ich konnte die Stromversorgung wieder herstellen. Es war nur der Überlastschalter, nicht einmal eine Glasrohrsicherung war zu ersetzen. Zufälligerweise bemerkte ich wenige Wochen darauf am selben Gerät einen Wackelkontakt. Wenn man das Anschlusskabel nach oben drückte, lief die Maschine, sonst nicht. Nun bin ich weder gelernter Elektriker, noch heimwerkerisch besonders begabt, stellte mich aber dennoch der Aufgabe, der Sache auf den Grund zu gehen. Ich kränkte mich davor, möglicherweise bis ins Innerste des Gehäuses vordringen zu müssen, entdeckte dann aber, dass der elektrische Anschluss direkt zugänglich ist, sobald man das Gerät auf den Kopf stellt. Die mangelhafte Stelle war gut sichtbar, also wurden vier Schrauben gelöst, das Kabel um ein paar Zentimeter gekürzt und wieder angeklemmt – fertig! Ein Produkt, an Robustheit und Reparaturfreundlichkeit kaum zu überbieten.

Wie oft müssen wir das Gegenteil beklagen?

Am Ende dieses Kapitels noch ein Wort zur Langlebigkeit von Produkten. Die effektivste Effizienzmaßnahme ist die Verlängerung der Lebensdauer eines Produkts. Man braucht sich nicht um relative Einsparungen in einzelnen Gliedern der langen Produktions- und Transportkette zu kümmern, wenn das Produkt einfach länger hält und auch repariert werden kann. Ob Obsoleszenz, also die vorzeitige Alterung eines Produkts, wirklich geplant wird oder nicht, erforderlich ist das Gegenteil: Bei Produktentwicklung und Produktion den Fokus auf die Langlebigkeit zu legen. Die Frage ist nur, wie Industrieunternehmen dazu motiviert werden können. Wer als Verantwortlicher unter dem Druck leidet, von Jahr zu Jahr den Umsatz erhöhen zu müssen und vor der Entscheidung steht, die Lebensdauer eines beliebigen Produkts um ein oder zwei Jahre verlängern zu können, hat keinen triftigen Grund dazu – warum sollte er das machen? Selbst bei vernachlässigbarer Investition bringt die verlängerte Lebensdauer zunächst nur den Nachteil eines sinkenden Absatzes. So viele zusätzliche Kunden kann man – trotz gesteigertem Qualitätsimage – gar nicht gewinnen, dass der sinkende Absatz durch die verlängerte Lebensdauer kompensiert wird. Garantie und Gewährleistung werden üblicherweise viel kürzer definiert als die tatsächlich zu erwartende Lebensdauer eines Produkts. Das ist also auch kein Argument. Der verantwortliche Manager macht keinen guten Job, wenn er sich für die längere Lebensdauer entscheidet. Dieses Dilemma soll vorläufig nur festgehalten werden – das Effizienzpotenzial bleibt vorsichtigerweise unberücksichtigt.

Prozesseffizienz

Damit ist nicht die Effizienz der Produktionsprozesse, sondern aller anderen Prozesse gemeint. Es gibt im Geschäfts- wie im öffentlichen Leben eine Vielzahl von Strukturen und Handlungsweisen, die aus dem Blickwinkel der Effizienz hinterfragt werden dürfen. Das betrifft zum Beispiel die Aufteilung des Produktionsprozesses in immer feinere Einheiten, auf immer mehr und immer weiter voneinander entfernte Standorte. Es gibt dieses berühmte Beispiel von den Nordseekrabben, die in Marokko gepult und wieder zurück nach Deutschland gekarrt werden, weil die Arbeitskräfte hier zu teuer und die Transporte (zu) billig sind. Es gibt pragmatische Gründe für unterschiedliche Standorte von verschiedenen Industrien: Rohstoffe, klimatische Bedingungen, vielleicht auch verfügbare natürliche Energiequellen. All das macht eine geografische Arbeitsteilung in gewissem Ausmaß sinnvoll. Lohnunterschiede oder sogar niedrigere Sozial- und Umweltstandards als Beweggrund für tausende Transportkilometer entspringen aber rein betriebswirtschaftlichen Interessen und wirken sich aufgrund der Klimaschädlichkeit volkswirtschaftlich negativ aus. Eine harmlosere Möglichkeit, mit einfacheren Geschäftsprozessen Emissionen zu reduzieren, sind Videokonferenzen statt Face-to-Face-Meetings.

Die Effizienz der Prozesse des öffentlichen Bereichs (Politik, Verwaltung, Finanz, Sozialversicherungen, ...) wird seit langer Zeit immer wieder hinterfragt. Selten bis nie mit klimapolitischem Hintergrund, vielmehr steht der aufwändige, träge und unflexible Apparat grundsätzlich in der Kritik. Sei es die hohe Anzahl an Sozialversicherungsanstalten, der unüberschaubare Subventions- und Förderdschungel, oder einfach das Zuständigkeits-Nirwana auf so manchem Amt. Es gibt eine Vielzahl von Prozessen, die man entweder abschaffen oder zumindest deutlich vereinfachen kann. Die Reduktion des Verwaltungsaufwands spart Geld und Emissionen. Die Digitalisierung ist in diesem Zusammenhang viel mehr Segen als Fluch! Während finanzielle Transaktionen online erfolgen und heikle Daten mittels Handy-Signatur digital übermittelt werden, erfolgen politische Wahlen immer noch unter Einsatz von viel Papier und manueller Arbeit. Technisch ist es ein Kinderspiel, Wahlen digital durchzuführen. Die zehn Prozent der Bevölkerung ohne Internetzugang könnten ihre Stimme immer noch im Wahllokal abgeben, aber eben digital. Neben den Ressourcen spart das auch eine Menge Geld.

Auf eine Quantifizierung all dieser Potenziale wird vorläufig auch hier verzichtet, da die komplexe Aufgabenstellung und die vielen Wechselwirkungen keine seriöse Einschätzung zulassen. Das Wissen um die Potenziale könnte aber noch bedeutsam werden.

Ernährung und Landwirtschaft

Die Landwirtschaft ist für den größten Teil der Emissionen aus den Bereichen Ernährung und Haustiere verantwortlich. Die beiden Bereiche werden deshalb in diesem Kapitel zusammengefasst. Drei unterschiedliche Arten von Effizienzpotenzialen sind zu betrachten. Mit landwirtschaftlichen Maschinen, gekühlten Lagerhallen, beheizten Supermärkten und Gütertransport stehen Kategorien zur Verfügung, deren Effizienzpotenziale im Kapitel „Sonstige Effizienz" behandelt wurden. Bezogen auf diese Anwendungen können mithilfe der ermittelten Potenziale knapp 0,4 Tonnen pro Jahr eingespart werden.

Ein Effizienzpotenzial anderer Art ist die Verschwendung von Lebensmitteln. FAO-Schätzungen zufolge wird weltweit ein Drittel der produzierten Lebensmittel weggeworfen. Die ebenfalls publizierten 3,3 Milliarden Tonnen CO_2, die durch diese Verschwendung unnütz emittiert werden, entsprechen 0,45 Tonnen CO_2 pro Person und Jahr, das sind 24 Prozent der im ersten Abschnitt dargestellten Gesamtemission. Dieser Wert stimmt mit dem von der EU publizierten Wert von 173 Kilogramm verschwendete Lebensmittel pro Person und Jahr bei einem Gesamtverbrauch von etwa 700 Kilogramm überein. Sowohl von Seiten der Vereinten Nationen, der EU als auch von nationalstaatlicher Seite sind Ziele und Maßnahmenpakete definiert worden, um zumindest die Hälfte dieser Verschwendung zu vermeiden. Die Maßnahmen reichen von weniger strengen Vorgaben bezüglich Form und Aussehen von Lebensmitteln über breite Informationskampagnen bis hin zum Hinterfragen von Mindesthaltbarkeitsdaten. Gerade in diesem Bereich kann jeder Einzelne etwas bewirken: bessere Einkaufsplanung, Aktionsware mit knappem Mindesthaltbarkeitsdatum verwenden, abgelaufene Ware noch auf mögliche Verwendbarkeit prüfen und im Restaurant bei kleinem Hunger auch nur die kleine Portion bestellen. Als realistisches Potenzial werden 0,2 Tonnen pro Jahr angesetzt.

Darüber hinaus bietet die Ökologisierung der Landwirtschaft in Bezug auf den Klimaschutz aber ganz neue Möglichkeiten, die in der öffentlichen Diskussion leider wenig präsent sind. Ein Schlagwort lautet *Klimafarming*: Das Aufwerten von landwirtschaftlich genutzten Böden durch Biokohle. Besseres Wasserspeichervermögen, deutliche Zunahme der Bodenbakterien, bessere Mineralstoffaufnahme und viele weitere Vorteile sorgen für viel bessere Bodenqualität und dadurch auch für viel bessere Erträge. Ganz nebenbei entweicht der während des pflanzlichen Wachstums durch Photosynthese gebundene Kohlenstoff nicht durch

Verbrennung oder Verrottung wieder in die Atmosphäre, sondern wird langfristig im Boden deponiert. Biomasse wirkt nun nicht CO_2-neutral, sondern CO_2-positiv! Damit aber nicht genug: Die Biokohle bewirkt eine Erhöhung des Humusanteils im Boden. Statt Werten von ein bis zwei Prozent, wie sie heute auf industriell bewirtschafteten Äckern vorzufinden sind, werden langfristig wieder Humusanteile von über fünf Prozent erreicht. Die viel höhere Produktivität des Bodens erlaubt, auf mineralische Dünger zu verzichten, was die Lachgasemissionen drastisch eindämmt. Sogar die Freisetzung von Methan wird reduziert, weil der luftdurchlässige Boden verstärkt von methanabbauenden Mikroorganismen bevölkert wird.

Biokohle kann mittels Pyrolyse gezielt produziert werden. Dabei wird Wärme frei, die zu Trocknungszwecken, aber auch anderweitig genutzt werden kann. In Riedlingsdorf (Burgenland, Österreich) ist eine solche Anlage seit 2012 in Betrieb. Jährlich werden etwa 350 Tonnen Biokohle produziert, was bei einem Kohlenstoffgehalt von 70 Prozent einer Bindung von etwa 900 Tonnen CO_2 entspricht. Dieser Vorteil ist bereits durch die Produktion der Biokohle gegeben. Die oben beschriebenen, zusätzlichen positiven Effekte, die durch die Verwendung der Biokohle zum Humusaufbau erzielt werden können, kommen hier noch dazu. Genau genommen wurden diese Effekte teilweise bereits im ersten Abschnitt berücksichtigt: Bio-Lebensmittel wachsen insbesondere auf Böden, die weniger gedüngt werden (müssen) und damit weniger Lachgas emittieren. Um den erzielbaren Nutzen nicht mehrfach anzusetzen, wird hier im Wesentlichen nur die dauerhafte Bindung des Kohlenstoffs berücksichtigt.

Eine weitere, mindestens so interessante Möglichkeit, Biokohle zu erzeugen sind Holzgaskraftwerke, die mithilfe von Biomasse Strom und Wärme erzeugen und zudem noch Biokohle liefern. Technisch etwas aufwändiger, aber durchaus ausgereift, wie die Anlage von Tobias Ilg in Dornbirn (Vorarlberg, Österreich) seit Jahren beweist. Neben 1,5 bis 2 Millionen Kilowattstunden Strom werden 2 bis 3 Millionen Kilowattstunden Wärmeenergie produziert und in Nahwärmenetze gespeist. 8.000 Schüttraummeter Hackschnitzel werden jährlich verarbeitet und über 300 Tonnen Biokohle produziert. Hier wird ein Kohlenstoffanteil von 80 bis 90 Prozent erreicht, woraus eine CO_2-Bindung von etwa 1000 Tonnen resultiert. Die Vorteile der Verstromung von Biomasse werden im nächsten Abschnitt behandelt.

Pro Hektar Ackerland werden etwa 15 Tonnen Biokohle eingesetzt. Einmalig, da die Kohle biologisch stabil ist. Je nachdem, wie groß das verfügbare Biomassepotenzial im jeweiligen Land ist, können jährlich zwischen zwei (Deutschland) und sieben Prozent (Österreich) des gesamten Ackerlandes saniert werden. Voraussetzung ist, dass die Biomasse auch weitgehend in Form von Pyrolyseanlagen genutzt und Biokohle erzeugt wird. Die vollständige Sanierung dauert einige Jahrzehnte, aber sie ist doch in absehbarer Zeit möglich.

Die Biokohle bindet in jedem auf diese Weise sanierten Hektar rund 40 bis 50 Tonnen CO_2. Eine Reihe von Sekundäreffekten stellt sich ein: geringerer Aufwand für die Bodenbearbeitung, weniger Einsatz von Mineraldünger, erhöhtes Pflanzenwachstum und selbstständige Erhöhung des Humusanteils. Diese Effekte werden zusätzlich mit bis zu 250 Tonnen CO_2 pro Hektar beziffert, wovon allerdings nur sehr wenig wissenschaftlich abgesichert ist. Weltweit könnten auch (Halb-)Wüsten zu wertvollem Weideland regeneriert werden. Das bringt eine CO_2-Bindung von bis zu 80 Tonnen pro Hektar mit sich. Zum gesamthaften Potenzial liegen sehr unterschiedliche Studien vor. Orientiert man sich aber an den vorsichtigsten, ist – auf die zukünftige Weltbevölkerung von zehn Milliarden Menschen bezogen – bereits eine Einsparung von 0,4 Tonnen pro Jahr möglich. Für Mitteleuropa kann das gesicherte Potenzial relativ leicht über die verfügbaren Biomassepotenziale abgeleitet werden. Hieraus ergibt sich für Deutschland ein Wert von etwa 0,16 Tonnen CO_2 pro Person und Jahr, für die Schweiz etwa 0,3 Tonnen pro Jahr und für Österreich 0,6 – im Mittel etwas mehr als 0,2 Tonnen pro Jahr für das gesamte Gebiet. Um zumindest einen minimalen Teil der nicht abgesicherten Effekte zu berücksichtigen, wird das Potenzial mit 0,3 Tonnen pro Jahr angesetzt.

Das gesamte Einsparpotenzial setzt sich also aus der „Sonstigen Effizienz“ (0,4 Tonnen pro Jahr), der reduzierten Verschwendung (0,2 Tonnen pro Jahr) und der Ackersanierung (0,3 Tonnen pro Jahr) zusammen. Gemessen an der heutigen Emission für Ernährung und für Haustiere (2,2 Tonnen pro Jahr) entsprechen diese 0,9 einer Einsparung von 41 Prozent. Beim Effekt des Klimafarming handelt es sich um eine absolute Größe (0,3 Tonnen pro Jahr); das bedeutet, dass dieser Betrag auch eingespart wird, wenn die Emission nach Berücksichtigung des Lebensstilabschnitts schon deutlich geringer ist. In diesem Fall ergibt sich eine Einsparung von 51 Prozent:

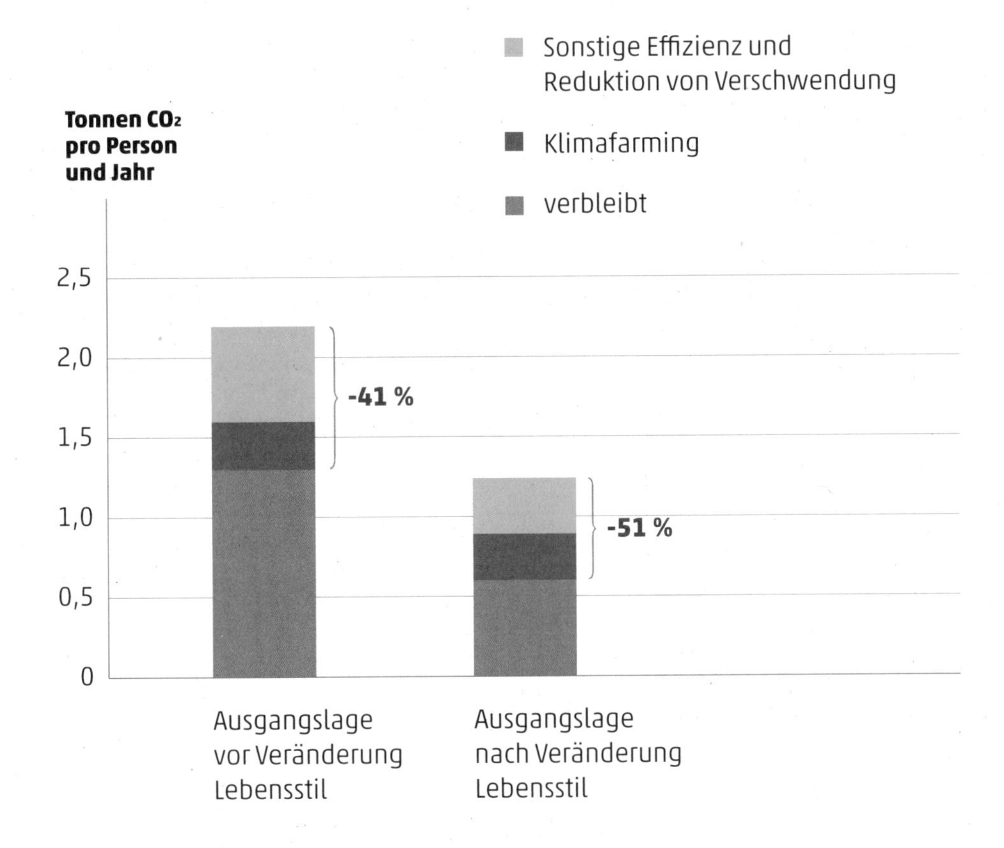

In den vorherigen Kapiteln wurden die tatsächlich angesetzten Einsparungen oft mit Sicherheitsabschlägen nach unten korrigiert, an dieser Stelle muss darauf verzichtet werden: Die „Humusrevolution", wie sie im gleichnamigen Buch von Ute Scheub und Stefan Schwarzer bezeichnet wird, ist unabdingbar. Im Bereich der Ernährung sind weder technische Effizienzmaßnahmen noch erneuerbare Energien in der Lage, die Emissionen auf ein klimaverträgliches Niveau zu senken. Unsere Böden müssen wieder lebendiger werden. Kohlenstoff, der in den letzten Jahrzehnten der intensiven Landnutzung freigesetzt wurde, muss wieder gebunden werden. Gesündere Nahrung, mehr Biodiversität, Hochwasserschutz durch ein höheres Wasseraufnahmevermögen der Böden – wie die vielen positiven Effekte auch immer bewertet werden: Die Ökologisierung der Landwirtschaft ist aus ganz pragmatischem Grund erforderlich. Ohne entsprechende Reduktion von Methan- und Lachgasemissionen ist das Niveau von einer Tonne pro Jahr schlicht und einfach nicht erreichbar.

Zusammenfassung

Die Effizienzpotenziale sind vielfältig aber auch sehr unterschiedlich. Oft bedeutet Effizienz einfachere Technik, auch weniger Technik, dafür mehr Investition in passive Maßnahmen, mehr Intelligenz in der Anwendung. Betätigungsfelder sind hauptsächlich Gebäude, der Verkehr und Stromanwendungen im Allgemeinen; zu einem großen Teil in Form von Gebäudetechnik. Im Bereich der Landwirtschaft wird die Ökologisierung die Emissionen deutlich eindämmen. Der Flugverkehr bietet die geringsten Effizienzpotenziale.

Schöpft man nun all diese Potenziale, ausgehend vom Status quo, also noch ohne Berücksichtigung der lebensstilbedingten Einsparungen aus dem ersten Abschnitt, aus, ergibt sich folgendes Bild:

Bereich	Heutiger Durchschnitt (to/a)	Einsparung (to/a)	Effizient (to/a)
Bauen und Wohnen: -60 Prozent	**1,90**	**-1,15**	**0,75**
Haushaltsstrom: -50 Prozent	**0,60**	**-0,30**	**0,30**
Privater Verkehr: -60 Prozent	**1,50**	**-0,90**	**0,60**
Fliegen: -24 Prozent	**0,60**	**-0,14**	**0,46**
Sonstige Energie- und Ressourceneffizienz: -47 Prozent	**5,20**	**-2,42**	**2,78**
Prozesseffizienz	-	-	-
Ernährung und Haustiere: -41 Prozent	**2,20**	**-0,90**	**1,30**
Gesamt	**12,00**	**-5,81**	**6,19**

Das gesamte, wirtschaftlich abbildbare Potenzial beläuft sich auf knapp 6 Tonnen pro Jahr. Die verbleibenden 6 müssten nun über erneuerbare Energien bereitgestellt werden. Konnte die Emission jedoch bereits aufgrund eines nachhaltigeren Lebensstils auf 8,5 Tonnen pro Jahr reduziert werden, könnte die Bilanz nun so aussehen (die einzelnen Werte resultieren aus dem Mix der verschiedener Lebensstile nach dem Sinus-Milieu):

Bereich	Lebensstilbedingt (to/a)	Einsparung (to/a)	Effizient (to/a)
Bauen und Wohnen:			
-60 Prozent	**1,80**	**-1,10**	**0,70**
Haushaltsstrom:			
-50 Prozent	**0,40**	**-0,20**	**0,20**
Privater Verkehr:			
-60 Prozent	**0,75**	**-0,45**	**0,30**
Fliegen:			
-24 Prozent	**0,30**	**-0,07**	**0,23**
Sonstige Energie- und Ressourceneffizienz:			
-47 Prozent	**4,00**	**-1,89**	**2,11**
Prozesseffizienz	-	-	-
Ernährung, Haustiere:			
-51 Prozent	**1,25**	**-0,63**	**0,62**
Gesamt	**8,50**	**-4,34**	**4,16**

Auf dieser Basis verbleiben nur noch gut 4 Tonnen pro Jahr, die großteils erneuerbar bereitzustellen sind. Die Effizienz kann mit über 4 Tonnen pro Jahr einen etwas größeren Beitrag leisten als die anderen beiden Strategien. Das hat unter anderem damit zu tun, dass der Lebensstil keinen Einfluss auf den öffentlichen Bereich ausübt, die Effizienz aber sehr wohl.

Der Unterschied zwischen der alleinigen Effizienzstrategie und der Kombination „Lebensstil und Effizienz" liegt nicht nur in der Differenz von 2 Tonnen pro Jahr. Wenn der Lebensstil unbeachtet bleibt, droht ein großer Teil der Effizienzbemühungen in den Rebound-Effekten zu verpuffen. Außerdem besteht bei der Umsetzung der dritten wesentlichen Strategie – den erneuerbaren Energien – ein viel größerer Unterschied, als es die nackten Zahlen vermuten lassen.

III. Energie: erneuerbare Vollversorgung

Mitte der Neunzigerjahre präsentierte mir ein Freund die Idee eines Solar-Architektur-Symposiums. Er war im Bereich Öffentlichkeitsarbeit und Kommunikation tätig, unter anderem für mehrere Unternehmen aus der Solarbranche. So entstand als Kooperation eines Photovoltaik-Anbieters, eines Herstellers von solarthermischen Anlagen und meinem Unternehmen als Anbieter von Solarlufttechnik die „TriSolar". Ein biennales Symposium, das heute, über 20 Jahre später, unter dem Namen „Tri" zu den wichtigsten Veranstaltungen für nachhaltiges, ökologisches Bauen zählt. Warum ich das erzähle? Weil es damals nicht nur mir so erging, dass ich die erneuerbaren Energien als alleinige und ausreichende Lösung der ökologischen Herausforderungen betrachtete. Ich denke an den leider viel zu früh verstorbenen Hermann Scheer, Bundestagsabgeordneter und Ehrenpräsident der Eurosolar, der uns meist als Startredner zur Verfügung stand und flammende Plädoyers für den radikalen Umbau des Energiesystems hielt. An Faszination haben die Erneuerbaren nichts eingebüßt; wir wissen heute aber, dass sie nur einen – durchaus wichtigen – Teil der Lösung darstellen.

Der gegenwärtige weltweite Energieverbrauch wird zu knapp 80 Prozent fossil gedeckt; fast 20 Prozent werden bereits jetzt von den Erneuerbaren bereitgestellt. Die Atomkraft steuert nur lächerliche 3 Prozent bei. Angesichts des Risikos jedes einzelnen Kraftwerks muss jede Überlegung über eine zukünftige Bedeutung dieser Technologie verworfen werden.

In welcher Form stehen uns diese Quellen der erneuerbaren Energie nun konkret zur Verfügung und welche Eigenheiten, Vor- und Nachteile bieten sie?

Die Biomasse ist die älteste Form der erneuerbaren Energien. In Deutschland werden rund zehn Prozent der Wärmeenergie für Heizen und Warmwasser in Form von Biomasse bereitgestellt. Weltweit steuert sie sogar knapp zehn Prozent zum *gesamten* Energiebedarf bei. Damit nimmt sie heute unter den Erneuerbaren die Vormachtstellung ein, wird aber von den jüngeren Formen gerade rasant überholt. Auch wenn noch beachtliches Wachstum möglich ist, sind die Potenziale der nachhaltigen Biomassenutzung begrenzt. In Bezug auf die CO_2-Emission gilt der Brennstoff Holz als neutral, da bei der Verbrennung nur jenes Kohlendioxid emittiert wird, das im Zuge der Photosynthese vorher durch die Pflanze gebunden wurde. Bei der Verbrennung entsteht aber auch eine Reihe von anderen Schadstoffen, die nicht ganz vernachlässigt werden dürfen. Es gilt die Daumenregel, je kleiner die Feuerung, umso unkontrollierter die Verbrennung. In Bezug auf die Schadstoffemission können insofern größere Anlagen besser punkten. Auch die zeitliche Komponente der CO_2-Emission ist zu beachten: Bei einfacher Verbrennung erfolgt die Emission sofort, bei langsamer Verrottung der Biomasse erst im Lauf von Jahrzehnten. Über die Jahrhunderte betrachtet ist beides CO_2-neutral; in Bezug auf ein einzuhaltendes Kontingent bis zum Jahr X aber nicht. Die energetische Nutzung der Biomasse führt sogar zu einer Reduktion des CO_2-Gehalts in der Atmosphäre, wenn der Kohlenstoff in Form von Biokohle langfristig gebunden wird – wie im vorherigen Abschnitt beschrieben. Das ist noch besser als die langsame Verrottung. Weitere Vorteile der Biomasse sind die zeitlich frei wählbare Nutzung (die Energie ist gespeichert und kann bei Bedarf umgewandelt werden) sowie die Möglichkeit, relativ hohe Temperaturen bereitzustellen. Die Summe dieser besonderen Qualitäten macht die Biomasse zu einer – wenn auch kleinen – Säule der Energiewende.

Seit einiger Zeit kommt Biomasse in Form von Energiepflanzen als Kraftstoff zum Einsatz. Rapsöl, Biodiesel und Bioethanol dürften aber einen Irrweg darstellen: Auch wenn der Anteil an Biokraftstoffen noch marginal ist, der ökologische Schaden ist es nicht. Mit *bio* im Sinne biologischer Lebensmittel hat diese Art von Agrarwirtschaft nichts zu tun. Raps muss beispielsweise stark gedüngt werden, der eingesetzte Stickstoff wird energieintensiv hergestellt und die Äcker emittieren Lachgas. Aus globaler Sicht ist die landwirtschaftliche Produktion von Treibstoffen anstelle von Nahrung auch ethisch nicht vertretbar. Die Idee, den Flugverkehr mithilfe von Biotreibstoffen zu ökologisieren, erscheint vor diesem Hintergrund völlig absurd.

Die Wasserkraft ist eine weitere erneuerbare Energiequelle mit Tradition. Insbesondere gebirgige Regionen profitieren seit langer Zeit davon. Norwegen deckt aufgrund der privilegierten, alpinen Lage fast 100 Prozent seines Strombedarfs mit Wasserkraft, Österreich und die Schweiz mehr als die Hälfte. Im flachen Deutschland sind es weniger als 4 Prozent. In vielen Regionen sind die Potenziale großteils erschlossen, die ökologische Verträglichkeit erreicht. Megaprojekte, wie sie am Amazonas und in anderen sensiblen Gebieten noch geplant sind, führen zur Zerstörung von Lebensgrundlagen vieler Lebewesen; auch Menschen werden vertrieben und heimatlos gemacht. In manchen Regionen leistet die Wasserkraft einen wichtigen Beitrag zur nachhaltigen Energieversorgung, ökologisch verträgliche Ausbauten sind aber nur noch in geringem Maße möglich.

Solarthermie, die solartechnische Erwärmung von Wasser, ist ebenfalls schon seit langer Zeit etabliert. Sie stellt heute eine wesentliche Komponente innerhalb der Erneuerbaren dar und hat auch durchaus noch Ausbaupotenzial. Allerdings geriet die Solarthermie in eine Art Konkurrenzkampf mit der Photovoltaik, die – im Zusammenspiel mit einer effizienten Wärmepumpe – in vielen Anwendungsfällen für eine bessere Wirtschaftlichkeit sorgt und für den Anwender denselben Nutzen generiert. Die Solarthermie wird in Zukunft dennoch gebraucht: Es gibt eine Reihe von neuen, attraktiven Einsatzmöglichkeiten.

Interessant wird es nun bei den nächsten beiden Technologien. Die Photovoltaik (PV) meint die Stromerzeugung mithilfe von Sonnenlicht, sie ist eine relativ junge Technologie: In den Fünfzigerjahren erstmals in der Raumfahrt eingesetzt, liefert sie heute immerhin schon einen Beitrag zum weltweiten Energiebedarf, bei dem man keine Nullen hinter dem Komma zählen muss (rund 0,2 Prozent). Der Einsatz ist wirtschaftlich, Solarstrom wird an der Strombörse zu einem ähnlichen Preis gehandelt wie fossil erzeugter Strom. Beim Betrieb selbst entstehen keine Emissionen, Erzeugung und Transport der PV-Module verursachen aber Emissionen, die nicht vernachlässigt werden dürfen. Einen weiteren Nachteil teilt die Solarenergie mit den meisten anderen erneuerbaren Energieformen: Das Energieangebot variiert lokal und zeitlich sehr stark und stimmt dadurch nur in geringem Ausmaß mit der Nachfrage überein. Sobald also die solare Stromproduktion einen relevanten Beitrag leistet, ist zum einen über die Speicherung der Energie nachzudenken und zum anderen nach Möglichkeiten zu suchen, wie Angebot und Nachfrage zusammengeführt werden können: Man spricht von Lastmanagement, wenn der Verbrauch zeitlich an das jeweilige Angebot angepasst wird. Zum Beispiel können Elektroautos vorzugsweise dann geladen werden, wenn die Sonne scheint.

Ähnlich verhält es sich mit der Windkraft. Der aktuelle Beitrag ist etwas größer als jener der Photovoltaik. Die installierte Leistung wurde in den letzten 20 Jahren fast verhundertfacht, die meisten Windkraftanlagen stehen in China, den USA und Deutschland – eine durchaus globale Bewegung. Elektrischer Strom kann wirtschaftlich produziert werden, die CO_2-Emissionen sind über die Lebensdauer betrachtet extrem niedrig und deutlich geringer als bei der PV. Das Energieangebot ist aber auch hier stark schwankend und nicht beeinflussbar. Zwar eher komplementär zur Photovoltaik (mehr Wind im Winter, mehr Sonne im Sommer), aber dennoch zeitlich nicht steuerbar. Die Akzeptanz für Windkraft ist hoch, der Ausbau ist in beträchtlichem Ausmaß möglich.

Zweierlei wird klar. Erstens: Die Möglichkeit eines massiven Ausbaus der erneuerbaren Energien beschränkt sich im Wesentlichen auf Photovoltaik und Windkraft. Das Energiesystem der Zukunft wird zu einem überwiegenden Teil auf elektrischem Strom basieren. Zweitens: Neben dem Ausbau selbst stellt die Speicherung der Energie eine Herausforderung dar.

„Die meiste Zeit geht dadurch verloren, dass man nicht zu Ende denkt." Dieses Zitat vom deutschen Bankier Alfred von Herrhausen war mir in vielen Planungsprozessen Richtschnur. Es ist zwar eine Anmaßung zu meinen, man könne einen Vorgang, der weit in die Zukunft reicht „zu Ende denken". Allein die gute Absicht ist aber schon Gold wert. Wer mit Planungsprozessen zu tun hat, weiß wovon ich spreche. Seien es Budgets in Phasen ungestümen Wachstums oder Terminpläne von komplexen Entwicklungsprojekten: Der Blick in die Zukunft war in meinem bisherigen Berufsleben immer von großen Unwägbarkeiten geprägt. Wunschdenken und ignorierte Gefahren, aber auch überschätzte Risiken und unnötige Reserven flossen in die Planung ein. Manche Produktneuheit ließ Jahre auf sich warten, andere Innovationen konnten auf den Tag genau ausgeliefert werden, wie es eineinhalb Jahre zuvor geplant wurde. So ist die Intention dieses Abschnitts zu verstehen: Die Systemgrenzen so weit wie möglich zu ziehen, möglichst nichts unberücksichtigt zu lassen. Auch wenn die Unschärfe umso größer wird, je weiter diese Grenzen gezogen werden und je weiter in die Zukunft geblickt wird. Eine Abschätzung der Größenordnungen liefert oft hilfreiche Entscheidungsgrundlagen.

Nachdem ein Zukunftsforscher einen Abend lang darüber referiert hatte, wie das Leben im Jahr 2050 aussehen könnte, war sein Schlusssatz: „Alles was Sie heute gehört haben, könnte eintreten. Wahrscheinlich wird sogar das eine oder andere Detail Realität werden. Was ich aber mit Sicherheit weiß: So, wie ich es präsentiert habe, wird es nicht sein."

In den folgenden Kapiteln wird ein Szenario gezeichnet, das aus heutiger Sicht denkbar ist und plausibel erscheint. Damit blicken wir aber 20 oder 30 Jahre in die Zukunft, und schon in ein oder zwei Jahren wird es vielleicht neue Erkenntnisse geben, die ein noch besseres, wirtschaftlicheres Szenario ermöglichen. Wichtig ist, dass uns bereits heute Ressourcen und Technologien für eine nachhaltige Energieversorgung zur Verfügung stehen. Das Szenario ist sehr konkret, die einzelnen Energieträger und -speicher sind präzise quantifiziert. Nicht, um die Zukunft möglichst genau vorherzusagen, sondern um dieses eine Szenario in sich schlüssig darzustellen. Einige der schon heute denkbaren Alternativen finden sich in einem eigenen Kapitel.

Elektrischer Strom, die Basis des zukünftigen Energiesystems

Alles Strom also. Kohle, Öl und Gas müssen irgendwann der Vergangenheit angehören. Biomasse ist zwar erneuerbar, aber doch nur begrenzt verfüg- und einsetzbar, und Solarthermie ist auf ein enges Anwendungssegment beschränkt. Aber können mit Strom auch wirklich alle Bereiche abgedeckt werden?

Gesetzt sind die bekannten Stromanwendungen wie Haushaltsstrom, Beleuchtung, IT und Klimatisierung in Nicht-Wohngebäuden. Der Individualverkehr wird zukünftig aus Effizienzgründen elektrisch betrieben. Auch der Güterverkehr kann letzten Endes größtenteils auf elektrischem Strom basieren: zu einem Teil auf der Schiene, zu einem weiteren Teil auf elektromobilen Lastkraftwagen und – was heute noch futuristisch klingt – elektrisch unterstützten Segelfrachtern. Neben der Hochseeschifffahrt wird auch die Binnenschifffahrt an Bedeutung gewinnen, weil der Gütertransport zu Wasser sehr effizient erfolgt. Das ist bereits heute so, wie das Beispiel der Lebensmittetransporte im ersten Abschnitt veranschaulichte. Schiffe emittieren im Vergleich zu Flugzeugen und LKWs sehr wenig CO_2. Weil aber für die Schifffahrt meist noch Schweröl verwendet wird, verschmutzen große Mengen von Ruß und Schwefel die Luft. Effizient, aber dreckig sozusagen. Weil man zukünftig weitestgehend auf fossile Energieträger verzichten wird, könnte die in der Schifffahrt etablierte Windkraft eine Renaissance erleben. Konventionelle Segel, die computergesteuert und motorisch bewegt werden, können für einen hohen direkten, erneuerbaren Anteil an der Transportenergie sorgen. Vielleicht leistet auch eine längst vergessene Erfindung noch einen Beitrag: das Walzensegel, noch eher bekannt unter dem Namen „Flettner-Rotor". Ein mithilfe eines kleinen Elektromotors betriebener, vertikaler Stahlzylinder, dessen Drehung in Kombination mit der Windkraft auf der einen Seite des Zylinders Überdruck und auf der anderen Seite Unterdruck erzeugt, liefert eine Antriebskraft quer zur Windrichtung. Anton Flettner entwickelte diese Technik in den Zwanzigerjahren des letzten Jahrhunderts. Die tatsächlich gebauten und gut funktionierenden Schiffe galten als Sensation. Leider wurden sie schnell von Kohle und Dampfmaschine verdrängt. Der Windkraftanlagenhersteller Enercon ließ zu Beginn dieses Jahrhunderts ein Frachtschiff mit dieser Technologie erbauen; es ist seit 2010 für den Transport von Offshore-Windrädern im Einsatz. Für windarme Zeiten kommen noch Dieselmotoren zum Einsatz; in Zukunft könnten diese aber durch elektrische Antriebe ersetzt werden. Die wiederum werden von wasserstoffbetriebenen Brennstoffzellen versorgt.

Die strombasierte Heizung befindet sich mit der Wärmepumpe bereits in der Durchsetzungsphase; der vollständigen Ablöse fossiler Systeme steht nichts im Weg. Ein wesentlicher Teil der Heizenergie wird zukünftig aber weder fossil noch strombasiert bereitgestellt: Insbesondere im urbanen Bereich spielen Fern- und Nahwärmenetze zunehmend eine Rolle. Die Effizienzbemühungen in der Industrie zeigen Wirkung, die Abwärme wird genutzt. Auch Müllverbrennungsanlagen liefern wertvolle Wärme, selbst wenn die Bemühungen um Ressourceneffizienz fruchten und das Müllaufkommen sinkt. Letztlich steht ein Biomassepotenzial zur Verfügung, das einen relevanten Beitrag zur Raumwärme liefern kann.

In der industriellen Produktion sind heute schon viele Anwendungen strombasiert (Druckluft, Maschinenantriebe, Kälteerzeugung, Motoren und Pumpen in den verschiedensten Anwendungen). Etwa zwei Drittel des industriellen Energiebedarfs entfallen jedoch auf die Prozesswärme: Zu den größten Verbrauchern zählen die Branchen der Metallerzeugung und -bearbeitung, der Mineralölverarbeitung sowie die Glas-, Keramik- und Papierindustrie. Aber auch in den meisten anderen Industriezweigen wird ein gewisses Maß an Prozesswärme benötigt. Strom kommt aufgrund der erforderlichen hohen Temperaturen bislang nur in geringem Ausmaß zum Einsatz. Niedrige Temperaturen (<100°C), zum Beispiel für Trocknungsprozesse oder in Wäschereien, können in Zukunft solarthermisch, unterstützt durch Biomasse, bereitgestellt werden. Für Temperaturen bis 500°C kann je nach Anwendung Strom oder ebenfalls Biomasse zum Einsatz kommen. Für etwa die Hälfte der gesamten Prozesswärme werden aber noch höhere Temperaturen benötigt, die derzeit nur mittels Verbrennung eines Gases erzeugt werden können. Biogas wäre geeignet, steht aber bei weitem nicht in ausreichender Menge zur Verfügung. Um auf fossiles Erdgas verzichten zu können, muss synthetisches Methan erzeugt werden: Mithilfe von elektrischem Strom wird – vorwiegend im Sommer – Wasserstoff erzeugt, der wiederum unter Zugabe von CO_2 methanisiert wird. Bei der Verbrennung wird das CO_2 wieder freigesetzt; insgesamt ist der Prozess mit Ausnahme von Hilfsenergien und Errichtungsaufwändungen CO_2-neutral. Der Großteil des industriellen Energiebedarfs wird somit ebenfalls strombasiert bereitgestellt.

So verbleiben noch zwei Segmente: Erstens, der Flugverkehr. Biotreibstoffe mussten aus ökologischen und vor allem ethischen Gründen bereits ausgeschlossen werden. Flüssige Kraftstoffe, die mit Strom aus Erneuerbaren produziert werden, sind zwar denkbar („Power-to-Liquid"), die Technologie löst aber das Problem nicht adäquat: Das CO_2 würde bei der Herstellung des Flüssiggases zwar der Atmosphäre entnommen, die Emission in Flughöhe ist aber treibhauswirksamer als in Bodennähe. Hinzu kommt die Wasserdampfemission (siehe auch Kapitel Fliegen). Und weil es ohnehin eines gigantischen Ausbaus bedarf, um die erneuerbare Stromproduktion auf das erforderliche Niveau zu bringen, wird für den 1-Tonnen-Meilenstein auf diesen zusätzlichen Ausbau und somit auf das „erneuerbare Fliegen" verzichtet. Gesellschaftliche und technologische Entwicklungen dürfen auch nach diesem Meilenstein noch stattfinden. Der verbleibende Flugverkehr wird vorläufig also konventionell, das heißt kerosinbasiert betrieben. Da die Emission für private Flüge von 0,6 auf 0,3 Tonnen pro Jahr reduziert werden konnte und aus dem beruflichen Flugverkehr noch 0,1 Tonnen pro Jahr verbleiben, muss somit – vorläufig – knapp die Hälfte des 1-Tonnen-Kontingents (0,4 Tonnen pro Jahr) für den Flugverkehr reserviert werden.

Zweitens und letztens bleibt noch die Ernährung: Einige Bereiche wie die Lebensmittelkühlung, die Transporte und die maschinelle Produktion können zwar strombasiert erfolgen, was aber verbleibt, sind die Treibhausgase Methan und Lachgas. Die Mengen wurden durch die Maßnahmen der ersten beiden Abschnitte reduziert, es verbleibt noch ein CO_2-Äquivalent von 0,4 Tonnen pro Jahr.

Somit sind insgesamt schon 0,8 Tonnen pro Jahr vergeben. Ein kleiner Betrag, etwa 0,05 Tonnen pro Jahr, muss nun in die erneuerbaren Energien Biomasse und Solarthermie sowie in die Müllverbrennung und Nutzung von Abwärme investiert werden. Für die Stromproduktion steht also gerade mal ein Kontingent von 0,15 Tonnen pro Jahr zur Verfügung. Doch das ist ausreichend! Die vollständige Substitution der fossilen Stromerzeugung durch Erneuerbare verringert die CO_2-Emission pro erzeugte kWh von rund 400 Gramm (Strommix EU-28) auf etwa 13 Gramm – also um den Faktor 30! Wie kommt dieser Wert zustande? Der nachfolgend skizzierte Strommix würde heute bei etwa 22 Gramm pro Kilowattstunde zu liegen kommen. Hinzu kommt, dass für einen kleinen Teil der Energie noch eine Infrastruktur für die saisonale Speicherung (Elektrolyse, Wasserstoffspeicherung, Brennstoffzellen) zu berücksichtigen ist. Die Errichtung dieser Infrastruktur verursacht Emissionen, die dem erzeugten Strom zugerechnet werden muss. Des Weiteren ist die Speicherung verlustbehaftet, sodass sich die Emission pro gelieferte Kilowattstunde entsprechend erhöht. Der spezifische, durchschnittliche Wert für den gesamten Strommix wird dadurch um gut 10 Prozent – auf etwa 25 Gramm – ansteigen. Andererseits wird die industrielle Produktion der Windkraftwerke und PV-Anlagen zunehmend effizienter: Wird das im vorigen Abschnitt ermittelte Potenzial von knapp 50 Prozent angesetzt, kann die spezifische CO_2-Emission auf 13 Gramm pro Kilowattstunden reduziert werden. So kann letzten Endes der größte Teil unserer Bedürfnisse mithilfe von erneuerbar erzeugtem Strom gestillt werden, gleichzeitig gehen nur 15 Prozent der Emissionen auf dieses Konto.

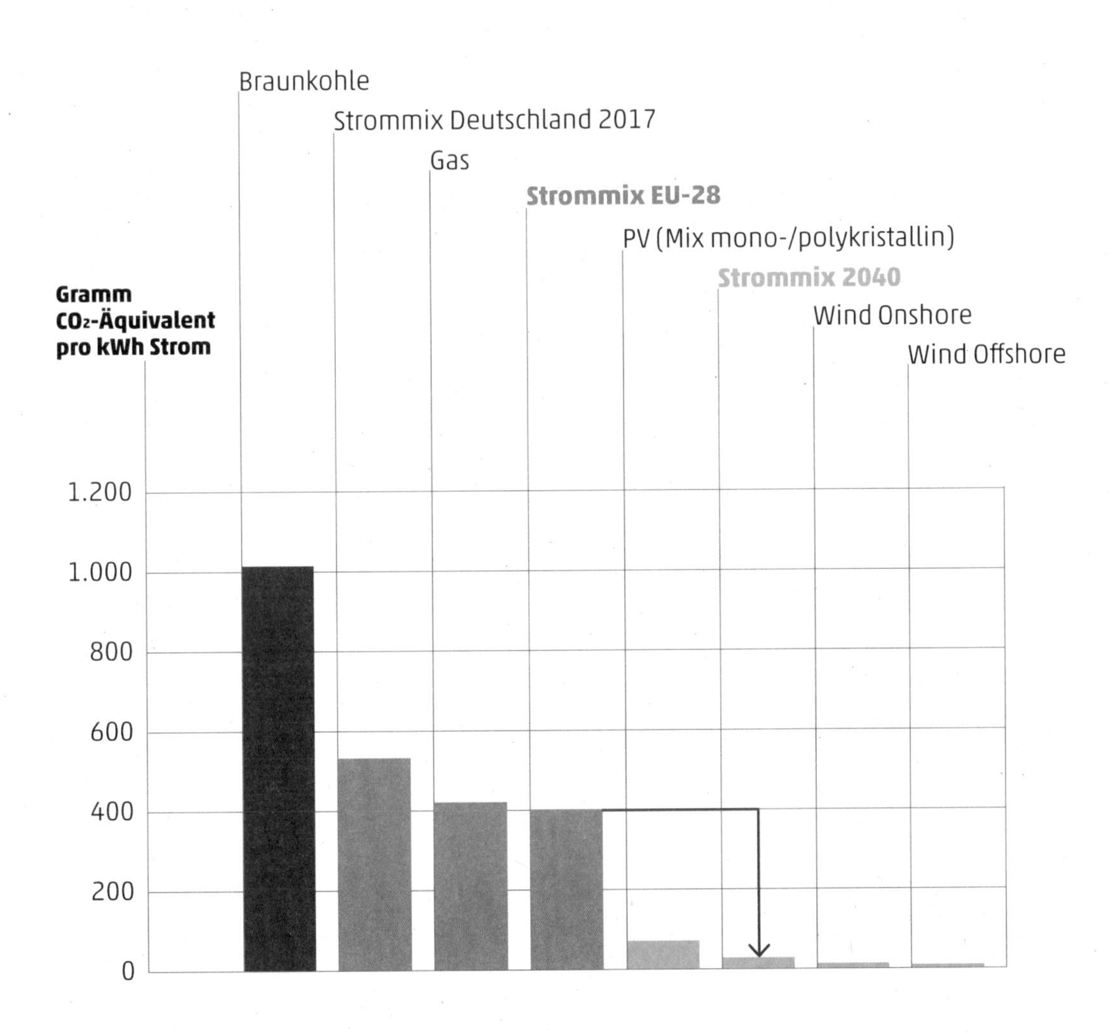

Kurz- und langfristige Speicherung der Energie

Solange die Stromerzeugung weitgehend auf Kohle und Gas basiert, stellt die Speicherung der Energie keine wesentliche Herausforderung dar. Diese Kraftwerke können je nach Bedarf zu- und weggeschaltet werden. Das ist zwar weder billig noch effizient, aber es hilft. Je höher jedoch der Anteil jener Energieträger wird, deren Ertrag nicht gesteuert werden kann, umso mehr gewinnt eine effiziente Speicherung an Bedeutung. Für die wesentlichen erneuerbaren Energien Sonne, Wind- und Wasserkraft ist das der Fall. Im 100-Prozent-Erneuerbar-Szenario ist diese Speicherung essentiell.

Energie in Form von elektrischem Strom kann nicht direkt gespeichert werden. Der Strom muss, wie der Name impliziert, fließen. Schon heute ist eine Reihe von indirekten Speichern im Einsatz, ohne die das Stromnetz nicht funktionieren würde. Im europäischen Netzverbund werden vor allem Pumpspeicherkraftwerke genutzt: Überschüssiger Strom wird an diese Kraftwerke geliefert; die Energie wird verwendet, um Wasser in einen höher gelegenen Stausee zu pumpen. Wenn einige Stunden später mehr Energie benötigt und weniger erzeugt wird, lässt man das Wasser wieder zu Tal. Die frei werdende potenzielle Energie treibt Generatoren an, der erzeugte Spitzenstrom wird in das Netz gespeist. Solche Kraftwerke dienen dazu, die Stromlieferung an die täglichen Bedarfsschwankungen anzupassen. Sie befinden sich naturgemäß in alpinen Lagen; ein massiver Ausbau wäre mit ebenso massivem Eingriff in die Landschaft verbunden.

Die vorhandenen Mittel der Energiespeicherung reichen bei weitem nicht aus, um eine Vollversorgung mit erneuerbaren, fluktuierenden Energiequellen zu ermöglichen. Es werden zusätzliche, kurz- und längerfristige Speicher benötigt.

Für die kurzzeitige Speicherung bieten sich neue Möglichkeiten: Gebäude mit geringem Energiebedarf sind prädestiniert, Überschussenergie in ihrer Masse zu speichern und mit Stunden oder sogar Tagen Verzögerung wieder abzugeben. „Smart Grid" ist ein Schlagwort hierzu. Das Stromnetz informiert den Verbraucher, ob gerade billiger Überschussstrom verfügbar ist und die strombasierte Gebäudetechnik reagiert darauf. Die Wärmepumpe erhält ein Signal „Billigstrom verfügbar", die Steuerung setzt (im Winter) die Raumsolltemperatur um ein oder zwei Grad nach oben. Das Gebäude wird geringfügig überheizt und die Wärme in der Masse des Gebäudes gespeichert. Ein Holzleichtbau kann etwas weniger Energie aufnehmen, ein Massivbau etwas mehr. Führt man die Heizenergie direkt der massiven Gebäudekonstruktion zu, spricht man von „Betonkernaktivierung". Auf diese Art und Weise kann am meisten Energie gespeichert werden. Die Abkühlung, also die Entladung des Speichers, dauert mehrere Stunden oder sogar einige Tage. Erhält die Wärmepumpe weiteren Billigstrom, wird das Temperaturniveau erneut angehoben. Erst bei Unterschreitung der eigentlichen Solltemperatur wird die Wärmepumpe unabhängig von der Verfügbarkeit des billigen Stroms aktiviert. Dasselbe Prinzip ist auch mit Warmwasserspeichern möglich. Im Normalbetrieb genügen in der Regel Temperaturen um 45°C; die Wärmepumpe ist aber auch in der Lage, 55 oder 60°C zu erzeugen. Das ist etwas weniger effizient, doch der Billig- oder Gratisstrom wiegt diesen Nachteil mehr als auf. Solche Konfigurationen sind heute schon Stand der Technik, Feldtests belegen die hohe Wirksamkeit – sowohl in Bezug auf die Kostenersparnis beim Verbraucher als auch auf die Stabilisierung des Stromnetzes. Die Speicherkapazität der Gebäude ist riesengroß: Wird die Raumtemperatur um zwei Grad erhöht, können je nach Bauweise zwischen 0,1 und 0,4 Kilowattstunden pro Quadratmeter Wohnfläche gespeichert werden. Eine 100 Quadratmeter große Wohnung bietet somit 10 bis 40 Kilowattstunden Speichervermögen; der gesamte Gebäudebestand in Deutschland wäre in der Lage, 1 bis 2 Milliarden Kilowattstunden zu speichern. (Anstelle von „Milliarden Kilowattstunden" spricht man auch von Terawattstunden, abgekürzt TWh. Von dieser Größe wird nachfolgend noch öfter die Rede sein.) Nicht alle Gebäude werden aber über Wärmepumpen beheizt und nicht überall kann das Potenzial genutzt werden. Dennoch, selbst wenn nur ein Drittel genutzt wird, stellen Gebäude eine Speicherkapazität, die mehr als das Zehnfache aller Pumpspeicherkraftwerke im deutschsprachigen Raum zusammen beträgt. „Smart Grid" in der Heizung wird einen enormen Beitrag leisten, um die Stromverbräuche an die Stromerzeugung anzugleichen.

Bezüglich der kurzfristigen Speicher stellt auch die aus Effizienzgründen forcierte Elektromobilität einen Glücksfall dar. Davon ausgehend, dass mit vollständiger Umstellung auf das erneuerbare Energiesystem Verbrennungsmotoren der Vergangenheit angehören, wird es im deutschsprachigen Raum eine Flotte von 30 bis 40 Millionen Elektrofahrzeugen geben. Bei einer mittleren Reichweite von 300 Kilometer ist eine Batteriekapazität von 30 bis 35 kWh erforderlich; daraus resultiert für die gesamte Flotte eine Speicherkapazität von 1 bis 1,5 TWh. Wenn sich die Batteriekapazitäten annähernd so entwickeln, wie es prognostiziert wird, stehen sogar 70 bis 100 kWh pro Fahrzeug zur Verfügung – insgesamt also 2 bis 3 TWh. In der Elektromobilität steckt noch mehr Potenzial als in den Gebäuden. Dieser „Speicherschwarm" ist natürlich auch nicht zu 100 Prozent nutzbar, ein intelligentes Lademanagement wirkt aber Wunder. Unsere Fahrzeuge stehen heute zu etwa 97 Prozent der Zeit. Auch wenn die Anzahl der Fahrzeuge reduziert und die Nutzungszeit verdreifacht würde, wären es immer noch 90 Prozent Stehzeit. Wenn das Auto nun größtenteils an einem Platz steht, der über eine Ladeinfrastruktur verfügt (zuhause, am Arbeitsplatz), kann die Batterie je nach Stromangebot (beziehungsweise Strompreis) zu einem beliebigen Zeitpunkt geladen werden. Benötigt der Benutzer am nächsten Morgen einen bestimmten Ladestand, so kann er dies vorgeben, andernfalls erfolgt die Ladung automatisch zum günstigsten Zeitpunkt. Das dient der Netzstabilität und reduziert die Energiekosten. Der momentane Trend, Batteriespeicher im eigenen Haus einzusetzen, scheint vor dem Hintergrund dieses ohnehin vorhandenen, riesigen Speicherpotenzials wenig sinnvoll. Die wertvollen Batterierohstoffe sollten für die Elektromobilität reserviert werden.

Nachfolgend sind die theoretischen Speicherkapazitäten von Gebäuden und Elektromobilität im Jahr 2040 den wöchentlichen Verbräuchen dieser Segmente gegenübergestellt.

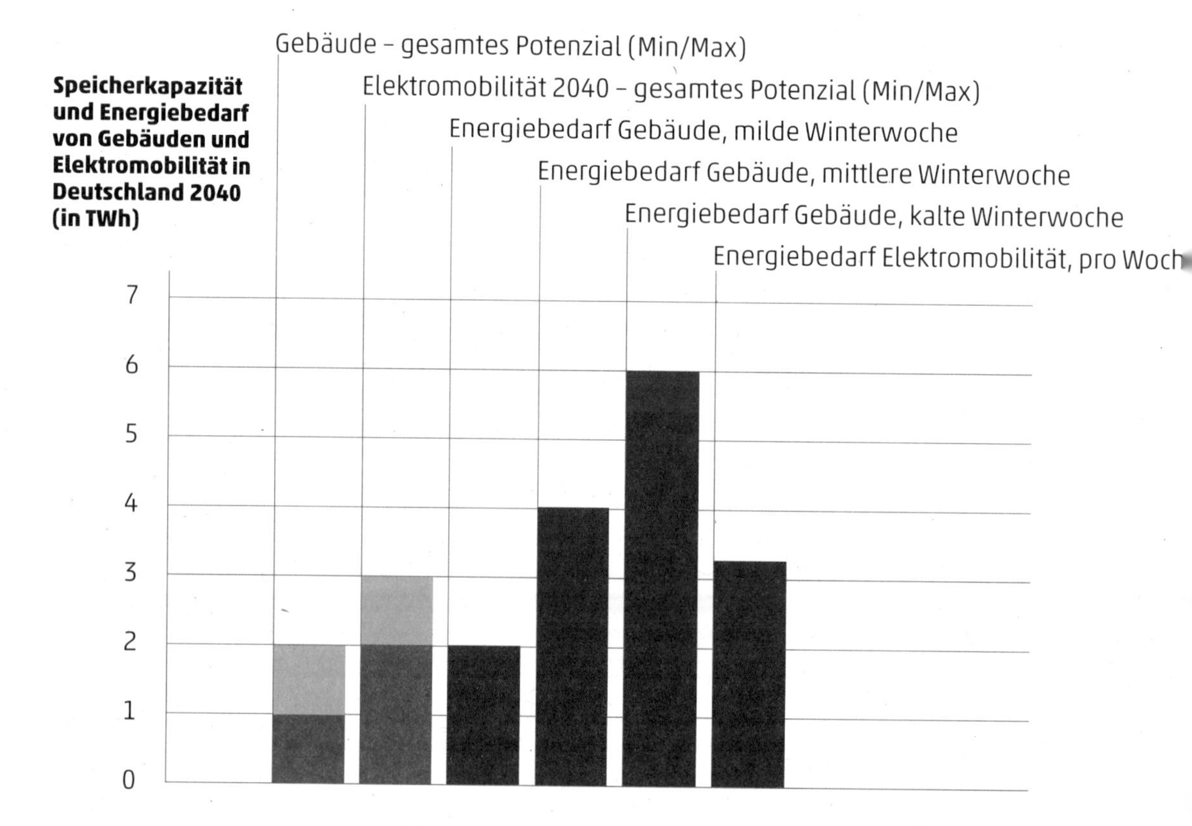

Strombasierte Heizsysteme und Elektromobilität verbrauchen in Zukunft einen relevanten Anteil des produzierten Stroms. Wenn diese beiden Bereiche mit intelligentem Lastmanagement versehen werden, kann der zusätzlich erforderliche Speicherbedarf eklatant reduziert werden.

Ganz ohne längerfristige Speichermöglichkeiten wird es dennoch nicht gehen. Sogenannte „kalte Dunkelflauten" müssen überbrückt werden: Im Winter, wenn viel Energie benötigt wird, mehrere Tage keine Sonne scheint und zudem noch Windstille herrscht, muss die Energieversorgung aufrecht erhalten werden können. Das Auftreten solcher ungünstiger Phasen ist schon recht gut erforscht; eine Phase mit weniger als 20 Prozent der üblichen Energielieferung von Wind und PV dauert beispielsweise nicht länger als fünf Tage. In solchen Phasen kommt zum einen die wertvolle Spitzenlastabdeckung durch Strom aus Biomasse zum Einsatz, zum anderen leisten die kurzfristigen Speicher einen Beitrag. Trotzdem muss für weitere Reserve gesorgt werden, um die sichere Energieversorgung nicht zu gefährden. Die erforderlichen Energiemengen werden aus heutiger Sicht am besten in Form von Wasserstoff gespeichert: (Erneuerbare) Stromüberschüsse werden verwendet, um mittels Elektrolyse Wasserstoff zu erzeugen, der Fachbegriff hierfür ist „Power-to-Gas" (P2G). Diese Technologie ist bereits frei von Kinderkrankheiten, aber noch teuer. Mit zunehmender Verbreitung wird sich das relativieren. Der Wirkungsgrad der Elektrolyse liegt bei 75 bis 80 Prozent; Abwärme ist in Form von 35-grädigem Kühlwasser vorhanden. Da auch in den Wintermonaten immer wieder mit Überschüssen zu rechnen ist, kann dieses Kühlwasser zumindest teilweise für Heizzwecke verwendet werden. Der Wasserstoff wird unter Druck (bis zu 200 bar) gespeichert; es wird eine Energiedichte von bis zu 600 Kilowattstunden pro Kubikmeter erreicht. Die erforderliche Kapazität wird beispielsweise in Deutschland bei einigen wenigen Terawattstunden liegen. Das Volumen der erforderlichen Wasserstofftanks liegt unter 10 Millionen Kubikmeter. Möglicherweise können einige der vorhandenen, unterirdischen Erdgasspeicher (Kavernen) hierfür sinnvoll verwendet werden, es ist aber auch die Speicherung in eigens dafür zu errichtenden Tanks denkbar. Es wird sich außerdem weisen, wo das wirtschaftliche Optimum in Bezug auf Anzahl und Größe der Speicher liegt. Theoretisch sind Wasserstoffspeicher für einzelne Wohnanlagen denkbar, ebenso für Ortschaften oder ganze Regionen. Aus technischer Sicht ist jedenfalls keine nennenswerte Hürde zu nehmen.

Die Rückverstromung erfolgt mittels Brennstoffzelle (an noch effizienteren Gasturbinen für Wasserstoff wird zwar gearbeitet, derzeit scheitert die Anwendung aber an den hohen erforderlichen Temperaturen). Die im Wasserstoff gespeicherte Energie wird wieder in elektrischen Strom umgewandelt. Der Wirkungsgrad liegt derzeit nur bei etwa 60 Prozent, wird aber die Abwärme genutzt, kann die Bilanz deutlich verbessert werden: Man spricht vom Brennstoffzellen-KWK (Kraft-Wärme-Kopplung). Da die Rückverstromung vorwiegend im Winter erfolgt, stehen in der Regel auch Abnehmer für die Abwärme zur Verfügung.

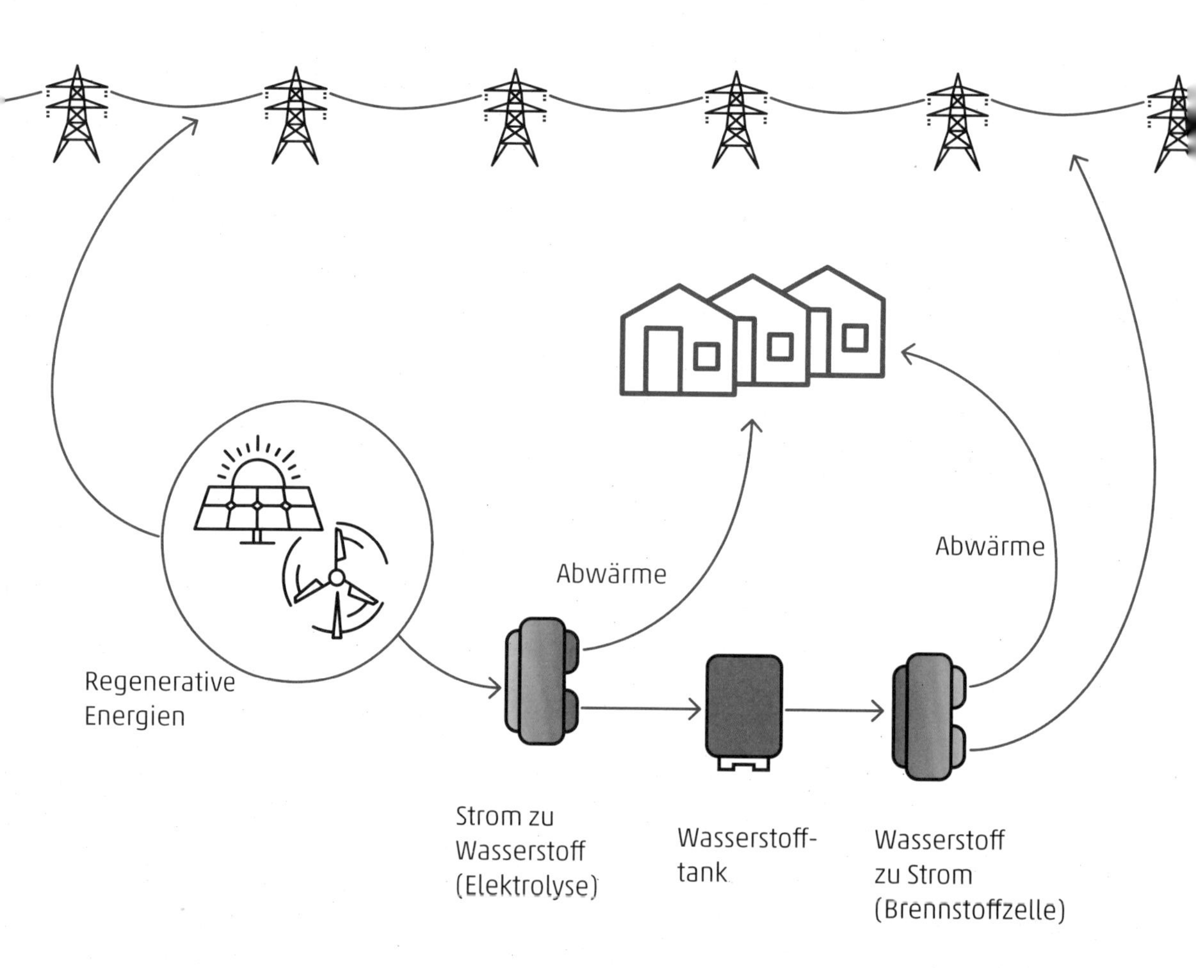

Eine weitere Art der Speicherung ist die Methanisierung. In diesem Fall nicht, um zu einem späteren Zeitpunkt wieder Strom daraus zu machen, sondern, um die Energie durch Verbrennung des Gases zu nutzen. Wie bereits erwähnt, wird für die hohen Temperaturen der industriellen Prozesswärme Gas benötigt. Die sommerlichen Überschüsse des erneuerbaren Energiesystems bieten sich hierfür an. Zunächst wird ebenfalls durch Elektrolyse Wasserstoff erzeugt, der zusammen mit Kohlendioxid in einem weiteren Prozessschritt zu Methan und Wasser umgesetzt wird. Dieses Methan wird auch EE-Gas genannt (Gas aus erneuerbaren Energien). Die Speicherung und Verteilung des Gases kann problemlos über die vorhandene Erdgasinfrastruktur erfolgen. Die bestehenden Kavernen könnten Methan mit einem Energieinhalt von 250 TWh speichern, das ist deutlich mehr als nötig. Für die Verbrennung zu einfachen Heizzwecken wäre der Prozess viel zu aufwändig und verlustbehaftet. Die hohen Temperaturen der Prozesswärme können aber auf diese Art und Weise aus heutiger Sicht am besten erreicht werden. Da ein Gesamtwirkungsgrad von 60 Prozent kaum übertroffen werden kann, muss deutlich mehr Strom eingesetzt werden, als in Form von Prozesswärme benötigt wird.

Nur die beiden zuletzt beschriebenen Technologien sind heute noch nicht Bestandteil des (wirtschaftlich sinnvollen) Energiesystems. Im großen Stil werden sie erst gegen Ende des 20 Jahre dauernden Umbaus benötigt. Es bleibt noch Zeit, um die offenen Fragen zu klären. Diese Zeit sollte aber auch genutzt werden, um die Methoden in die Praxis einzuführen, im Kleinen zu testen und zu optimieren. Auch wenn es heute noch unwirtschaftlich ist; in Relation zum Resultat – der gestoppten globalen Erwärmung – ist die Einführung eine überschaubare Investition.

Die wirtschaftlichste Strategie im Zusammenhang mit Energiespeicherung ist die Vermeidung von Speicherbedarf. In Mitteleuropa ist die Produktion von elektrischer Energie deshalb möglichst darauf auszurichten, dass im Winter mehr produziert wird als im Sommer. Wichtigste Stütze für winterlastigen Verbrauch ist die Windkraft, mit einem Sommer-Winter-Verhältnis von etwa 40 zu 60. Beste Voraussetzungen finden sich auf dem Meer (Offshore) und in Küstennähe, aber auch manch andere Landschaft ist hervorragend geeignet. Alpine Regionen können einen großen Anteil des Verbrauchs durch Wasserkraft decken, hier fällt aber mehr Energie im Sommer an. Neben der Windkraft kann bei entsprechender Bewaldung auch Biomasse komplementäre Dienste leisten. Die Photovoltaik liefert nur etwa 25 Prozent ihrer Energie im Winterhalbjahr.

Tendenziell wird es bei relevantem Einsatz von PV zu sommerlichen Überschüssen kommen; die Nutzung dieses Stroms bietet sich wie beschrieben zur Methanisierung an. In anderen Klimazonen kann die Welt ganz anders aussehen: Norwegen deckt beispielsweise fast den gesamten Strombedarf durch Wasserkraft. In Südeuropa muss kaum geheizt, dafür aber im Sommer klimatisiert werden. Ein größerer Anteil an Photovoltaikstrom ist dann natürlich gerechtfertigt.

Zusammengefasst: Sowohl kurz- als auch langfristige Speicherung der erneuerbaren elektrischen Energie sind mit dem Stand der Technik realisierbar. Die vollständige Umsetzung des 100-Prozent-Erneuerbar-Szenarios ist vor 2040 kaum realistisch. Bis dahin wird sich technologisch noch so viel verändern, dass der Blick in diese Zukunft nur sehr vage sein kann. Entscheidend ist: Bereits heute ist es möglich, ein plausibles Szenario zu zeichnen. Der technische Fortschritt kann die Sache nur leichter machen.

In den frühen 90er-Jahren, als ich mich intensiv mit der Solarlufttechnik beschäftigte, waren Solarhäuser modern. In Vorarlberg sorgte der norwegische Architekt Sture Larsen für Aufsehen. Er plante eine Reihe von Einfamilienhäusern, bei denen das gesamte südorientierte Dach ein einziger Luftkollektor war. Die Wärme wurde mithilfe eines Ventilators in den sogenannten Steinspeicher im Keller befördert. Dieser Speicher, der die Größe eines mittleren Kellerraumes einnahm, war gut gedämmt und konnte die Wärme mehrere Tage speichern. Bei Bedarf wurde die Wärme über luftführende Decken und Wände (Hypo- bzw. Murokausten) an den Raum abgegeben. Weil längere Nebelperioden nicht überbrückt werden konnten, wurde noch ein Holzofen installiert, der seine Wärme ebenfalls über die Hypokausten abgeben konnte.
Die Gebäude funktionieren noch heute und die Lösung hatte ihren Charme. Dennoch – aus heutiger Distanz betrachtet wirken diese Gebäude wie technische Museen. Es wurde viel Raum benötigt, ein hoher materieller Aufwand betrieben, um möglichst viel Sonnenenergie zu nutzen – Gewinnmaximierung nannten es die Fachleute. Bald setzte sich aber mehr und mehr das Prinzip der Verlustminimierung durch: die Gebäudehülle so gut zu dämmen, dass nur noch sehr wenig Wärme verloren geht und ersetzt werden muss. Die Investition verlagerte sich zunehmend von der aktiven Seite (Wärmebereitstellung; technische Komponenten mit entsprechendem Instandhaltungsaufwand) auf die passive Seite (Verlustminimierung; Aufwand in Form von unbeweglichem, wartungsfreiem Material). Die Geschichte zeigt, in welch kurzer Zeit Technologien kommen und gehen können. Die Entscheidungen wurden damals wie heute auf Basis des aktuellen Wissens, auf Grundlage der besten Einschätzung gefällt. Manches Wissen wird erneuert, manche Einschätzungen entpuppen sich als falsch.

Konkret: Energiequellen und deren Ausbauszenarien

Wie groß können nun die Beiträge der einzelnen Energieformen werden? Reicht diese Energiemenge aus? Können die Phasen der „kalten Dunkelflaute“ wirklich überbrückt werden? Um dies zu behandeln, muss eine Reihe von konkreten Zahlen ermittelt werden. Nachfolgend ist hauptsächlich von Energiemengen die Rede – wieviel Energie kann jährlich bereitgestellt werden? Diese Menge wird in TWh, also Milliarden kWh angegeben. Aber auch die physikalische Größe der Leistung ist von Interesse – kann der Bedarf nicht nur insgesamt, sondern auch zu allen Zeitpunkten des Jahres gedeckt werden? Die verwendete Einheit lautet GW (Gigawatt). Damit die beiden Größen nicht nur von Energiefachleuten gut auseinander gehalten werden können: Wenn der Haarföhn eingeschaltet wird, bezieht er eine *Leistung* von 1000 Watt aus dem Stromnetz. Jeden Moment, jede Sekunde, vielleicht auch eine ganze Stunde lang. Die Leistung beträgt immer 1000 Watt. Wieviel *Energie* der Föhn verbraucht, ist eine Frage der Zeit: Die Leistung muss mit der Dauer multipliziert werden. Wird eine Stunde lang geföhnt, beträgt die Energiemenge 1000 Watt mal 1 Stunde, entspricht 1000 Watt-Stunden (Wh), üblicherweise ausgedrückt als 1 Kilowattstunde (kWh).

Windenergie wird aus mehreren Gründen die wichtigste Energiequelle im zukünftigen erneuerbaren Energiesystem. Die Stromgestehungskosten von „Onshore-Anlagen“ (auf dem Festland) sind bereits heute niedriger als jene aus Steinkohle- oder Gaskraftwerken. Auch die externen Kosten der Stromerzeugung, die von der Allgemeinheit getragen werden müssen, sind im Vergleich zur konventionellen Stromproduktion viel geringer. Obwohl natürlich auch die Produktion von Windkraftanlagen Rohstoffe und Energie benötigt, ist die umgelegte CO_2-Emission mit weniger als 10 Gramm pro kWh die niedrigste aller erneuerbaren Energiequellen. Dass zudem fast zwei Drittel des Jahresertrags im Winterhalbjahr geerntet werden können, macht die Windkraft zum Star der Erneuerbaren. Für Deutschland ist im Zielkorridor des EEG (Erneuerbare-Energien-Gesetz) der Ausbau der Windkraft bis 2040 auf eine Jahresproduktion von insgesamt 368 TWh vorgesehen; 260 davon onshore. Das ist gut umsetzbar, muss aber für das skizzierte Szenario noch übertroffen werden: 310 TWh onshore bis 2040. Um dies zu erreichen, muss der Ausbau schneller vonstattengehen. 2017 wurden 87 TWh produziert, Jahr für Jahr müssen deshalb 7 bis 8 Gigawatt (GW) installierte Leistung mit einer Jahresproduktion von über 10 TWh hinzukommen.

In Österreich leistet die Wasserkraft bereits einen großen Beitrag zum erneuerbaren Energiesystem. Der Ausbau der Windkraft von aktuell 6 auf etwa 15 TWh kann deshalb etwas moderater ausfallen. Auch wenn Österreich etwas weniger prädestiniert ist als Deutschland, das ermittelte Langfristpotenzial liegt mit etwa 30 TWh viel höher als das Ausbauerfordernis. In der Schweiz liefert die Windkraft erst einen marginalen Anteil in der Größe von 0,1 TWh – der massive Ausbau steht also erst bevor. In Bezug auf die Wasserkraft ist die Situation aber vergleichbar mit Österreich.

In Deutschland sind auch Offshore-Anlagen, also im Meer installierte Windkraftanlagen, möglich. Sie sind in Bezug auf die Akzeptanz in der Bevölkerung unkritisch, in der Errichtung aber teurer. Dennoch werden sie im zukünftigen Energiesystem eine wesentliche Rolle übernehmen. Der Ausbau auf 128 TWh (EEG-Zielkorridor: 108) ist möglich und sinnvoll: Lag die Energielieferung 2016 noch bei 12 TWh, sorgte der massive Zubau 2017 schon für über 17 TWh.

Die Photovoltaik schrieb in Deutschland in den letzten Jahren eine Erfolgsgeschichte. In wenigen Jahren wurde ein dezentrales Netz von PV-Anlagen aufgebaut, das heute bereits fünf Prozent des gesamten Strombedarfs bereitstellt. Obwohl der Sonnenstrom mit zunehmendem Ausbau längerfristig gespeichert werden muss, ist dieser weitere Ausbau sinnvoll: Mittelfristig werden die Überschüsse für die Methanherstellung verwendet. Der Ausbau muss zügig erfolgen, aber nicht so rasant wie bei der Windkraft: Die Jahresproduktion sollte von derzeit 40 auf etwa 120 TWh verdreifacht werden. In Österreich erfolgte der Ausbau bisher noch weniger stark – eine Steigerung von derzeit 1 auf etwa 5 TWh ist sinnvoll und leicht realisierbar. Warum der Beitrag des Sonnenstroms nicht größer ist: Neben der saisonalen Diskrepanz zwischen Angebot und Nachfrage weist die Photovoltaik einen weiteren Nachteil auf: Die Produktion der Module ist in Bezug auf den Ertrag aufwändiger als bei der Windkraft. Rohstoffgewinnung sowie Energieeinsatz bei Produktion und Transport verursachen umgelegt eine CO_2-Belastung zwischen 50 und 90 Gramm pro kWh – je nach Zellentyp (mono- oder polykristallin) und Produktionsstandort: Aus Fernost importierte Module zum Beispiel laden sich auf dem Weg hierher bereits etwa 10 Gramm pro kWh zusätzlich in den Rucksack. Alles in allem ist das zwar viel besser als jede fossile Stromerzeugung, aber doch um den Faktor 5 bis 10 schlechter als Windenergie.

Die Wasserkraft verhilft insbesondere in Österreich und der Schweiz schon lange zu einem hohen erneuerbaren Anteil der Stromversorgung. Ein massiver Ausbau sollte aus Gründen des Landschaftsschutzes nicht erfolgen; der Beitrag kann bleiben wie er ist. In Österreich und in der Schweiz werden jeweils knapp 40 TWh geliefert, das ist bereits heute über 50 Prozent der gesamten Stromproduktion. In Deutschland liegt der Beitrag bei 21 TWh.

Ein sehr wichtiger und vielleicht noch unterschätzter Stromlieferant ist die Biomasse, hauptsächlich in fester Form, aber auch als Biogas. Das Potenzial an nachhaltig nutzbarer Biomasse ist noch nicht ausgeschöpft, außerdem kann Holz viel mehr als CO_2-neutral verbrennen. Wie im zweiten Abschnitt bereits geschildert, liefern moderne Holzgaskraftwerke Strom, Wärme und wertvolle Biokohle. Als Stromlieferant bietet die Biomasse den zentralen Vorteil der bereits gespeicherten, lagerbaren Energie. Das macht sie zur gefragtesten Energiequelle zu Spitzenlastzeiten. In Zukunft wird dieser Spitzenstrom auch wirtschaftlich am wertvollsten sein, Holzgaskraftwerke werden sinnvollerweise nur im Winter betrieben. Dann nämlich findet die Wärme aus der KWK auch ihre Abnehmer. Solche Kraftwerke liefern eine elektrische Leistung von 500 Kilowatt aufwärts; die thermische Leistung liegt etwas darüber. Damit kann entweder Prozesswärme für die Industrie bereitgestellt oder ein Nahwärmenetz versorgt werden. Einen elektrischen Wirkungsgrad von 30 Prozent zugrunde gelegt, liegt das Potenzial für Strom aus Biomasse in Deutschland bei 70 bis 80 TWh (derzeit: etwa 45 TWh). Der Spitzenstrom wird im Winter deutlich höhere Preise erzielen als im Sommer, sodass der Fokus auf die Winterlieferung auch betriebswirtschaftlich sinnvoll ist. Werden die Anlagen aufgrund dieser wirtschaftlichen Optimierung nur 2000 bis 3000 Volllaststunden betrieben, muss eine Leistung von 30 bis 40 Gigawatt installiert werden. Diese Leistung ist von Bedeutung, weil es während der kalten Dunkelflaute nicht nur auf die lieferbare Energie ankommt, sondern auf die Leistung, also innerhalb welcher Zeit diese Energie geliefert werden kann. Zusammen mit der im vorherigen Kapitel beschriebenen Rückverstromung aus Wasserstoff, die rund 50 Gigawatt bereithalten wird, sorgt diese Leistungsfähigkeit für die erforderliche hohe Versorgungssicherheit. Die Nutzung der Biomasse zur elektrischen Spitzenlastabdeckung entlastet die modernen, teuren Speichertechnologien enorm.

Auch das Biomassepotenzial variiert von Land zu Land: So könnte etwa in Österreich sogar ein Viertel des zukünftigen Strombedarfs (20 TWh) mithilfe von Biomasse gedeckt werden.

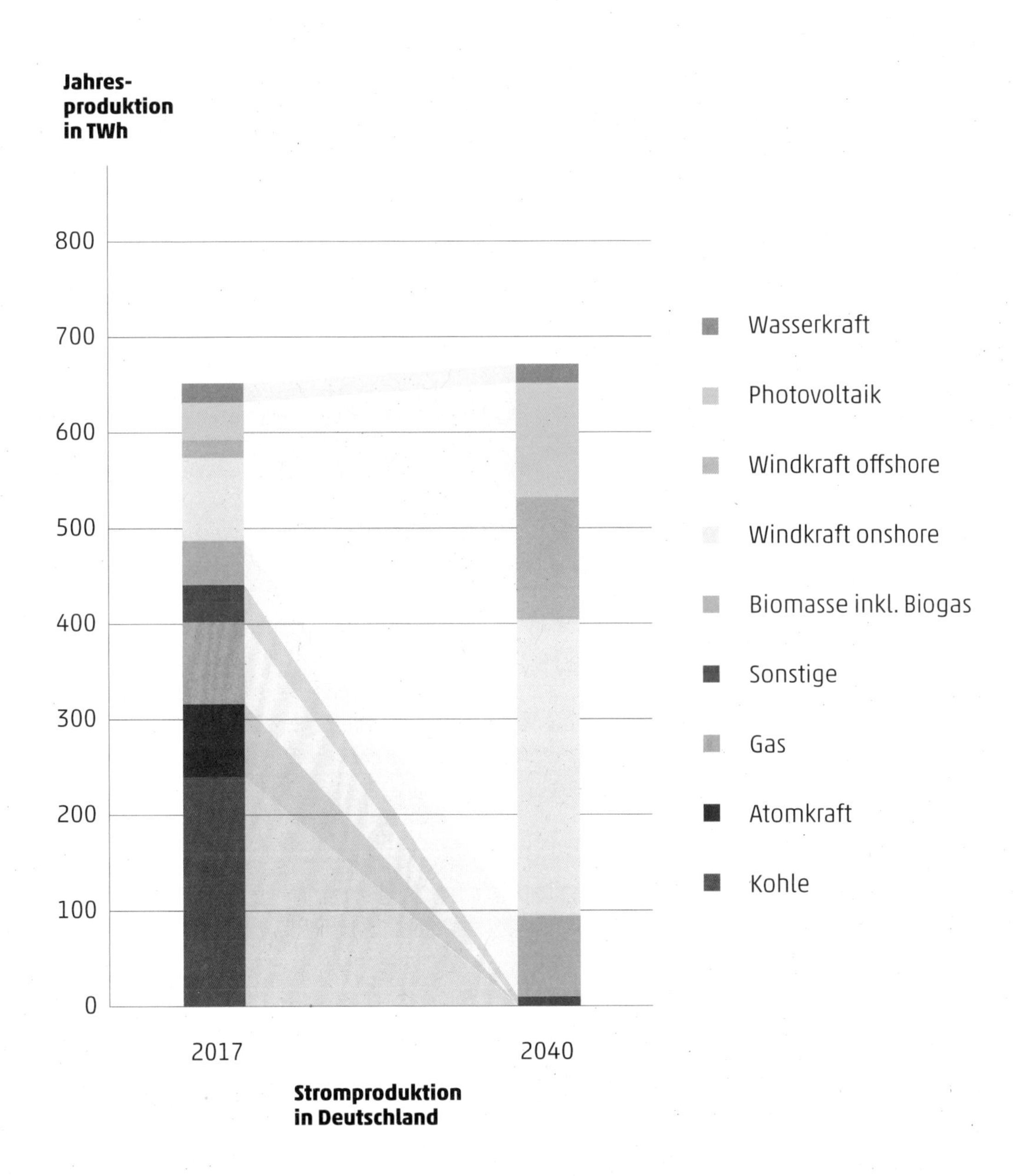

Stromproduktion
in Deutschland

Bemerkenswert: Wir brauchen insgesamt nicht wesentlich mehr Strom als heute, obwohl die Gebäudewärme und auch die Mobilität größtenteils elektrifiziert wurden. Öl, Kohle, Gas und Atomkraft gehören längst der Vergangenheit an. Dass der Strombedarf nicht wesentlich ansteigt, ist volkswirtschaftlich von großer Bedeutung: Das Stromnetz wird zwar an die geografischen Gegebenheiten – etwa der Windkraft – anzupassen und teilweise auch massiv auszubauen sein. Im Vergleich zu anderen Szenarien, die – ohne Anpassungen im Lebensstil und mit weniger Effizienzbemühungen – mindestens von einer Verdoppelung der produzierten Strommenge ausgehen, sind die Ausbauerfordernisse aber überschaubar. Das spart immense Kosten.

Elektrischer Strom wird der mit Abstand wichtigste Energieträger sein, aber doch nicht der einzige. Die Biomasse liefert als Multitalent auch eine beachtliche Menge an Wärme – in Deutschland könnten es etwa 120 TWh werden. Damit lässt sich jene Prozesswärme zu einem guten Teil abdecken, die mit Temperaturen unter 500 Grad arbeitet. Darüber hinaus können mit dieser Energie aber auch noch rund 20 Prozent der Gebäudewärme bereitgestellt werden. Im Waldland Österreich ist ein noch höherer Anteil denkbar. Wichtig: All diese Zahlen beschreiben das Potenzial aus nachhaltiger Forstwirtschaft und aus der Nutzung von Biogas (aus Deponien und Kläranlagen sowie Abfällen aus Landwirtschaft und Lebensmittelproduktion). Energiepflanzen der Agroindustrie finden in diesem Szenario keine Berücksichtigung.

Die Solarthermie kann letztlich ebenfalls verstärkt für Prozesswärme mit Temperaturen zwischen 50 und 100°C genutzt werden. Nicht im selben Ausmaß wie die Biomasse, doch ein Anteil von 15 bis 20 TWh ist immerhin machbar. Die Trocknung von Materialien und Lebensmitteln ist ein ebenso attraktives Anwendungsfeld wie Wasch- und Reinigungsprozesse in Tourismus und Industrie. Diese Art der erneuerbaren Energienutzung ist derzeit vielleicht am wenigsten verbreitet, weil die Wirtschaftlichkeit für die Betreiber noch nicht gegeben ist. Umso wichtiger sind Vorzeigeprojekte wie die 460 m² Solaranlage eines Vorarlberger Beschlägeherstellers, der ganzjährig Wärme für den Beschichtungsprozess aus der Anlage bezieht. Immerhin 15 Prozent der in diesem Werk benötigten Prozesswärme wird solarthermisch bereitgestellt.

Für Raumwärme und Warmwasser sind solarthermische Anwendungen etwas aus der Mode gekommen. Wann immer die Heizung strombasiert, also mithilfe einer Wärmepumpe erfolgt, ist die solarthermische Ergänzung sowohl ökonomisch als auch ökologisch meist wenig sinnvoll, weil die elektrische Energie bei solarer Einstrahlung im Überfluss zur Verfügung steht. Wird der Großteil der Wärme aber aus Biomasse-Nahwärmenetzen bezogen, leistet die sommerliche Gewinnung der Warmwasserenergie einen wertvollen Beitrag. In Deutschland wäre ein Ausbau von 8 auf 12 TWh sinnvoll.

Ganz zu Beginn meines Berufslebens, als ich nach Wegen suchte, das übernommene, elterliche Handwerksunternehmen in eine ökologische Richtung zu verändern, setzte ich mich mit Solarthermie auseinander. Als Lüftungstechniker war mein Medium die Luft, und ich stieß auf die Nische der Solarlufttechnik: Anstelle von Wasser wird im Sonnenkollektor Luft erwärmt. Diese Energie kann in Form von Warmluft für die Beheizung von Hallen verwendet werden, aber auch für die Vorwärmung von frischer Luft für Lüftungszwecke. Außerdem kann man – als Nebenprodukt – über einen Wärmetauscher auch Wasser solar erwärmen.
Eine solche Anlage hatte ich Anfang der 90er-Jahre für unsere eigene Werkstätte geplant und umgesetzt. An den Tag der Inbetriebnahme kann ich mich heute noch erinnern: der Sonne zugeschaut wie sie Energie liefert, Luft und Wasser erwärmt. Abends geduscht, mit dem Wissen, dass es sich um reine Sonnenwärme handelt. Nicht, dass es sich anders angefühlt hätte, trotzdem ist mir diese Dusche bis heute in freudvoller Erinnerung.

Es folgt ein Diagramm, das all diese Zahlen für Deutschland darzustellen versucht. Wo wird die Energie erzeugt, wie wird sie umgewandelt, welche Verluste fallen an und von welchen Verbrauchern wird die Energie genutzt. Die Darstellung ist als Ergebnis dieses einen konkreten Szenarios zu verstehen, aber auch als Diskussionsgrundlage, auf deren Basis kritisiert, korrigiert und weitergedacht werden kann. (Anmerkung: Die eventuelle Nutzbarkeit der Abwärme aus den Umwandlungen Strom-Wasserstoff und Wasserstoff-Strom wurde nicht berücksichtigt.)

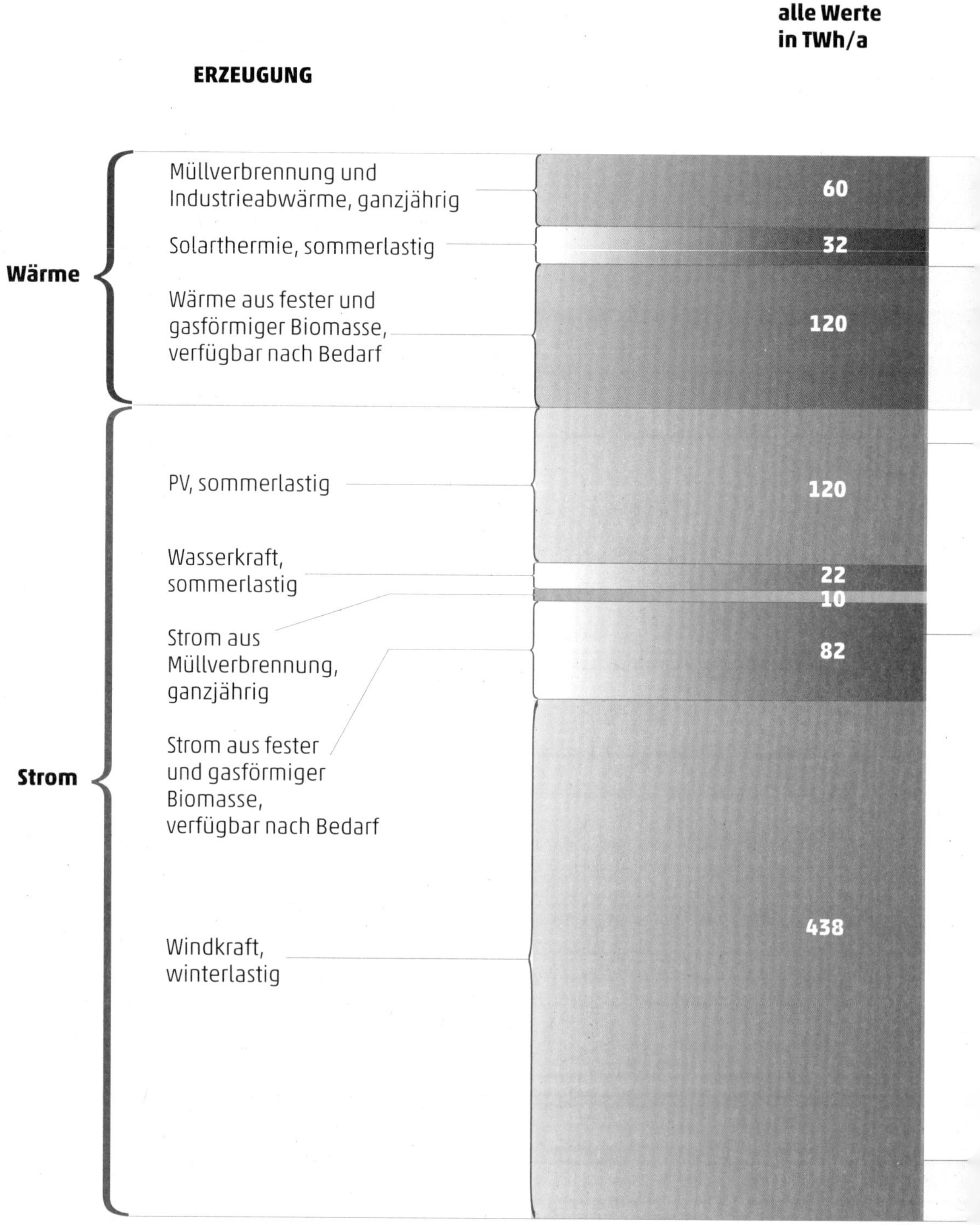

alle Werte in TWh/a

ERZEUGUNG

Wärme

	Quelle	TWh/a
Wärme	Müllverbrennung und Industrieabwärme, ganzjährig	60
Wärme	Solarthermie, sommerlastig	32
Wärme	Wärme aus fester und gasförmiger Biomasse, verfügbar nach Bedarf	120
Strom	PV, sommerlastig	120
Strom	Wasserkraft, sommerlastig	22
Strom	Strom aus Müllverbrennung, ganzjährig	10
Strom	Strom aus fester und gasförmiger Biomasse, verfügbar nach Bedarf	82
Strom	Windkraft, winterlastig	438

Strom

NUTZUNG

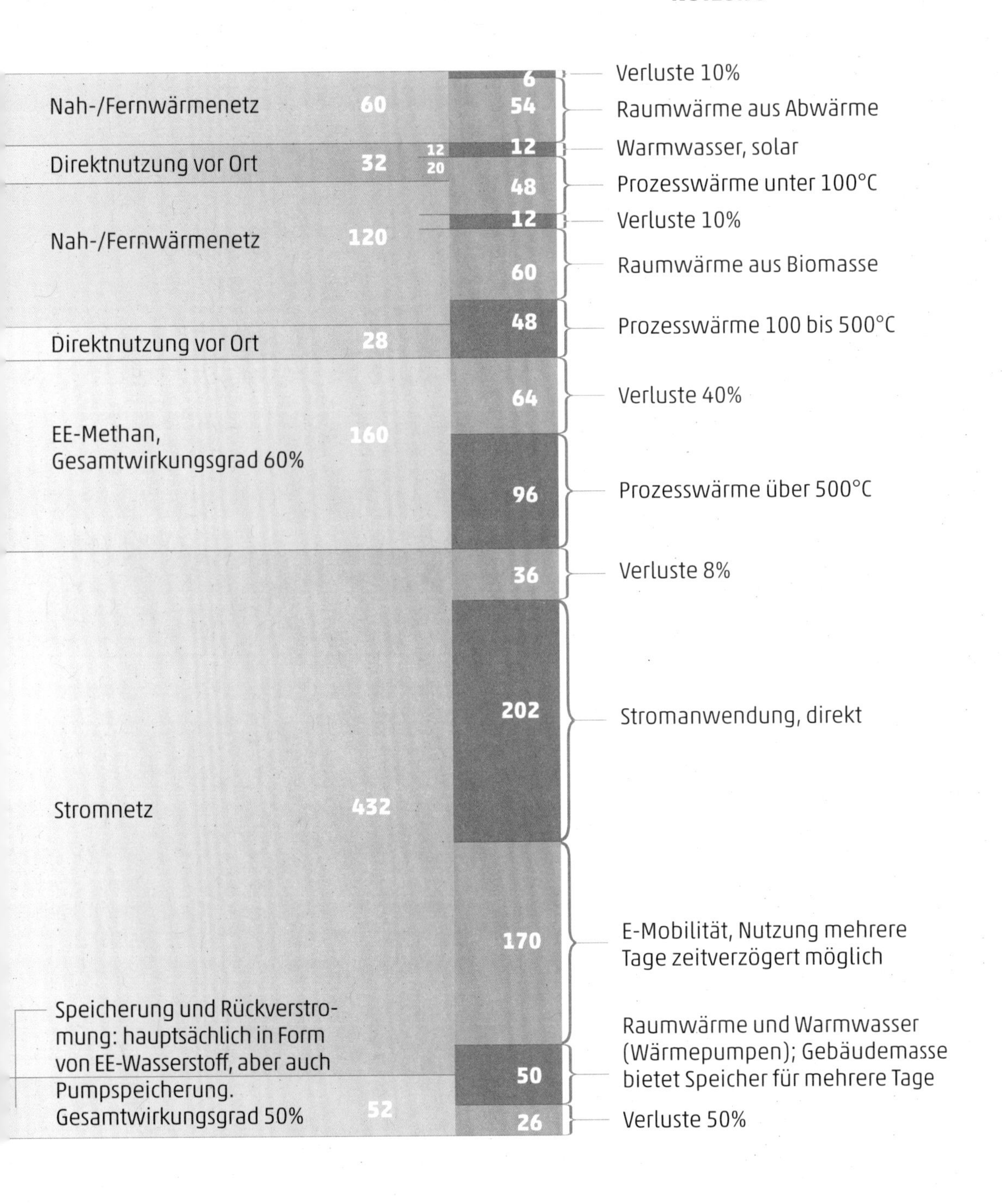

Nah-/Fernwärmenetz
60
6
54
Verluste 10%
Raumwärme aus Abwärme
Direktnutzung vor Ort
32
12
20
12
Warmwasser, solar
48
Prozesswärme unter 100°C
Nah-/Fernwärmenetz
120
12
Verluste 10%
60
Raumwärme aus Biomasse
Direktnutzung vor Ort
28
48
Prozesswärme 100 bis 500°C
EE-Methan,
Gesamtwirkungsgrad 60%
160
64
Verluste 40%
96
Prozesswärme über 500°C
36
Verluste 8%
Stromnetz
432
202
Stromanwendung, direkt
170
E-Mobilität, Nutzung mehrere Tage zeitverzögert möglich
Speicherung und Rückverstromung: hauptsächlich in Form von EE-Wasserstoff, aber auch Pumpspeicherung. Gesamtwirkungsgrad 50%
52
50
Raumwärme und Warmwasser (Wärmepumpen); Gebäudemasse bietet Speicher für mehrere Tage
26
Verluste 50%

Damit ist das Energiesystem der Zukunft im Wesentlichen beschrieben. Die fossilen Energieträger wurden ersetzt – mit einer Ausnahme: Im Flugverkehr wird nach wie vor Kerosin verwendet. Zwar deutlich weniger als heute – der Treibstoffbedarf kann in Deutschland von 100 auf 45 Milliarden Liter reduziert werden – aber eine Substitution durch Erneuerbare ist vorläufig nicht umsetzbar. Wie nachstehend sichtbar wird, kann das Ziel – die eine Tonne – trotzdem erreicht werden:

Bereich	Nach Abschnitt Effizienz (to/a)	Nach Umstellung auf Erneuerbare (to/a)
Ernährung	**0,45**	0,32
Privater Verkehr	**0,30**	0,04
Fahrzeugbesitz	**0,17**	0,02
Fliegen	**0,23**	0,22
Urlaub	**0,10**	0,01
Sport und Freizeit	**0,33**	0,03
Haustiere	**0,17**	0,13
Sonstiger Konsum	**0,57**	0,06
Haushaltsstrom	**0,20**	0,01
Bauen und Wohnen	**0,70**	0,05
Öffentlicher Bereich	**0,94**	0,11
Gesamt	**4,16**	1,00

Mithilfe der Erneuerbaren erreichen die meisten Bereiche ein sehr niedriges Niveau. Die größte Einzelposition – rund ein Drittel der gesamten Emission – stellt jetzt die Ernährung dar, weil Methan- und Lachgasemissionen durch den Einsatz erneuerbarer Energien nicht reduziert werden können. Aus diesem Grund liegt auch der Haustierbereich noch relativ hoch – die fleischlastige Ernährung von Hund und Katz. Das „fossile Fliegen" ist für ein Viertel der gesamten Emission verantwortlich.

Die nachfolgende Grafik zeigt die Beiträge der drei Strategien in jedem Lebensbereich.

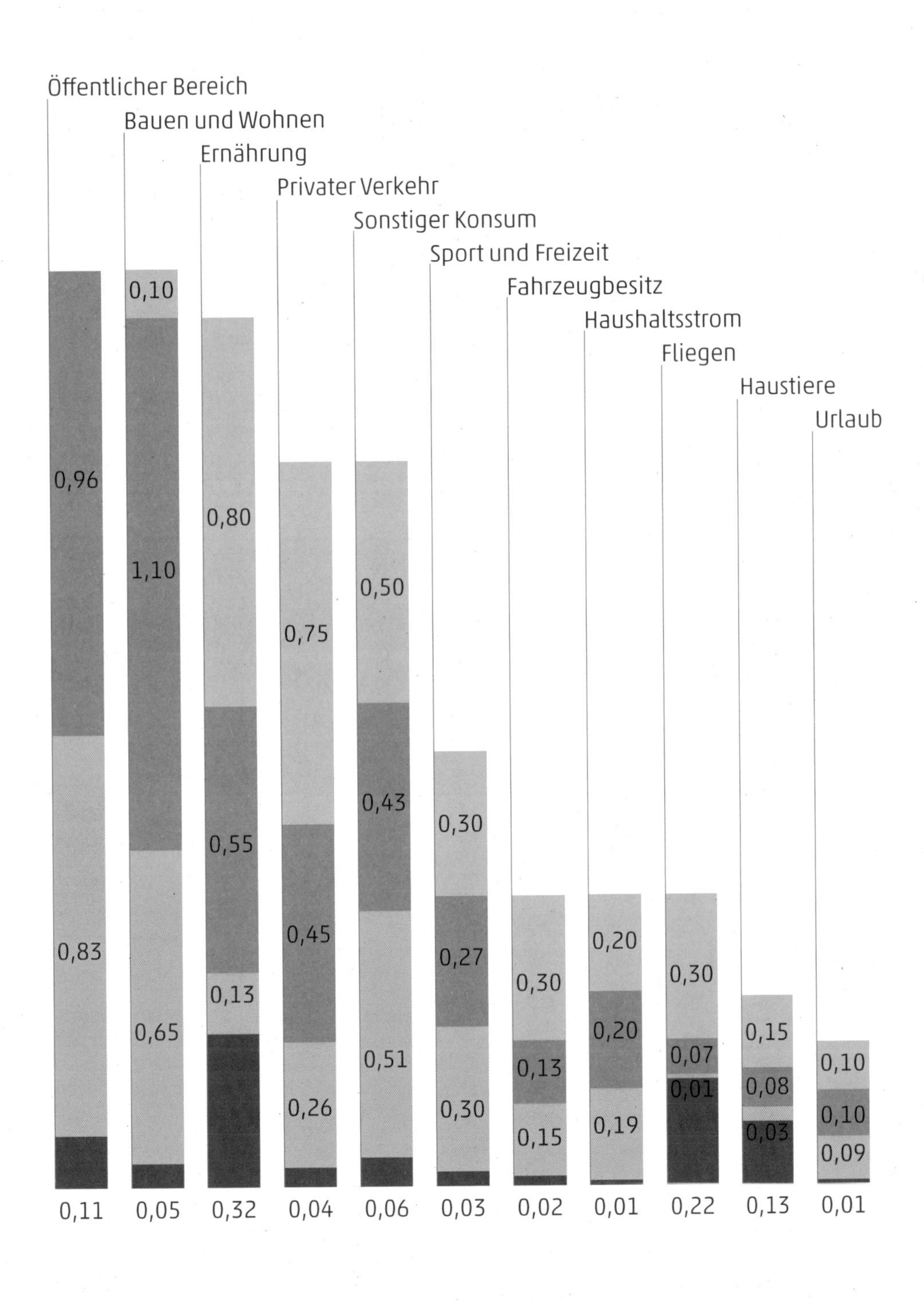

Öffentlicher Bereich
Bauen und Wohnen
Ernährung
Privater Verkehr
Sonstiger Konsum
Sport und Freizeit
Fahrzeugbesitz
Haushaltsstrom
Fliegen
Haustiere
Urlaub
0,96
0,83
0,11
0,10
1,10
0,65
0,05
0,80
0,55
0,13
0,32
0,75
0,45
0,26
0,04
0,50
0,43
0,51
0,06
0,30
0,27
0,30
0,03
0,30
0,13
0,15
0,02
0,20
0,20
0,19
0,01
0,30
0,07
0,01
0,22
0,15
0,08
0,03
0,13
0,10
0,10
0,09
0,01
Verbleibt
Erneuerbare
Effizienz
Lebensstil

Die fast vollständige Eliminierung der fossilen Energieträger lohnt sich auch monetär wie die nachfolgenden Zahlen für Deutschland zeigen. Erstens bleiben die Ausgaben von rund 80 Milliarden Euro im Land und sorgen für regionale Wertschöpfung. Zweitens werden die externen Kosten der Energiewirtschaft – etwa in Form von Umweltschäden und Gesundheitskosten - drastisch reduziert. Während für Atom- und Kohlestrom rund 10 Cent pro kWh, für Erdgas etwa 5 Cent genannt werden, ist die Windenergie um 0,3 Cent zu haben. Das spart in Summe weit mehr als 100 Milliarden Euro. Jährlich. Demgegenüber haben die „Technischen Akademien" Ende 2017 im Rahmen der Studie „Sektorkopplung" die Kosten für eine vergleichbare Umstellung ermittelt: Für den Aufbau eines Energiesystems, das die energiebedingten CO_2-Emissionen um 85 Prozent senkt, wurden jährliche Kosten von 60 Milliarden Euro ermittelt. Trotz diverser Unterschiede in den Annahmen taugt die Größenordnung auch für dieses Szenario. Neben der gewonnenen Wertschöpfung wäre somit noch ein zusätzlicher Kostennutzen von 40 Milliarden Euro gegeben.

Alternativen: jede Menge

Das skizzierte Szenario könnte aus heutiger Sicht eintreten, wird es aber mit größter Wahrscheinlichkeit nicht. Die Prognosen sind viel zu unsicher, zu vage die Annahmen. Einige der Kernthesen werden sich vielleicht bewahrheiten, manche der Herausforderungen werden vielleicht ganz anders gelöst werden. Es steht eine Reihe von alternativen Ansätzen zur Verfügung. Einige Beispiele aus sehr unterschiedlichen Bereichen:

Die kostengünstige Speicherung von Energie ist ein zentrales Thema und wird es auch bleiben. Neben den beschriebenen Möglichkeiten wird an einer Vielzahl von neuen Methoden geforscht. Eine davon sind sogenannte Kugelpumpspeicher: Vergleichbar mit Pumpspeicherkraftwerken werden hohle Kugeln aus Beton ins Meer gesetzt und gefüllt oder entleert. Anstelle des Höhenunterschiedes wird hier aber der Druckunterschied unter Wasser genutzt. Überschussleistung von Offshore-Windenergie kann genutzt werden, um das Wasser aus der Kugel zu pumpen, der Auftrieb lässt die Kugel aufsteigen. Bei ansteigendem Energiebedarf wird die Kugel geöffnet und das einströmende Wasser treibt einen Generator an. Die Kugel sinkt. Als Vorteil gilt, dass die Energie direkt bei der Erzeugung gespeichert werden kann und das Stromnetz – anders als bei Pumpspeicherkraftwerken – nicht belastet wird.

Die heute für die Erdgaslagerung verwendeten Kavernen könnten teilweise wie beschrieben für EE-Gas genutzt werden, teilweise aber auch als Kurzzeitenergiespeicher: Überschüssiger Strom wird verwendet, um Luft unterirdisch zu verdichten. Wenn die bei der Kompression freiwerdende Wärme gespeichert wird, kann sie bei der Rückverstromung genutzt werden, um die Luft bei der Expansion zu erwärmen. Die Umwandlung der gespeicherten Energie in elektrischen Strom erfolgt mithilfe einer Luftturbine. Aufgrund der Verluste des Wärmespeichers liegt die sinnvolle Dauer zwischen Ladung und Entladung bei maximal wenigen Tagen. Die Effizienz dieser Art von Speicherung ist derzeit mit einem Gesamtwirkungsgrad von unter 70 Prozent mäßig, die Voraussetzungen für wirtschaftlichen und sinnvollen Betrieb könnten in Zukunft dennoch gegeben sein.

Je wichtiger die Biomasse für die (Spitzen-)Stromversorgung wird, umso mehr ist die zeitliche Entkoppelung der Kraft-Wärme-Koppelung zu ermöglichen: Strom und Wärme werden nicht ausschließlich zeitgleich benötigt. Für den zeitlich verzögerten Bezug der Wärme kann zum einen wieder die Gebäudemasse dienen, zum anderen können Fernwärmespeicher zum Einsatz kommen: Ein solcher Speicher mit einem Volumen von 34.500 Kubikmetern wurde in Linz errichtet. Die Speicherkapazität zwischen minimaler (55°C) und maximaler Ladung (97°C) beträgt 1.700.000 Kilowattstunden – damit kann in einer durchschnittlichen Winterwoche der Heizenergiebedarf von 30.000 bis 40.000 Wohneinheiten im zukünftigen Energiestandard abgedeckt werden.

Innerhalb der erneuerbaren Energieträger kann es zu relevanten Verschiebungen kommen. Mehr Wind offshore, weniger Photovoltaik, neue Formen der erneuerbaren Energien – da ist vieles möglich.

Vielleicht kann ein nennenswerter Teil der Kerosinemission eliminiert werden, indem zunächst Kurzstrecken-, später auch Mittelstreckenflüge elektrisch angetrieben werden. Die Energie könnte in Form von Wasserstoff, der zuvor mithilfe von erneuerbaren Energien erzeugt wurde, gespeichert werden. Das würde erlauben, Erdgas für die hohen Temperaturen der Prozesswärme zu verwenden und zumindest teilweise auf die aufwändige Methanisierung zu verzichten.

Für einen Teil des Ferngüterverkehrs kann Biogas eingesetzt werden. Die eingesetzte Energie würde zwar bei der Stromerzeugung fehlen, dafür entfiele der Bedarf an elektrischer Energie für diesen Bereich.

Seit einiger Zeit wird an der Herstellung von flüssigem und gasförmigem Treibstoff auf Basis von gezüchteten Algen geforscht. Die CO_2-Neutralität ist zwar gegeben, sowohl die schlechte Wirtschaftlichkeit als auch der hohe Flächenverbrauch für Aquakulturen und Algenreaktoren sprechen derzeit aber gegen eine relevante Bedeutung im zukünftigen Energieszenario.

Dass Kohlenstoff in Form von Biokohle gebunden und einer interessanten Nutzung zugeführt werden kann, wurde bereits beschrieben. Unter dem Begriff „Carbon Capture and Storage“ (CCS) wird eine andere, technische Möglichkeit der Kohlenstoffbindung verstanden. Bereits heute werden Verfahren angewandt, um etwa die direkte Emission eines Kohlekraftwerks zu reduzieren. Das ist technisch möglich, recht aufwändig und nur mäßig wirkungsvoll: Der Emissionsreduktion von rund zwei Dritteln steht ein nicht zu vernachlässigender Mehrverbrauch für Abscheidung und Verdichtung des Kohlendioxids gegenüber. Dadurch ist ein CCS-Kohlekraftwerk ökologisch heute in keiner Weise mit erneuerbaren Energien konkurrenzfähig. Die CO_2-Abscheidung ist aber auch unabhängig von Kraftwerken denkbar. Ein Schweizer Unternehmen entwickelte eine Technologie zur Filterung von CO_2 aus der Luft. Der gesättigte Filter wird bei etwa 100°C regeneriert und das abgeschiedene Kohlendioxid kann in konzentrierter Form verwendet oder deponiert werden. In Island wird die unterirdische Mineralisierung im Rahmen eines Forschungsprojektes untersucht. Heute sprechen der hohe Wasserverbrauch und die hohen Kosten gegen eine breite Durchsetzung. Welche Rolle solche Technologien in Zukunft spielen, wird sich weisen.

Die Energiewende wird im Idealfall zwei Jahrzehnte in Anspruch nehmen. Die Richtung ist heute vorzugeben, eine Reihe von Weichen ist zu stellen. Viele Entscheidungen müssen aber erst im Lauf der Zeit gefällt werden – auf Basis der dann vorhandenen Erkenntnisse.

Zusammenfassung

Die vielen Zahlen der letzten Kapitel waren für die Konzeption des Systems erforderlich – nur mit entsprechender Quantifizierung ist es möglich, ein plausibles Konstrukt aufzubauen. Als Ergebnis haben die Zahlen aber nur geringe Bedeutung. Sie sollen weder als Ziel- noch als Kontrollgröße gelten, sie können allenfalls Richtungen vorgeben. Viel wichtiger sind die Erkenntnisse der Zahlenspiele, das Aufspüren der kritischen Pfade, das Erkennen limitierender Größen.

Die Sektorkopplung, also die Verwendung von elektrischer Energie für Bereiche, die bisher nicht strombasiert versorgt werden, ist zentraler Bestandteil des neuen Energiesystems. Energie aus Treib- und Brennstoffen werden durch Erneuerbare ersetzt, die Anwendungen werden sich dementsprechend ändern. Für die Raumwärme gilt aber eine wesentliche Einschränkung: Zum einen führt die Effizienzerhöhung in der Industrie zu einem nennenswerten Abwärmepotenzial, das für die Beheizung von Gebäuden genutzt werden kann. Zum anderen ist das vorhandene Biomassepotenzial nur zum Teil in der Lage, Energie für Prozesswärme zu liefern. Das restliche Potenzial soll ebenfalls für die Raumwärme genutzt werden. Nicht zuletzt deshalb, weil die elektrische Energie aus Biomasse im 100-Prozent-Erneuerbar-Szenario eine essentielle Bedeutung hat und die Abwärme der KWK natürlich genutzt werden soll. Die Raumwärme ist vorwiegend, aber nicht ausschließlich strombasiert bereitzustellen. Überall, wo bereits Fern- oder Nahwärmenetze bestehen, ist die Nutzung von Abwärme oder die Aufstellung von Holzgaskraftwerken zu prüfen. Umgekehrt macht die Errichtung von Holzgaskraftwerken an Orten Sinn, wo ein Nahwärmenetz wirtschaftlich errichtet und betrieben werden kann. Dabei ist aber immer zu bedenken, dass sich der Wärmebedarf des Gebäudebestands aufgrund der thermischen Sanierungsmaßnahmen sukzessive verringern wird.

Die Sektorkopplung führt zu einem weiteren zentralen Baustein: Wärmepumpenbeheizte Gebäude und Elektrofahrzeuge bieten in Summe ein riesiges Speicherpotenzial. Die intelligente Gestaltung des Lademanagements reduziert den Bedarf an technisch aufwändigen Speichern auf ein Minimum. Für die verbleibende Aufgabe eignet sich Wasserstoff aus heutiger Sicht am besten; den Technologien dieser Prozesskette steht eine interessante Entwicklung bevor.

Für hohe Temperaturen in der Prozesswärme wird Gas benötigt. Da für die Speicherung und Verteilung bereits eine Infrastruktur zur Verfügung steht, können Überschüsse in der Produktion von erneuerbarer Energie, die ohnehin nicht vermeidbar sind, genutzt werden, um Wasserstoff und in weiterer Folge Methan zu erzeugen.

Letztlich sind die Grenzen der Erneuerbaren zu beachten. Auch wenn es schwierig ist, diese Grenzen zu quantifizieren: Die Menge des heute produzierten Stroms dürfte gut erneuerbar zu gewinnen sein, auch eine geringfügige Steigerung scheint möglich. Eine Verdoppelung oder gar Verdreifachung würde die Grenzen des Machbaren aber sicher überschreiten.

Noch eine Art Conclusio

Durch die Kombination dieser drei Strategien ist es also zu schaffen: Die Emission von einer Tonne CO_2 pro Person und Jahr ist erreichbar. Stellt sich noch die Frage: Nur so? Wie sehen die anderen Szenarien aus, wenn nicht alle drei Strategien kombiniert werden? Die Kombinationen der Reihe nach:

Am einfachsten ist das Szenario „nur Lebensstil" – das wurde im ersten Abschnitt ermittelt, das Ergebnis waren 8,5 Tonnen pro Jahr. Diese Strategie erfordert schon einiges an gesellschaftlicher Veränderung, das Ergebnis ist aber vollkommen unzureichend. Auch wenn alle Potenziale ausgeschöpft werden, eine Emission von weniger als 5 Tonnen pro Jahr wäre unrealistisch.

Wird nur die Effizienzstrategie verfolgt, sind rund 6 Tonnen pro Jahr möglich – viel zu viel.

Lautet die Strategie „nur Erneuerbare", so ist schon ein respektables Ergebnis von etwa 2,6 Tonnen pro Jahr möglich. Warum nicht noch weniger? Weil die landwirtschaftlichen Emissionen Methan und Lachgas nicht reduziert und für den Flugverkehr keine erneuerbaren Energieträger eingesetzt werden konnten. Der eigentliche Pferdefuß bei dieser Strategie: der Ausbau der erneuerbaren Energien müsste auf das dreifache Niveau des „3-Strategien-Szenarios" erfolgen. Anstelle von knapp 700 TWh müssten in Deutschland mehr als 2000 TWh erneuerbar gewonnen werden. Das ist weder technologisch noch logistisch, noch ökonomisch in 20 bis 30 Jahren denkbar.

Die Kombination „Lebensstil und Effizienz" findet sich am Ende des zweiten Abschnitts. Das Ergebnis: gut 4 Tonnen pro Jahr – zu viel.

Die Kombination „Lebensstil und Erneuerbare" liefert mit 1,6 Tonnen pro Jahr ein recht gutes Ergebnis, jedoch müsste der Ausbau der Erneuerbaren mit etwa 1500 TWh erneuerbare Energiegewinnung mehr als doppelt so groß ausfallen. Windkraftwerke und Photovoltaikanlage müssten zu einer Leistung von etwa 1000 Gigawatt ausgebaut werden. Die bereits zitierte Studie der technischen Akademien sieht aufgrund der begrenzt verfügbaren Fläche eine Obergrenze von etwa 500 Gigawatt.

Letztlich ist noch die Kombination „Effizienz und Erneuerbare" möglich: Erreichbar sind 1,9 Tonnen pro Jahr (wieder mit Methan und Lachgas aus der Landwirtschaft als begrenzende Größen). Die Erneuerbaren müssten fast 1000 TWh liefern, die Leistung auf über 600 GW ausgebaut werden, was wieder an der Flächenverfügbarkeit scheitert. Wenn der Lebensstil außer Acht gelassen wird, besteht außerdem die Gefahr, dass Rebound-Effekte auftreten und die Bemühungen im Bereich der Effizienz und der Erneuerbaren verpuffen: Je weniger Energie verbraucht wird, umso mehr kann man sich leisten. Die theoretisch ermittelten 1,9 Tonnen pro Jahr würden deshalb gar nicht erreicht werden. Abgesehen davon ist der Wert ohnehin deutlich zu hoch, um die globale Erwärmung zu stoppen. Eine rein technische Ansonsten-nur-so-weiter-Strategie ist vor allem aus diesem Grund zum Scheitern verurteilt.

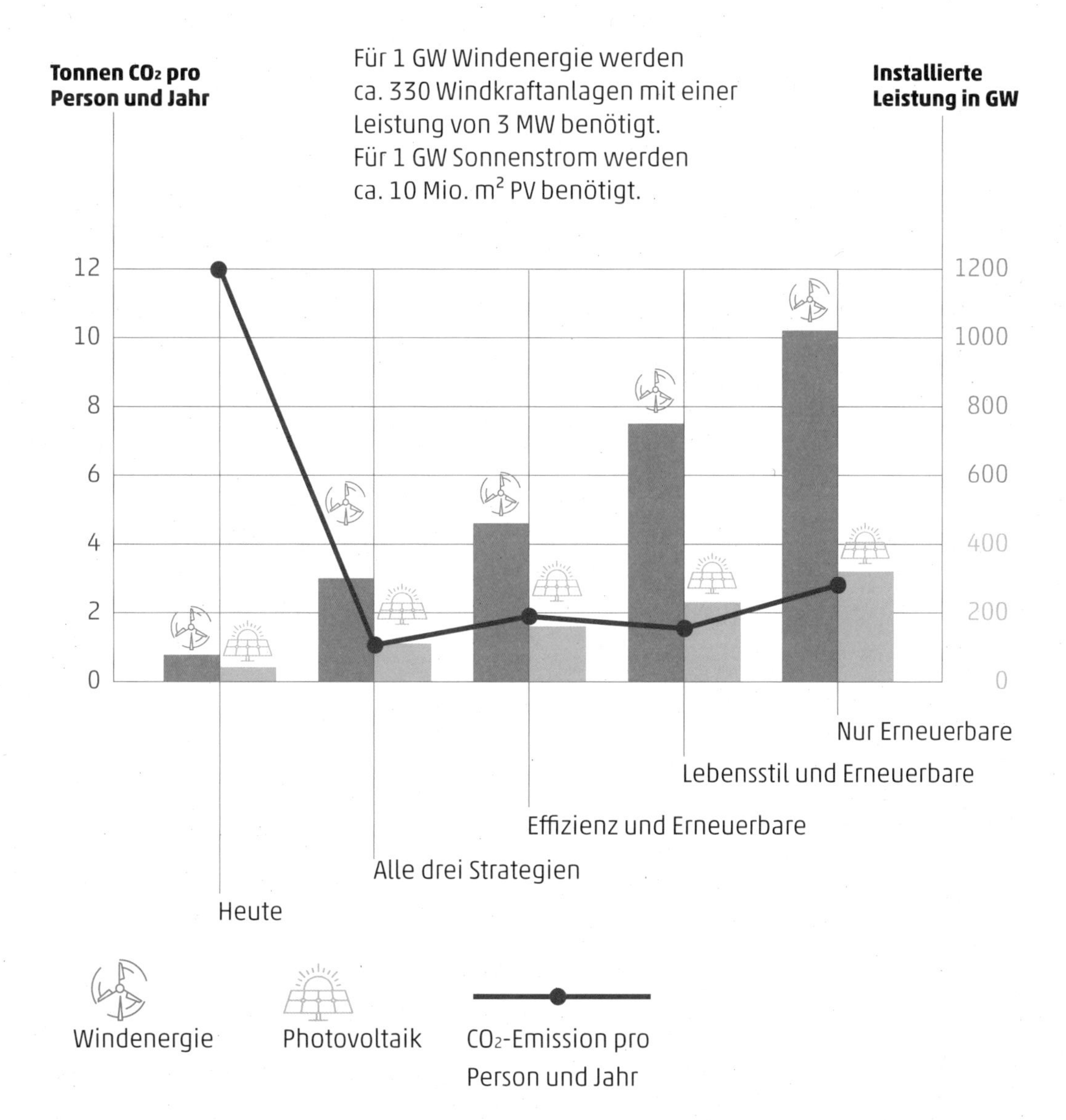

Am Ende dieses Abschnitts komme ich noch einmal zum Anfang meines Berufslebens zurück. Die Solarlufttechnik hatte ich als mein Thema identifiziert und scheute weder Kosten noch Mühen, die Technologie zu bewerben. Ich beauftragte einen guten Freund mit der Gestaltung einer Informationsmappe, die alle Möglichkeiten und Vorzüge dieser Technik transportieren sollte. Er schlug damals vor, sowohl Grafiken als auch Texte professionell gestalten zu lassen.
Für den Text vermittelte er mir Wolfgang Mörth. Die Informationsmappe wurde wunderschön, nicht zuletzt mit ihrer Hilfe konnte ich damals eine Reihe von Umweltpreisen gewinnen.
Diesen Wolfgang Mörth, der heute hauptsächlich als Schriftsteller und Herausgeber tätig ist, kontaktierte ich nun 25 Jahre später mit der Anfrage für eine utopische Episode zu meinem Buch. Ich freue mich, dass ich sein Interesse wecken und ihn für die Idee begeistern konnte.
So darf ich Sie nun auf eine Reise ins Jahr 2044 einladen. Sie werden eine verrückte Geschichte erleben. So unmöglich, dass sie schon wieder realistisch wird, so gut konstruiert, dass sie vom Leben geschrieben sein könnte.
Entscheiden Sie selbst, was Bedrohung und was Chance ist, was Fiktion und was reale Aussicht ...

IV. DD-Day

Im April 2018, also vor mehr als fünfundzwanzig Jahren, erschien Christof Drexels Buch *Zwei Grad. Eine Tonne.* Es handelte sich um eine sorgfältig recherchierte und überzeugend argumentierte Analyse darüber, wie das bei der Pariser Klimakonferenz 2015 formulierte Ziel, die Erwärmung der Erdatmosphäre auf insgesamt zwei Grad Celsius zu begrenzen, tatsächlich erreicht werden könnte. Und zwar mit Hilfe der damals verfügbaren Technologie und unter Berücksichtigung bereits existierender, alternativer wirtschafts- und gesellschaftspolitischer Modelle. Allerdings mit dem Haken, dass jeder Mensch nur mehr Emissionen von maximal einer Tonne COZwei pro Jahr erzeugen durfte und nicht mehr zwölf, wie das im Jahr 2018 noch der Fall war.

Als Überraschung für die Leser war zwischen dem technischen Teil und jenem Abschnitt, in dem es um gesellschaftlich relevante Themen geht, eine Erzählung von Wolfgang Mörth mit dem Titel *DD-Day* eingeschoben. Die Rahmenhandlung dieser Erzählung spielte im Jahr 2043/44, also heute, und zwar vor dem Hintergrund einer Welt, in der die von Christof Drexel gemachten Vorschläge bereits umgesetzt waren.

Über den Autor Wolfgang Mörth ist zu sagen, dass er damals eher für seine Theaterstücke bekannt war, aber auch schon die eine oder andere Science-Fiction-Geschichte geschrieben hatte. Vor allem aber ist es sinnvoll zu erwähnen, dass ich sein Neffe bin, und dass ich, als seine Erzählung *DD-Day* erschienen ist, gerade einmal neunzehn Jahre alt war und leider keine Ahnung von deren Existenz hatte.

Weil mein Onkel in Vorarlberg lebte und ich als Kind seiner Schwester in Wien aufwuchs, war mein Kontakt zu ihm nie besonders intensiv gewesen. Dass sein Einfluss auf mein Leben trotzdem groß war, wurde mir erst bewusst, als ich selbst mit dem Schreiben begonnen hatte. Die Wahrscheinlichkeit, einen solchen Beruf zu ergreifen, wäre sicher deutlich geringer ausgefallen, hätte es nicht in meiner Verwandtschaft jemanden gegeben, der zumindest den Eindruck erweckte, als könnte er von dieser Tätigkeit leben. Über das Schreiben kamen wir uns dann auch näher. Das begann etwa zehn Jahre nach der Veröffentlichung der oben genannten Erzählung, die ich zu diesem Zeitpunkt immer noch nicht kannte. Eigentlich eine Schande, mein Onkel ging bereits auf die siebzig zu, und ich wusste über seine Arbeit praktisch nichts. Das hat sich mittlerweile geändert. Heute treffen wir uns regelmäßig, stellen uns als Erstleser für die Texte des jeweils anderen zur Verfügung und tauschen uns über unsere aktuellen Projekte aus.

Als ich ihn, seine Frau Ella und seine Tochter Anna im letzten Sommer in Vorarlberg besuchte, brachte ich ihn wieder einmal auf den neuesten Stand, was meine Aktivitäten anging und erzählte ihm bei der Gelegenheit von den Vorbereitungen zur Enthüllung unseres Delta-Displays in Wien. Er wurde hellhörig und fragte: „Hast du Delta-Display gesagt, Peter?" „Ja, es ist ein Display, das die Veränderung der Atmosphärentemperatur anzeigt", erklärte ich ihm. „Und zwar live. Steigt nach der Inbetriebnahme eine grüne Holo-Null auf, bedeutet das, die Erwärmung stagniert. Was so viel heißt wie: Wir haben es geschafft." Ich beobachtete seine Reaktion, war mir aber nicht sicher, ob er mich verstanden hatte. „Der Wert ist absolut verlässlich, weil er aus den Messungen von hunderten Millionen Sensoren errechnet wird, die um den ganzen Planeten verteilt sind. Die meisten von ihnen tragen wir selber mit uns herum. In deinem Smarti ist mit Sicherheit auch einer." Er rutschte unruhig auf seinem Stuhl hin und her. Ich dachte mir nichts dabei, denn was technische Erläuterungen anging, hatte er immer schon wenig Geduld gezeigt. Mit über achtzig Jahren war er eben nicht mehr besonders offen für Errungenschaften wie diese. Inzwischen wusste er zwar, dass seine persönliche COZwei-Bilanz jederzeit abrufbar war, auch dass er nur sein Smarti an ein Produkt halten musste, um dessen Emissions-Koeffizienten zu erfahren, aber es hatte lange gebraucht, ihm das beizubringen. Erst als ich ihn auf die Möglichkeit aufmerksam machte nachzuprüfen, ob die Serie, in der diese unglaublich gut gemachte Avatarin von Marylin Monroe die Hauptrolle spielte, COZwei-neutral produziert worden war oder nicht, machte es klick bei ihm. Ihn von der Anschaffung einer smarten Brille zu überzeugen, ist mir allerdings nicht gelungen. Obwohl ich mich bemüht habe. „Es ist nicht mehr so wie früher", argumentierte ich mit Engelszungen. „Die Wirklichkeit ist von den Augmented-Reality-Ebenen inzwischen derart perfekt überlagert, dass einem nicht mehr schwindlig wird. Es gibt erstaunlich gut gemachte Apps mittlerweile. Du gehst durch einen Park und er sieht aus, wie von Monet gemalt. Das ist fantastisch. Oder du lässt dir diverse Informationen reinspielen. Über das Wetter, über die Architektur, über das Kulturprogramm. Oder wie du auf dem kürzesten Weg irgendwohin kommst. Auch die Infofelder über den Köpfen von Passanten sind praktisch. Name, momentane Tätigkeit und Tipps, die sie dir vielleicht geben wollen. Und wenn du das alles nicht willst, nimmst du die Brille einfach ab und gibst dich mit der Wirklichkeit zufrieden wie sie ist. Keine überflüssigen Informationen, keine ästhetischen Bearbeitungen und vor allem keine Werbung. Alles ist nur noch in der AR zu sehen, und dort auch nur die Angebote, die du haben möchtest. Werbung zur Serie mit der Monroe zum Beispiel. Das könnte doch was für dich sein, oder? Du deaktivierst den Monroe-Blocker und schon spaziert sie um die Ecke und lächelt dir zu." Diese Aussicht brachte ihn zwar kurz zum Nachdenken, aber es war ihm dennoch anzumerken, dass er sich von mir nicht weiter missionieren lassen wollte.

Auch während meiner Erklärungen zum Delta-Display schien es, als hätte er langsam genug. Es klang genervt, als er fragte, wann denn die Enthüllung des Displays stattfinden werde. „Am 6. Juni 2044, im Rahmen der hundertjährigen Gedenkfeiern zur Landung der Alliierten in der Normandie. Wir nennen es in unseren Ankündigungen allerdings nicht D-Day, sondern DD-Day." Er sagte nichts. „Findest du, das klingt albern?" Er stand auf und verschwand im Nebenraum, wo sich seine Bibliothek befand. „Das ist die Abkürzung von Delta-Display-Day", rief ich ihm nach. „D-Day, die Befreiung Europas von den Nazis..." Ich hörte ihn drüben herumkramen. „Und DD-Day, die Befreiung des Planeten von den überflüssigen COZwei-Emissionen. Macht das für dich keinen Sinn?" Er kam mit dem Buch *Zwei Grad. Eine Tonne.* zurück aus der Bibliothek, gab es mir und bat mich, es auf Seite 130 aufzuschlagen. In diesem Moment wurde ich zum ersten Mal mit seiner Erzählung konfrontiert. Ich ging mit dem Buch in mein Gästezimmer, las DD-Day und kam aus dem Staunen nicht mehr heraus. Die Übereinstimmung zwischen der Fiktion, die mein Onkel im Jahr 2018 entwickelt hatte, und den fünfundzwanzig Jahre später vorliegenden Fakten war verblüffend. Auch die massenhafte Verbreitung der smarten Brille war darin Realität geworden. Die Vorwegnahme unseres DD-Days allerdings, und zwar fast genau in der Form, in der wir ihn jetzt planten, samt Holo-Display und grüner Null, hatte etwas Gespenstisches. Hätte ich nicht gewusst, dass ich das alles eingefädelt hatte, ich hätte geglaubt, die Idee wäre aus diesem Buch geklaut. So war ich in einem ersten Reflex eher versucht, das Ganze für einen Trick zu halten.

Nach dem Essen, es gab ein Ratatouille, natürlich ausschließlich mit Gemüse aus Annas Permakultur Anbau, fragte ich Tante Ella, warum er ihrer Meinung nach nie jemanden auf diese Geschichte aufmerksam gemacht hatte, er musste doch bemerkt haben, dass seine Vorhersagen nach und nach Realität geworden waren. Aber sie zuckte nur mit den Schultern und sagte: „Er wollte die fertigen, irgendwo abgedruckten Texte immer schnell vergessen, weil er sonst schwer in die nächste Arbeit hineinfand."

Was die Erzählung *DD-Day* angeht, kommt er der Erinnerung nun nicht mehr aus. Ich habe dafür gesorgt, dass der Text im letzten halben Jahr über die unterschiedlichsten Kanäle publiziert wurde. Das hat einen ziemlichen Hype um seine Person ausgelöst. Manche haben ihn als einen modernen Propheten bezeichnet und nicht wenige erwarten sich, dass die Rede, die er anlässlich der Enthüllung des Delta-Displays halten wird, ein paar spektakuläre Vorhersagen für den Rest des Jahrhunderts enthalten wird. Was ich eher bezweifle. Ich weiß schließlich, wie sehr er es hasst, in diese esoterische Ecke gedrängt zu werden. Ich weiß auch, wie ungern er bei unserer Veranstaltung am 6. Juni auftritt. „Das mache ich nur dir zuliebe", sagte er. „Aber erwarte dir nicht zu viel. Ich bin alles andere als ein Prophet."

Wie auch immer, mein Onkel gehörte damals zu den Wenigen, die überhaupt mit dem Gedanken spielten, das Zwei-Grad-Ziel könnte tatsächlich gehalten werden. Selbst die Experten, die das Ziel definiert hatten, glaubten nicht mehr daran, und die politischen Entscheidungsträger sowieso nicht. Die „Klima-Euphorie", die Ende der 1990er-Jahre noch geherrscht hatte, war sozusagen abgekühlt und von den Vertretern der internationalen Staatengemeinschaft waren Ende der 2010er-Jahre diesbezüglich nur mehr Lippenbekenntnisse zu hören. Der politische Alltag wurde von anderen Dingen beherrscht. Man beschäftigte sich mit den eigenen, kleinlichen, nationalen Belangen, und das Wohl des Planeten war, als ein schwer vermittelbares Abstraktum, aus praktisch allen Parteiprogrammen verschwunden. Die Welt befand sich, wie die Älteren unter Ihnen sicher noch wissen, nicht gerade in einer Phase der Vernunft. Religiöse Fundamentalisten und Vertreter anderer magischer Welterklärungsmodelle dominierten fast überall den Diskurs. Auch in der sogenannten Ersten Welt glaubten achtzig Prozent der Menschen wieder an die Existenz von Geistern und Dämonen. Kein Wunder also, dass damals in vielen gesellschaftlichen Bereichen irrationale bis idiotische Argumente an Gewicht gewannen. Vor allem bei den Regierenden. Einer der diesbezüglichen Höhepunkte, auch das wissen die meisten von Ihnen entweder aus eigener Erfahrung oder aus dem Schulunterricht, war die Zeit, als ein Kind im Weißen Haus saß, das nicht bereit war, seine Grenzen zu akzeptieren und das mit seinem absurden Verhalten der militärisch-petrochemischen Industrie zu einer neuen Blüte verhalf. Parallel dazu verabschiedete sich Großbritannien aus der EU, ein paar Jahre später Italien, dann Griechenland, es war ein Fiasko. Die Welt befand sich in einem permanenten Angriffs- und Verteidigungsmodus, war aufgeteilt in Heere von Linken und Rechten, von Gläubigen und Ungläubigen, von Tätern und Opfern, wobei oft gar nicht klar war, wer genau zu welcher Gruppe gehörte. Überall wurde neu definiert, was dir und was mir gehört, was als fremd und was als heimisch zu gelten hat, und zwischen diesen Fronten wurden innere und äußere Grenzen hochgezogen. Nur das Kapital durfte damals noch ungehindert rund um den Globus zirkulieren, mit all den daraus resultierenden wirtschaftlichen und politischen Blasen und Krisen, die im Abstand von jeweils ein paar Jahren platzten oder eskalierten. Die Dotcom-Blase, die Immobilienkrise, die Bankenkrise, die Eurokrise, die Flüchtlingskrise, die Kryptoblase, die Erbschaftsblase, die Big-Data-Krise, die KI-Krise, um nur die prominentesten zu nennen, die zwischen den Jahren 2000 und 2021 das Gefüge für alle spürbar ins Wanken brachten. Die Sonderrechte, die dem Kapital und ihren Profiteuren eingeräumt wurden, sind zum Glück Geschichte.

Ein Haupteffekt der Fehlentwicklungen bestand darin, dass es fast überall auf der Welt diese charismatischen, korrupten, üblen Populisten an die Macht spülte. Man möge mir meine Emotionalität verzeihen, aber als diese Ereignisse stattfanden, war ich gerade in meinen Zwanzigern und mein Leben war von permanenter moralischer Entrüstung darüber geprägt, dass jene, die die Zerstörung verursachten nicht zur Rechenschaft gezogen wurden und jene, die sie politisch legitimierten, sich auf die Zustimmung des Wahlvolks verlassen konnten. Verursacher und Ignoranten schwelgten in ihrer Unantastbarkeit und teilten kaltschnäuzig den Reichtum der Welt untereinander auf. „In allen Belangen öffnen sich die Scheren", schrieb mein Onkel in *DD-Day*. „Reich und arm, gesund und krank, mächtig und ohnmächtig. Hungersnöte, Seuchen und Naturkatastrophen grassieren, die Tier- und Pflanzenarten verabschieden sich ins Nichts, im Meer treiben Kontinente von Müll, und was tun wir? Wir züchten Vorurteile, kultivieren Feindschaften und bringen zum Schutz unserer Illusionen die ABC-Waffenarsenale auf den neusten Stand." Das klingt drastisch, ich weiß, aber diese Deutlichkeit war wohl notwendig, um daran zu erinnern, dass die Hauptverantwortlichen für den Zustand, in dem sich die Welt befand, inzwischen klar benennbar waren. Dass aber auch jeder von uns seinen kleinen Anteil dazu beigetragen hatte.

Aber wie lautet der Kalenderspruch: *Es muss zuerst schlimmer werden, bevor es besser werden kann.* In diesem Sinne sagte mein Onkel in der Folge jenen Höhepunkt des politischen Machtrausches voraus, der besonders meiner Generation, ich möchte nicht gerade sagen den heilsamen, aber doch den entscheidenden Schock versetzte. Alle wissen, was ich meine, nämlich den bombastischen Nationalen Weltkongress, den die neuen politischen Machthaber, finanziert von den alten industriellen Komplexen, im Jahr 2022 abhielten.

In der Geschichte meines Onkels sind die Ereignisse rund um diesen Kongress mit sehr viel Leidenschaft ausgeführt. Dass sich die Populisten der Welt ab nun „Vereinigte Autoritäre Demokraten" nannten, beschreibt er als „oxymoroneske Dreistigkeit" und die dann folgende Politik als eine „fundamentale Verletzung der demokratischen Grundwerte." Dennoch zog er letztlich ein überraschend gelassenes Fazit. All diese Handlungen, behauptete er, seien nur Zeichen des Hochmuts, der direkt vor dem Fall komme. Danach würde unweigerlich ein politischer, wirtschaftlicher und kultureller Transformationsprozess beginnen, in dessen Verlauf sich die Dinge quasi automatisch zum Besseren wenden würden. „Die Gier derjenigen, für die Wirtschaft eine Art Risikosportart unter Einsatz hoher Geldsummen darstellt, lässt sich nicht mehr weiter steigern", schreibt er. „Die Großkonzerne brechen unter ihrem vertikal aufgeschichteten Gewicht zusammen. Auch die Dummheit, Fantasielosigkeit und Korrumpierbarkeit der neuen Politdilettanten stößt an natürliche Grenzen. Plötzlich – ja, der Wandel geht sehr schnell vor sich – erwacht in den Menschen, den Bürgern, den Wählern, den *New Participants* oder wie immer man sie nennen möchte, ein Bewusstsein, das sie sich selbst nicht mehr zugetraut hätten. Vor allem nicht in dieser weltumspannenden Gemeinsamkeit. Gemeinsam sind sie es plötzlich Leid, von den Volksvertretern und -vertröstern für dumm verkauft zu werden. Gemeinsam melden sie sich zu Wort, drängen auf nachhaltige Entscheidungen, und was am schmerzhaftesten ist für das wohleingerichtete System des Wachstums und des Gewinnstrebens – sie weigern sich, weiterhin willfährige Konsumenten zu bleiben."

Zusammengefasst heißt das: Mein Onkel war überzeugt davon, dass wir die Welt nur retten würden, wenn dem notwendigen technologischen und wirtschaftlichen Wandel eine politische Revolution vorausging. Das eine war für ihn ohne das andere nicht zu haben, zumindest nicht im nötigen Tempo. Und da er vor einem Computer saß und im Begriff war, eine Utopie zu formulieren, dachte er sich einfach eine revolutionäre Bewegung aus, die in der Lage sein würde, den Wandel zu beschleunigen. Folgerichtig setzte sich in seinem Szenario innerhalb kürzester Zeit eine Haltung durch, die er in einer altmodischen Diktion Zivilcourage nannte, und zwar, weil sie sich nicht in anonymen Schimpf- und Hasstiraden im Netz erschöpfte, sondern weil sie sich offen, persönlich und im Klartext zeigte. Und in dieser Atmosphäre des Muts zur gemeinsamen Offenheit gediehen auch die Gefühle für Gerechtigkeit, für Gleichheit, für Freiheit und damit für gesellschaftspolitische Strukturen, die im Dienst der Verwirklichung von Wohl und Würde aller Menschen und nicht nur einiger weniger standen.

Sie wissen, dass er nichts anderes vorausgesagt hat, als die weltweiten Revolten des Jahres 2022. Er lag nicht nur mit diesem Zeitpunkt richtig, sondern auch mit seiner Prognose, dass sich ein Teil der Protestenergie zunächst auf der Straße entladen würde, dass diese Unruhen aber nach ein paar Tagen schon wieder abebben würden. Und wo in diesem Zusammenhang meine Verblüffung beim Lesen am größten war, er ahnte auch, dass die Gewalt nur deshalb von so kurzer Dauer sein würde, weil in einer global koordinierten Aktion Organisationen das Kommando übernehmen würden, in denen fast ausschließlich Frauen aktiv waren. Für die neue Wirtschaft war das der *CommonWelfare*, für die demokratiepolitische Erneuerung die *New Participants* und für einen neuen Umgang mit unseren Mitbewohnern auf diesem Planeten *voicesofgaya, jene Bewegungen also, die aus dem heutigen politischen Spektrum nicht mehr wegzudenken sind. Zumindest zu Beginn handelte es sich dabei in der Mehrzahl um Frauen unter dreißig, also um Mitglieder jener Generation, die unter dem Eindruck von #metoo aufgewachsen waren und deshalb erfahren hatten, welche Bewusstseins- und Verhaltensänderungen innerhalb kürzester Zeit zu erreichen waren. Und zwar auf nachdrückliche aber friedliche Weise. Hunderte Millionen von jungen Frauen begehrten rund um den Globus gegen die Autoritären auf, und sie taten es mit gleichermaßen intelligenten wie subversiven Mitteln. Am durchschlagendsten, niemanden wunderte es, war die Aktion #lysistrata, die mein Onkel ebenfalls voraussagte, und deren Verlauf er mit spürbarem Genuss beschrieb. So wie die Frauen von Athen und Sparta in der Komödie *Lysistrata* beschlossen hatten, ihren Männern solange den Beischlaf zu verweigern, bis sie Frieden schließen würden, so drohten nun die Frauen jenen Männern, die nicht aufhören wollten, in den Kategorien von Krieg, Feindschaft und Konkurrenz zu denken, sei es in den Regierungszentralen, den Chefetagen der Großkonzerne oder am Ego-Shooter, mit #nosex.

Die Reaktionen waren fulminant. Innerhalb kürzester Zeit erklärten sich mehr als eine Milliarde Frauen weltweit mit #lysistrata und #nosex solidarisch. Darunter mehr und mehr Partnerinnen der einschlägig bekannten Polit- und Wirtschaftsprominenz. Und was im antiken

Drama zum Frieden führte, funktionierte auch in der Realität des 21. Jahrhunderts. Bei den Politikern trat die Wirkung sehr schnell ein, in den Vorstandsetagen jener Großkonzerne, die am offensichtlichsten vom Raubbau an den Ressourcen und von der Zerstörung der Ökosysteme profitierten, dauerte es etwas länger. Einer der spektakulärsten Momente war eine #lysistrata-Pressekonferenz, bei der sich sowohl die Ehefrau als auch die Geliebte des Aufsichtsratsvorsitzenden einer der weltgrößten Banken der Aktion anschlossen. Auch die Köpfe der Nahrungs- und Verbrauchsgütergiganten, der Agrarindustrie und natürlich der großen Rüstungskonzerne blieben nicht verschont. Sie brachten ihre Anwälte in Stellung, aber auch das waren für gewöhnlich Männer. Sie versuchten sich hinter den Frauen zu verstecken, die sich damals in Führungspositionen befanden. Die verweigerten ihnen aber auf Druck der Bewegung den Rückhalt, wobei dieser Aspekt der Geschichte noch nicht restlos aufgearbeitet ist. Die Serie der peinlichen Offenbarungen dauerte etwa ein Jahr lang, dann waren die schlimmsten Ignoranten verschwunden und die anderen hatten begonnen, ihr Denken und Handeln öffentlich zu hinterfragen.

Doch das alles waren nur Vorbereitungen auf die viel wichtigeren Ereignisse, die nun folgen sollten. Den Aktivistinnen war klar: Das politische Vakuum, das durch die Entmachtung der „Autoritären Demokraten“ entstanden war, durfte auf keinen Fall von den traditionellen politischen Parteien gefüllt werden, die sich über Jahrzehnte hinweg an den Fehlentwicklungen mitschuldig gemacht hatten. Es war die Zeit der neuen Bewegungen gekommen, die neue inhaltliche Schwerpunkte setzten, die sie mit neuen demokratiepolitischen Methoden realisierten.

Wie konnte dieses Wunder geschehen? Mein Onkel zitierte in diesem Zusammenhang mit spürbarem Genuss Milton Friedman, einen der Hardliner der amerikanischen Wirtschaftswissenschaften des 20. Jahrhunderts, mit den Worten: „Wenn es zu Krisen kommt, hängt das weitere Vorgehen von den Ideen ab, die gerade im Umlauf sind.“ Natürlich zweifelte Friedman, solange er lebte, nie daran, dass sich nach jeder Krise seine Grundideen, nämlich Liberalisierung, Deregulierung und Privatisierung durchsetzen würden, dafür hatte er in ein paar Fällen höchstpersönlich gesorgt. Doch die neuen politischen Kräfte hatten von den alten Kriegsgewinnlern gelernt und wussten inzwischen, dass es nicht nur um die Ideen selbst ging, sondern auch darum, wer in der Lage sein würde, sie schnell genug im sich neu formierenden System zu implementieren. Das Wunder ereignete sich also deshalb, weil „die Guten“ in dieser entscheidenden Phase nicht nur die Besseren waren, sondern auch die Schnelleren. Und mit dem *CommonWelfare*-Modell stand ihnen ein alternatives Wirtschaftsmodell zur Verfügung, das auf den Werten Menschenwürde, Solidarität, Verteilungsgerechtigkeit, demokratische Partizipation sowie ökologische Nachhaltigkeit fußte und das in seiner wissenschaftlich gut begründeten Form mehr als zwanzig Jahre Zeit gehabt hatte, sich in diversen Nischen zu bewähren. Ausgehend von den DACH-Staaten hatte es sich, gegen alle Widerstände, in Europa, Kanada, Australien, Mittel- und Südamerika, in großen Teilen Asiens und an der West- und Ostküste der USA ausgebreitet. Im Jahr 2025 bilanzierten bereits mehr als hundertfünfzigtausend teils namhafte Unternehmen auf der Basis des *CommonWelfare*-Standards.

Die Ideen für den dafür nötigen Wandel der politischen Institutionen kamen vor allem von den *New Participants*. Dass im österreichischen Parlament heute neben den gewählten Vertretern auch solche sitzen, die in diese Funktion, so wie Schöffen für eine Gerichtsverhandlung, gelost wurden, ist hauptsächlich der Initiative dieser Gruppe zu verdanken. Sie war ursprünglich in Island beheimatet, wo im Jahr 2008 bereits ein ähnlicher Prozess eingeleitet worden war, leider ohne langfristigen Erfolg.

Was heute als ein Segen für die Weiterentwicklung des Parlamentarismus anerkannt ist, war im Vorfeld der ersten Auslosung natürlich umstritten. Nach und nach jedoch wurde spürbar, wie der Umstand, dass im Grunde jeder demnächst in der Pflicht stehen könnte, an wichtigen Gesetzesentwürfen mitzuarbeiten oder sogar über Verfassungsanpassungen zu diskutieren, die allgemeine Qualität des politischen Denkens und Handelns auf eine gänzlich neue Ebene hob. Es kehrte eine seltsame Ruhe ein im Land, Ergebnis einer freudigen Anspannung, wen es wohl treffen würde, aber auch Zeichen der Hoffnung, dass sich das System unter dem Einfluss der Gelosten endlich von Grund auf ändern würde.

Im Jahr 2027 fiel eines der fünfundzwanzig Lose auf mich. Hier nur soviel: Ich hatte das Glück, dabei zu sein, als es zur wichtigen Änderung weg von der Besteuerung der Arbeit, hin zur Ressourcenbesteuerung kam. Unsere Gruppe, die bei weitem nicht immer homogene Ansichten vertrat, war sich auch über die Notwendigkeit einig, die reguläre Arbeitszeit schrittweise auf zwanzig Stunden zu reduzieren. Die entsprechenden Machbarkeitsstudien lagen schon lange vor, man musste es nur wagen. Am intensivsten kämpfte ich persönlich für einen Beschluss, der zum Auslaufen der Förderungen für landwirtschaftliche Großbetriebe auf

EU-Ebene führte, insbesondere für die fleischerzeugende Industrie. Ein Prozess, der auf der emotionalen Ebene entscheidend unterstützt wurde von *voicesofgaya. Eine eigens entwickelte KI auf der Basis neuronaler Netze, verlieh den nach wie vor in ihren Ställen eingepferchten Nutztieren eine erschütternde eigene Stimme. Als die KI zum ersten Mal die in menschliche Sprache übersetzten Gefühle von Schweinen ins Netz hoch lud, denen ihre Artgenossen die Schwänze und Ohren abgebissen hatten, von Rindern, die mit gebrochenen Beinen tagelang in Transportfahrzeugen dahinvegetierten und von Hühnern, denen man gentechnisch die Federn weggezüchtet hatte, war das Schicksal dieser Branche endgültig besiegelt. Manche behaupten zwar, der Hauptgrund für den Stopp der Förderungen und den Einbruch des Umsatzes von industriell hergestellten Fleischwaren, sei die Infektion von ein paar tausend Menschen mit hochresistenten Keimen aus der Massentierhaltung gewesen. Aber letztlich spielt es keine Rolle warum, Hauptsache es ist passiert.

Mein Onkel sah den Zusammenbruch der Agrarindustrie voraus, aber das habe ich mit neunzehn auch schon getan, oder ich habe es mir zumindest gewünscht. Die größere Leistung war es, die Geschwindigkeit und Reibungslosigkeit zu prognostizieren, mit der dieser Übergang vom alten zum neuen Wirtschaften, von der Dominanz der multinationalen Konzerne hin zur Entfaltung von Millionen mittlerer, kleiner bis ganz kleiner Betriebe vor sich gehen würde. Mein Onkel schrieb, es würde sieben Jahre dauern. In Wahrheit ging es wesentlich schneller, eine Tatsache, die heute als eine der größten Überraschungen der Wirtschaftsgeschichte gilt. Das kleinteilige, regional beziehungsweise lokal verwurzelte System war in der Lage, die neu formulierten Bedürfnisse der Menschen besser zu befriedigen als das alte, hochgradig arbeitsteilige globale System. Und es reagierte, wie erwartet, flexibler und robuster auf konjunkturelle Schwankungen beziehungsweise verhinderte, dass es zu solchen Schwankungen überhaupt kam. Die Theorie gab es schon lange, in Nischen waren die verschiedenen Ausformungen dieser Wirtschaftsphilosophie schon erfolgreich verwirklicht worden. Jetzt, nachdem der Widerstand der Großindustrie gebrochen war, nutzte sie ihren Freiraum und breitete sich auf der ganzen Welt aus.

Während meiner Zeit als Geloster im Parlament, habe ich natürlich auch erkannt, dass Ehrgeiz und Lust am Wettbewerb nie aussterben werden. Und sei es nur unter dem Vorwand des Sportsgeists. Wobei diese Charaktereigenschaften im Sport durchaus angebracht sind, denn dort gehören sie hin, dort erfüllen sie eine Funktion. Es gibt auch den Wettbewerb der Ideen und den Ehrgeiz, der Erste zu sein, dem etwas einfällt. In der Wirtschaft und in der Politik allerdings, das war in all der Zeit mein absoluter Leitgedanke, in Bereichen, in denen es um ein gutes und würdiges Leben für alle geht, haben diese Einstellungen nichts verloren. Eine Tatsache, die im Jahr 2018 für viele noch geklungen haben dürfte wie ein Witz, wie der Versuch, das Selbstverständliche zu leugnen, obwohl es auch damals im Grunde alle schon wissen mussten, denn egal, wohin man schaute, das Scheitern der alten Methoden war evident. Aber das ist oft so, man weiß bereits, dass etwas schief läuft, hat nach einer schmerzhaften Phase des Zweifels und des inneren Widerstands sogar erkannt, dass sich dringend etwas ändern sollte, doch man ist noch nicht bereit zu handeln. Es braucht Zeit, den richtigen Meinungen auch die richtigen Taten folgen zu lassen. Heute, im Jahr 2044, wissen bis auf ein paar ganz hartnäckige Verweigerer eigentlich alle, dass gesundes Wirtschaften heißt, gelungene Beziehungen einzugehen, und dass das Gelingen einer Beziehung mit Empathie, Toleranz, Kooperationsbereitschaft und Verantwortungsgefühl zu tun hat. „Nur ein paar Wirtschaftswissenschaftler behaupteten, dass Wettbewerb die beste Methode sei, um erfolgreich zu sein", schrieb mein Onkel, „und dass permanentes Wachstum und finanzieller Gewinn die einzig gültigen Beweise dafür sind, es geschafft zu haben."

Bei meinem Besuch fragte ich Tante Ella, ob sie sich an die Zeit erinnern könne, als ihr Mann an *DD-Day* geschrieben habe. Sie dachte kurz nach und lächelte dann verlegen in sich hinein. „Das war ein Jahr vor Annas Geburt", sagte sie. „Wir hatten uns entschieden, spät aber doch ein Kind in die Welt zu setzen. Sein Interesse am Zustand des Planeten war vorher auch schon ziemlich ausgeprägt gewesen, aber in dieser Zeit ist es intensiver geworden. Er hat jetzt alles durch die Brille des künftigen Vaters gesehen. Seine Tochter sollte in eine gesunde, vernünftige Welt hineingeboren werden." Ich fragte, warum schon ein Jahr vor der Geburt klar gewesen sei, dass es eine Tochter sein würde. „Er hat sich das einfach in den Kopf gesetzt", sagte sie. „Und in so einem Fall sorgt das Universum für die richtige Entscheidung. Mir war es recht, Hauptsache gesund."

Das erklärte natürlich vieles. Der Respekt und die Liebe, die mein Onkel für seine Frau und für seine zukünftige Tochter empfand, waren sicher mit ein Grund für seine Idee des friedlichen und von Klugheit geprägten Widerstandsgeist der neuen Frauenbewegung, die er erfunden hatte, und inzwischen würde ich gern behaupten, die dadurch Realität geworden war. Genauso verhielt es sich auch mit dem Garten, den er für seine Tochter Anna imaginiert hatte. Er wurde wahr. Ich kenne beides, den erfundenen und den echten Garten, die vorgestellte und die reale Anna. Da gibt es natürlich Unterschiede, die mit der Abstraktion des literarischen Textes und der Konkretheit meiner eigenen Erfahrung zusammenhängen, aber im Wesen sind sich die beiden sehr ähnlich.

Mein Onkel und Tante Ella leben mit Anna und ihrem Partner Karl in zwei unmittelbar nebeneinanderliegenden Häusern am Stadtrand von Bregenz, gleich unterhalb der Landesbibliothek. Karl macht Reparatur, Wartung, Renovierung und Optimierung von praktisch allem, was irgendwie funktionieren sollte: Küchengeräte, Fahrzeuge, Häuser. Das kleine Haus, in dem er mit Anna lebt, hat er, trotz der hohen Anforderungen an Wärmedämmung und Energieautonomie, weitgehend selbst geplant und gebaut. Er ist ein genialer handwerklicher Universalist. Als ich an diesem Vormittag auftauche, ist gerade eine Schülergruppe bei ihm, der er zeigt, wie man einen E-Roller repariert, der aussieht, als wäre er mindestens zwanzig Jahre alt. Karl recycelt nichts, bevor er es nicht zwei- oder dreimal vergeblich auseinandergenommen und wieder zusammengebaut hat. Über die Geräte, die ich mit mir herumtrage, mein Smarti und meine Brille zum Beispiel, schüttelt er jedes Mal den Kopf, weil er eine Lebensdauer von sieben, höchstens acht Jahren für eine Frechheit hält.

Annas Waldgarten beginnt gleich hinterm Haus, erstreckt sich etwa fünfzig Meter in der Ebene und dann noch einmal so weit über den Hang hinauf. Sie umarmt mich lange. Anschließend machen wir, wie bei jedem meiner Besuche, sofort einen Rundgang durch ihre so bezaubernd kultivierte Landschaft aus Hecken, Stauden, Beerensträuchern, Obst- und Nadelbäumen, Beeten und Feuchtbiotopen. Ein paar hundert Quadratmeter, mehr nicht. Heute führt sie mich gleich zu den zwei Zeilen Weinreben hinauf, die heuer zum ersten Mal Früchte tragen. Ich habe leider vergessen, um welche Rebsorte es sich handelt, auf jeden Fall ist es eine, die vor der Erwärmung hier sicher nicht ausgereift wäre. Im Schatten des Weinlaubs stehen die Tomaten und darunter das Basilikum. Ich denke, jetzt fehlen nur noch die Nudeln.

Bei den Beeten hockt ein anderer Teil der Schulklasse auf dem Boden und klaubt unter Ekelgeräuschen Schnecken in einen Eimer. „Karotten, Rettich, Kohlsprossen“, sagt Anna. „Die vertragen sich prächtig. Vor allem, wenn man den Samen nicht in Reihen sät, sondern ihn einfach breitwürfig verteilt." Bei einem Apfelbaum, dessen Früchte schon fast reif sind, erklärt sie mir, was die Kapuzinerkresse für die Wurzeln des Baums, die Wurzeln des Baums für die Lockerheit des Bodens und der lockere Boden für das Gedeihen des Knoblauchs tun kann. Und vor allem, was sie alle zusammen für uns tun können. Sie ist spürbar im Lehrerinnen-Modus, aber ich lasse es mir gern gefallen. Ich gehöre ja zur letzten Generation derer, die in der Schule noch nicht in diesen praktischen, landwirtschaftlichen Techniken unterrichtet worden sind, und kann deshalb Nachhilfe über Bodenqualität, Biodiversität und Permakultur jederzeit vertragen. Zumal mein Interesse an der Landwirtschaft immer eher ein theoretisches war. Anna lachte mich einmal aus, als ich dozierte, Landwirtschaft zu betreiben sei ein politscher Akt zur Aufrechterhaltung des Sinns für Gleichheit, Gerechtigkeit und Souveränität. Ich meinte damit Ernährungssouveränität, weil ich die von der Agrarindustrie des 20. Jahrhunderts erfundenen Methoden für eines der größten Verbrechen der Menschheitsgeschichte hielt. Ich wurde immer wütend, wenn ich mir vorstellte, wie sich die Bosse des militärisch-petrochemischen Komplexes damals in den 1950er-Jahren zusammengesetzt hatten, um sich zu überlegen, was sie mit den aus dem Zweiten Weltkrieg übriggebliebenen Bestandteilen chemischer Massenvernichtungswaffen anfangen könnten. Die Lager quollen über vor Millionen Tonnen teurem Zeug. Und sie fanden (oder erfanden) einen neuen Feind, den sie damit eliminieren konnten, nämlich den Pflanzenschädling. Sie kreierten ein Sortiment an Herbiziden, Fungiziden und Pestiziden, redeten den Regierungen und der Bevölkerung ein, dass nur mit Hilfe ihrer Palette an chemischen Vertilgungs- und Düngemitteln die Sicherheit der Welternährung gewährleistet werden könne und machten die Bauern von den neuen Agrarkampfstoffen abhängig. Dasselbe passierte mit der zur Traktorenerzeugung umfunktionierten Panzerindustrie. Die sogenannte moderne, industrielle Landwirtschaft war nichts anderes als die Fortführung der Kriegswirtschaft, nur mit der Aussicht auf astronomische Profite; genannt „Die Grüne Revolution". Bis in die Zwanzigerjahre dieses Jahrhunderts taten die Agrarkonzerne nichts anderes, als Milliarden von Hektar gutes Ackerland mit ihren Produkten und Methoden systematisch zu zerstören und den Bauern anschließend Produkte und Methoden zu verkaufen, mit denen sie gegen diese Zerstörung ankämpfen konnten. Auf diese Art annektierten sie einen riesigen Teil der weltweiten Ackerflächen und installierten darauf Monokulturen, auf denen Pflanzen wuchsen, die man je nach Marktlage entweder zu Ethanol, zu

Zusatzstoffen der Kosmetikindustrie oder zu Viehfutter verarbeitete. Hin und wieder auch zu Lebensmitteln, die derart chemisch belastet waren, dass man sie besser nicht aß.

Wie gesagt, Anna fand meine politisch motivierten Vorträge eher lustig. Sie war überzeugt davon, dass auch die letzten Reste der alten Industrie in den nächsten Jahren verschwinden würden, weil die Menschheit inzwischen eingesehen hatte, was sie unserem Planeten schuldig war. Einen Planeten, den Anna übrigens, wie die meisten Menschen mittlerweile, Gaya nannte, weil sie nicht mehr das Bild einer Kugel aus Gestein und Metall vor Augen hatte, die in einem kalten, seelenlosen Weltraum dahintrieb, sondern ein komplexes Lebewesen mit eigenem Bewusstsein, das in symbiotischer Beziehung mit Trilliarden anderen Lebewesen, darunter wir Menschen, existierte und mit der Sonne in einer energetischen Verbindung stand. In dieser Hinsicht war Anna ganz Tochter ihre Mutter, meiner Tante Ella, über deren Heilkunst und Spiritualität es sich lohnen würde, eine eigene Geschichte zu schreiben. Während ich mit meinen politischen Ausbrüchen eher die Tradition meines Onkels weiter führte. Anna und Ella behaupteten einmal, wir würden zum Teil wortgleich und mit denselben ausladenden Gesten argumentieren. Und ich antwortete, es könnte ja sein, dass ich nur die Figur in einer seiner Geschichten bin.

Anna pflückt einen Apfel vom Baum, gibt ihn mir und sagt: „Ich hab's zwar nicht so mit Äpfeln, aber ich staune, wie sie sich darum bemühen, mich von sich zu überzeugen. Letzthin habe ich Saft gepresst und ihn in der Sonne stehen lassen. Er hat sich in Most verwandelt, den ich auch ignoriert habe. Dann hat er es als Essig probiert, und ich Banause nehme auch den Essig nicht. Aber er gibt einfach nicht auf und macht mir schließlich das Angebot, ihn als Reiniger zu verwenden. Das habe ich dann getan, obwohl ich auch den Geruch des Apfelreinigers nicht wirklich mag." Sie ist eine große Naturphilosophin, und das mit fünfundzwanzig. Als zwei Kühe ihres Nachbarn durch den Garten streunen, sagt sie: „Wir haben lange nicht erkannt, dass Kühe ein Gruppenbewusstsein haben, und dass sich dieses Bewusstsein gern mit uns verbindet." Ob man diese Kühe schlachten wird, frage ich. „Irgendwann vielleicht, aber solange sie leben, gehören sie zu den Gärten hier. Die Viehhaltung war immer ein wichtiger Teil einer ganzheitlichen Landwirtschaft, das sollten wir nicht leichtfertig ignorieren. Wir dürfen die Tiere nur nie wieder zu Tausenden in Ställe pferchen und sie systematisch töten und verwerten. Nicht die Kühe, nicht die Schweine, nicht die Hühner. Das war ein großer Irrtum. Auch Schweine und Hühner möchten mit uns zusammenleben. Sie unterscheiden sich in diesem Bedürfnis nicht von Hunden und Katzen."

Neben ihrer Arbeit im Waldgarten, zu der auch der Schulunterricht gehört, ist sie noch fünfzehn Stunden als Bibliothekarin tätig und verdient dort ein angemessenes Gehalt. Den halben Hektar Land betreibt sie „marktbefreit", also ohne Geld verdienen zu wollen, und versorgt mit ihrer Ernte Bekannte, Freunde und Verwandte. Auch ich komme immer mit frischem Gemüse oder Eingelegtem nach Wien zurück. Wenn ich ihre Mitgift dann aufgebraucht habe, fange ich leider wieder an, Superfood zu kaufen. Im chinesischen Gemüsehaus zum Beispiel. Es steht gleich um die Ecke, die Ware ist garantiert frisch, und ich habe halt ein Faible für die wissenschaftliche Akribie der Asiaten. Ihre Anbau- und Vermarktungsmethoden, die eigentlich für Metropolen wie Hongkong, Shanghai oder Peking entwickelt worden sind, haben sich mittlerweile auch bei uns verbreitet. Das Gemüsehaus arbeitet auf der Basis einer rein hydroponischen Kultur, die vor allem auf Effizienz beim Wasserverbrauch ausgelegt ist. Da hängen die Wurzeln in einer perfekt abgestimmten und mehrmals im System zirkulierenden Nährlösung. Zwischen die Pflanzenreihen gespannte Lichtfasern steuern mit ihren unterschiedlich einstellbaren Farbwerten den Zuckergehalt beziehungsweise den Geschmack des Gemüses. Angebaut wird auf fünf Oberetagen, verkauft wird im Erdgeschoss. Kein Transport, keine Emission, chinesisches Knowhow. Mich fasziniert das. Ich habe auch schon von den seltsamen Delikatessen probiert, die sie in einer verschwiegenen Ecke des Verkaufsraums ausstellen. Ein Proteinaufstrich aus Zuchtinsekten, oder Kunstfleisch aus Rinderstammzellen, gar nicht teuer und ethisch völlig unbedenklich, glaube ich.

Aber wenn ich mit Anna durch ihren Waldgarten gehe und sie mir von Zwischenfruchtbau und Bodenpflege und von Masanobu Fukuokas „Landwirtschaft des Nichtstuns" erzählt und von altem, vor dem Aussterben gerade noch gerettetem Saatgut, das sie verwende, dann habe ich natürlich ein schlechtes Gewissen deswegen. Woher sie das alles wisse, frage ich sie, und sie sagt, sie habe viel von ihrer Mutter gelernt und von den Lehrerinnen in der Schule, und natürlich aus Büchern, die auch alle von Frauen geschrieben worden seien. „Die Landwirtschaft, wie sie heute betrieben wird, scheint eine Frauensache zu sein", sagt sie. „Auch weil die Handarbeit so wichtig ist, der Verzicht auf schweres Gerät. Wir mussten ja zuerst den Mythos des Pfluges brechen. Das war für die Männer schwer zu verstehen, dass es nämlich eigentlich keine Kraft braucht und vor allem nicht dieses tiefe Eindringen in den Boden, um etwas zu pflanzen und zu ernten. Aber dir ist das inzwischen klar, oder?" Sie stößt mir ihren Ellbogen in die Seite und lacht. „Landwirtschaftliche Arbeit ist kein Kampf gegen die Natur, sondern eine intellektuell anspruchsvolle Tätigkeit. Deshalb investiere ich auch einen großen Teil meines Grundeinkommens in die Fortbildung. Es gibt noch so viel zu wissen und an Wissen weiterzugeben."

Ihr Grundeinkommen wird ihr übrigens in „Rheintalern" ausbezahlt, einer regionalen Währung mit einjähriger Laufzeit. Deshalb eignet sie sich weder zum Sparen noch für Urlaubsreisen über die Landesgrenzen hinaus. Auch nicht zum Kauf importierter Waren. Dafür zirkuliert diese Währung in der Region deutlich besser, was ihre Wertschöpfung im Vergleich zum Euro deutlich erhöht. In Wien gibt es den „Blue Danube". Mein Onkel prognostiziert in seiner Geschichte, dass sich die Wiener Bürgermeisterin ihr Gehalt zu achtzig Prozent in dieser Währung auszahlen lassen wird. Ich zweifle ehrlich gesagt daran, dass diese Vorhersage wahr geworden ist.

Ich verabschiede mich von Anna und bin wie immer beeindruckt von dieser jungen Frau. Jedes Mal, wenn ich dort bin, nehme ich mir vor, irgendwann Bauer zu werden. Bauer zu sein, denke ich unter ihrem Einfluss stehend, ist die einzig wirklich sinnvolle Tätigkeit, die ein Mensch ausüben kann. Je weiter ich mich dann von Vorarlberg Richtung Wien entferne, desto mehr lässt dieser Wunsch nach. „Vielleicht schaffe ich es wenigstens, in Zukunft mein Gemüse regelmäßig in einer der Wiener Mikrofarmen einzukaufen", denke ich dieses Mal, während ich einen der städtischen E-Roller vor dem Wiener Hauptbahnhof von der Ladestation nehme und damit in meine Wohnung fahre. Dann hätte ich mein Grundeinkommen einem weiteren sinnvollen Einsatzbereich zugeführt. Was nicht heißt, dass ich es jetzt nicht auch gut anlege, für Miete und Betriebskosten natürlich und für die Teilnahme am kulturellen Leben in der Stadt. Theater, Konzerte, Spiele und so weiter. Alles selbstverständlich COZwei- und *CommonWalfare*-zertifiziert.

Ich hatte übrigens nie einen Führerschein. Niemand unter vierzig, den ich kenne, hat je eine Fahrprüfung gemacht. Wozu auch? Der allergrößte Teil der Autos ist selbstfahrend. Junge Menschen wundern sich heute, warum das auch früher schon Auto heißen durfte, obwohl da jemand hinterm Steuer sitzen musste. Ich persönlich war lange der Meinung, wir würden es vielleicht schaffen, auf diese platzfressenden Dinger generell zu verzichten. Aber das erwies sich als eine Illusion. Das starke Bedürfnis, sich auf Rädern fortzubewegen, scheint in uns einprogrammiert zu sein. Mein Onkel weist in diesem Zusammenhang auf die Arbeit eines Psychologen hin, der behauptet, es werde dadurch hervorgerufen, dass wir schon als Säuglinge im Kinderwagen durch die Gegend gefahren werden. Der Wunsch, ein Auto selbst zu besitzen, hat allerdings nachgelassen. In den letzten Jahren sind die privaten Neuzulassungen stark gesunken. Dafür steigt die Anzahl der öffentlichen und der privaten Taxis. Obwohl das Leitnetz enorm präzise arbeitet, kam es in letzter Zeit immer wieder zu kaum entwirrbaren Stausituationen. Mein Onkel erklärt in seiner Geschichte haarklein, was die Gründe dafür sind. Überhaupt widmet er diesem Themenbereich überproportional viel Raum. Er gehört halt in jene Altersgruppe, für die das Automobil noch eine Art Befreiungsmaschine aus familiärer Abhängigkeit war. Vielleicht sagt er deshalb auch richtig voraus, dass die Liebe zum Verbrennungsmotor auch im Jahr 2044 noch immer nicht ganz erloschen sein wird. Und tatsächlich gibt es noch erstaunlich viele Benzinfahrzeuge. Die enorm hohen Emissionssteuern scheinen die Liebhaber nicht abzuschrecken. Mein Onkel ist zwar weit davon entfernt, Besitzer eines Verbrennungsmotors zu sein, aber an einer Stelle seiner Geschichte, glaube ich in diesem Zusammenhang doch ein bisschen Wehmut herauszulesen. Er beschreibt darin seine Ankunft zu den Feierlichkeiten des DD-Days in Wien. „Natürlich steige ich am Bahnhof in ein selbstfahrendes eCab", heißt es da. „Diese Umstellung war wohl eine der wichtigsten, die uns gelungen ist. Ich würde heute keine Verbrennungsmaschine mehr haben wollen, glaube ich. Die Beschränkung auf gewisse Zeiten und Strecken könnte ich nicht akzeptieren. Außerdem zu teuer. Und zu laut. Da lobe ich mir dieses kleine Rikscha-ähnliche Vehikel, in dem ich gerade sitze. Sehr praktisch, finde ich, aber irgendwie auch seltsam. Vielleicht, weil ich mich nicht daran gewöhnen kann, keinen Zweitakter zu hören und zu riechen, wie ich es aus meiner Zeit in Indien Anfang des Jahrtausends in Erinnerung habe. Ein Geruch, der durchaus angenehme Gefühle in mir auslöst, wenn ich ihn heute zufällig irgendwo wahrnehme, das gebe ich zu."

Ich kann sie zwar nicht nachvollziehen, finde aber diese kleine sentimentale Neigung zum Benzingeruch verzeihlich. Hauptsache, er lag richtig mit der Beschreibung einer Welt, in der das Verbrennen von Kohlenstoff einen Sonderfall darstellt. Vor allem in der Energieerzeugung.

Wobei in diesem Zusammenhang seine Prognosen nicht wirklich spektakulär sind. Im Wesentlichen war ja 2018 schon klar, in welche Richtung die Entwicklung laufen würde, nämlich hin zu einem Energiemix aus Sonnenstrahlung, Windkraft, Geothermie und Wasserkraft. Es war allerdings auch absehbar, dass es in manchen Regionen zu deutlich abweichenden Entwicklungen kommen würde. In Nigeria zum Beispiel wird heute noch Erdöl zur Stromerzeugung verbrannt. Oder in China sind nach wie vor hunderte von Kohlekraftwerken in Betrieb, wobei vor zwanzig Jahren zumindest damit begonnen wurde, das emittierte CO-Zwei einzufangen und im Boden zu lagern. Und die USA haben nicht aufgehört, auf Erdgas zu setzen, das dort immer noch fünfzehn Prozent des Primärenergiebedarfs deckt. Aber so ist das eben mit den Amerikanern. Stets sind sie in der Lage, sowohl zu enttäuschen als auch positiv zu überraschen – gesellschaftspolitisch wie technologisch.

Was das Knowhow bei der Programmierung im KI- und im Holo-Bereich, vor allem aber im Bereich der AR-Welten für die smarten Brillen angeht, geben die Amerikaner natürlich immer noch den Ton an. Und ich muss zugeben, sie sind dabei COZwei-mäßig sehr gut dabei. Aus diesem Grund haben wir uns auch entschieden, für den DD-Day mit zwei amerikanischen Firmen zusammenzuarbeiten. Aus Kalifornien stammen die Daten der Sensoren, aus New York die Pläne für die Hardware. Die architektonische Basis für das Display bildet ein etwa fünfzig Meter hoher anthrazitfarbener Turm, eher ein Mast, aus Kohlenstoff-Nanomaterial, der trotz seiner Höhe nicht mehr als Zwanzig Kilogramm wiegt. Der Grundriss ist ein Dreieck, wobei die Kanten nach innen gewölbt sind. Würde man sie umdrehen, ergäben sie zusammen einen Kreis. Wer dahinter einen tieferen Sinn vermutet, täuscht sich. In Wahrheit gehört dieses Mastprofil zu den Standardformen in der Leichtbau-Hochhausarchitektur und ist daher relativ billig zu haben. Die Form des Displays auf der Spitze des Mastes ist schon eher symbolisch zu verstehen. Es ist eine Kugel, die für Gaya steht und die zu leuchten beginnt, wenn das Ganze in Betrieb geht. In zehn Minuten ist es soweit. Ich hoffe, es klappt. Bei einer Probe, die wir noch vor der Aufstellung des Mastes gemacht haben, hat es perfekt funktioniert. Zuerst fängt die Oberfläche an, Lichtpunkte zu spucken, ähnlich wie Sternspritzer auf einem Christbaum. Dann beginnt, begleitet von einer eigens dafür komponierten Soundcollage, ein etwa fünf Minuten dauerndes irisierendes Spiel ineinanderfließender Farbflächen. Am Höhepunkt von Farbspiel und Komposition lösen sich Teile des Lichts quasi von der Oberfläche ab, steigen als eine flirrende, wabernde holografische Form, einer Seifenblase ähnlich, über die Kugel auf und verwandelt sich dort in jene Zahl, auf die wir alle warten. Gesehen habe ich die Zahl noch nicht. Die Originaldaten werden sich erst nach der Enthüllung zu einem authentischen Ergebnis verdichten. Das macht schließlich die Spannung des Abends aus. Ob sich die Farbe der Kugel nämlich eher im grünen oder im roten Bereich stabilisieren wird und wie nahe die Zahl gegen null gehen wird. Wir hoffen auf eine grüne Null, die von da an weit über die Stadt hinweg leuchten wird. Der Ort, den wir für unser Display gewählt haben, gewährleistet einen guten Einblick von allen Seiten. Es war gar nicht leicht, ihn zu finden. Erst als ich auf die Idee kam, unser Event zu einem Teil des D-Day-Gedenktags zu machen, war schnell klar, dass wir den Mast auf dem Dach eines der Gefechtstürme aus dem Zweiten Weltkrieg aufstellen würden. Unsere Wahl fiel auf den Turm im Augarten, weil er gut zu sehen ist, aber auch, weil er im Krieg kurioserweise als Codename meinen Vornamen trug – Peter.

Alles verlief reibungslos. Sowohl das Genehmigungsverfahren als auch die Finanzierung. Die Kosten für Mast und Display bestreiten wir über Spenden, die Arbeitszeit der Beteiligten kommt ausschließlich aus dem „marktfreien“ Bereich. Auch meine. Und die meines Onkels, dem ich zwar ein Honorar angeboten habe, aber er hat, fast ein bisschen beleidigt, abgelehnt. „Ich bin froh, dass ich für solche Dinge kein Geld mehr verlangen muss. Aber bei uns alten Knackern glaubt man immer, wir wären gierig geboren und würden auch so sterben.“

Inzwischen haben sich die Gäste auf dem Dach des Gefechtsturms „Peter“ eingefunden, und ich gebe zu, nervös zu sein. Ich habe nicht nur Angst vor technischen Pannen, mir ist auch ein bisschen mulmig zumute, weil ich den Inhalt der Rede meines Onkels nicht kenne. Bis vor ein paar Minuten war das überhaupt kein Problem für mich, jetzt plötzlich werde ich unsicher. Vielleicht steigert er sich ja in irgendein abwegiges Thema hinein und stößt alle Anwesenden vor den Kopf. Aber jetzt ist es sowieso zu spät.

Auftritt Onkel. Applaus

Liebe Anwesende!
Ich stehe hier, weil ich der Autor der Geschichte mit dem Titel *DD-Day* bin. Einer Geschichte, deren prophetische Qualität allgemein überschätzt wird.

Ich wäre übrigens nicht gekommen, hätte mich nicht mein Neffe mit einem guten Argument davon überzeugt. „Du hast dich selbst eingeladen", hat er gesagt. „Lies es nach. In deiner Geschichte steht, dass du diese Rede halten wirst. Gib deiner Prophezeiung also die Chance, sich selbst zu erfüllen." Ja, seltsam, dachte ich. Obwohl sie nicht existiert, kommst du der Zukunft nicht aus.

Pause

Meine Geschichte ist ja, im Unterschied zum Rest des Buches, damals gar nicht so gut angekommen. Die Experten machten mir den Vorwurf, ich sei naiv, oder noch schlimmer, ein Schönfärber. Aber das war mir egal. Ich war mir des Risikos bewusst, das ich eingehe, wenn ich mich als Schriftsteller auf eine positive Darstellung zukünftiger Ereignisse einlasse. Denn literarische Geschichten, in denen es um die Zukunft geht, beschäftigen sich in der Regel mit den Gefahren, die uns drohen, wenn wir so weiter machen wie bisher. Das ist im Grunde auch sinnvoll. Und vor allem spannend. Dem Publikum gefällt es, wenn man ihm ein bisschen Angst einjagt. Das dürfte auch der Grund dafür sein, warum das Genre der Utopie praktisch ausgestorben ist. Lesen sie *Utopia* von Thomas Morus, sie werden sofort erkennen warum. Immer nämlich, wenn es darum geht, was auf der Insel Utopia besser ist als in der echten Welt, wird die Geschichte seltsam farblos. Ein interessantes Gedankenspiel zwar, aber total unglaubwürdig. Das hätte meiner Geschichte auch passieren können. Aber was sagt man von den Dummen? Genau, sie haben das Glück.

Lachen

Ich brauche dieses Glück auch, weil es mir nämlich sehr schwer fällt, eine Geschichte vom Anfang bis zum Ende durchzuplanen. Das ist wie im Leben. Da passieren immer wieder unerwartete Dinge, die alles, was man sich vorgenommen hat, über den Haufen werfen. In meinem Leben zumindest ist es so. Und auch in meinen Geschichten. Da setzt sich immer wieder das Chaos durch, und ich verliere die Kontrolle. Ich erfinde zum Beispiel in guter Absicht eine Figur, denke mir einen Lebenslauf

für sie aus und dazu die entsprechenden Motive für ihr Handeln, doch plötzlich entwickelt sie innerhalb des Rahmens, den ich für sie gesteckt habe, eigene Vorstellungen. Da hast du dann keine Chance, da bist du gezwungen, auf ihre Wünsche einzugehen, damit die Handlung nicht ins Stocken gerät. Für die Figur der Anna in meiner Geschichte zum Beispiel, hatte ich mir eigentlich ein anderes Leben vorgestellt. Aber wie hat es meine Frau einmal formuliert: „Das wäre ja noch schöner. Du kannst doch nicht erwarten, dass sich dein Kind genau nach deinen Wünschen verhält. Weder im Leben, noch in der Literatur."
Und meine Frau hat natürlich immer Recht.

Lachen

Was ich damit sagen will ist: Wir können versuchen, die Zukunft vorherzusagen, letztlich tut sie, was sie will. Innerhalb des Rahmens, den wir für sie abstecken, wohlgemerkt.

Pause

Vor fünfundzwanzig Jahren habe ich versucht, mir diesen Moment vorzustellen. Ich habe mir vorgestellt, wie ich hier stehen werde, unter dem noch verhüllten Delta-Display, wie ich nach der Schnur greife, mit der ich gleich das Tuch abziehen werde, und wie ich dabei die Spannung spüre, von der die Wartenden erfüllt sind. Was wird das Hologramm zeigen?, fragen sich alle. Wird es die grüne Null sein, als Zeichen dafür, dass sich unsere Hoffnungen tatsächlich erfüllt haben?

Pause

Sie werden es mir vielleicht nicht glauben, aber ich hatte damals keine Ahnung, was passieren wird.

Wolfgang Mörth ist Autor von Theatertexten, Erzählungen und Essays und lebt in Bregenz. Seine Werke wurden mehrfach ausgezeichnet, unter anderem mit dem Vorarlberger Literaturpreis und dem Heidelberger Theaterpreis.

V. Von Mechanismen und Bedürfnissen

Im April 2017 kam ich auf die Idee, ein Buch zu schreiben. Der Anlass war eine Diskussion mit einem Architekten, dem ich eine hemdsärmelige Analyse lieferte, nach der wir die CO_2-Emission über unseren Lebensstil besser beeinflussen können als über Produkte (Gebäude, Auto, ...). Er konnte zunächst gar nichts damit anfangen und ersuchte mich, die Analyse zu erläutern. Das habe ich gemacht und kam dabei auf die Idee, die ganze Materie genauer zu recherchieren und zu betrachten: Ich schreibe ein Buch.
Schon nach wenigen Wochen bemerkte ich, dass mich neben der technischen Sichtweise auch die gesellschaftliche, politische Komponente interessiert. Ich begann, mich mit einschlägigen Büchern einzudecken.
Deshalb endet dieses Buch nicht nach der Darstellung, wie das Niveau dieser *einen Tonne* erreicht werden kann. Nur weil es möglich ist und mehr Vor- als Nachteile mit sich bringt, wird es ja noch nicht umgesetzt. So behandle ich nun einige Bereiche, die nicht zu meinen Fachgebieten zählen. Ich habe versucht, zu verstehen, was viel berufenere Menschen zu diesen Themen zu sagen haben und es im Kontext des Klimawandels zu interpretieren. Die Zusammenhänge zwischen Gesellschaft, Wirtschaft und Klimaschutz sind so umfassend, dass der Bogen zwangsläufig weit gespannt werden muss. So mancher Themenbereich hat nur sehr indirekt mit dem Klima zu tun, ist aber dennoch ein wesentlicher Teil des Gesamtsystems.

Es ist möglich, die globale Erwärmung zu stoppen. Das erforderliche Wissen steht ebenso zur Verfügung wie die notwendigen Technologien. Es ist volkswirtschaftlich leistbar, langfristig in Summe sogar vorteilhaft. Gesundheit und Lebensqualität nehmen tendenziell zu. Trotz alldem ist nicht davon auszugehen, dass die erforderlichen Maßnahmen einfach umgesetzt werden. Der Physiker Isaac Newton formulierte das Gesetz der Trägheit: „Ein Körper bleibt in Ruhe oder in gleichförmiger, geradliniger Bewegung, solange die Summe der auf ihn wirkenden Kräfte null ist.“ Mit anderen Worten: Veränderung bedingt Kraft und Anstrengung.

Was genau von wem verändert werden soll, muss differenziert betrachtet werden. Der Umbau des Energiesystems scheint noch die leichteste Aufgabe zu sein: Die weitgehende Substitution der fossilen Energien durch Erneuerbare ist bereits im Gange. Durch fiskalische Maßnahmen und Anreize kann und muss der Prozess beschleunigt werden; hier sind die nationalen Parlamente gefordert. Die erforderliche Effizienzerhöhung auf breiter Ebene stellt schon eine größere Herausforderung dar – auch wenn augenscheinlich ist, dass jede einzelne Maßnahme sinnvoll und richtig ist: Bei der Umsetzung ist eine Vielzahl von Akteuren gefragt. Wirtschaftstreibende, Kommunal-, Regional- und Bundespolitiker, in den Bereichen Wohnen und Individualverkehr auch ein Teil der Bevölkerung.

Der Lebensstil betrifft einen noch größeren Kreis: alle.

Die Strategie, den Wandel durch intensive Aufklärung und Wissensvermittlung einzuläuten, scheint aussichtslos. Zu komplex, zu undurchschaubar wurden die Zusammenhänge im Alltag unserer Gesellschaft. Viel zu langsam würden die Bemühungen fruchten. In der „Repräsentativen Erhebung von Pro-Kopf-Verbräuchen natürlicher Ressourcen" aus dem Jahr 2016 wurden die CO_2-Emissionen von 1000 StudienteilnehmerInnen aus Deutschland erfasst und analysiert. Das überraschende Ergebnis: Menschen mit einer positiven Einstellung zur Umwelt verursachen überdurchschnittlich hohe Emissionen. Bei genauerer Betrachtung ist das nachvollziehbar: Auf den Umweltschutz achten eher Menschen mit höherer Bildung und höherem Einkommen. Sie leisten sich eine größere Wohnfläche, ein zweites Auto, reisen öfter und weiter, konsumieren mehr. Auch wenn sie ihr Haus besser dämmen lassen, als Zweitauto ein Elektroauto fahren und beim Einkaufen auf öko und bio achten, sind ihre Emissionen höher als bei Menschen mit geringerem Einkommen. Keine gute Voraussetzung für die Strategie „Bewusstseinsbildung".

Außerdem findet der nötige Wandel nicht nur Anhänger: „Der größte Feind der neuen Ordnung ist, wer aus der alten seine Vorteile zog." Machiavelli beschrieb die Herausforderungen sehr treffend: Jede Veränderung hinterlässt Gewinner und Verlierer. Letztere arbeiten ungern an der unmittelbaren Verschlechterung ihrer Situation mit.

Aufklärung und Wissen dienen allenfalls dazu, ein ökologisches Bewusstsein zu schaffen, helfen aber nicht in ausreichendem Maße, das Verhalten zu ändern. Aus der Suchtforschung ist bekannt, dass wir von lieb gewonnenen, aber ungesunden Gewohnheiten am leichtesten lassen können, wenn sich unsere Umgebung verändert. Die Tagesroutine enthält ihre Stationen mit Kaffee- oder Rauchpausen, Feierabend-Bieren, Entspannungs-Achteln und ähnlichem. Erinnert mich der gewohnte Ablauf, die gewohnte Umgebung einmal nicht daran (beispielsweise im Urlaub), kann ich auf den sonst unverzichtbaren Kaffee auch mal vergessen. Solche Muster, die unbemerkt ablaufen, sind nicht nur bei Süchten und Gewohnheiten zu finden, sondern in unzähligen Entscheidungen des Alltags. Unabhängig davon, ob diese Entscheidungen auf rationaler Basis erfolgen oder schon im Unterbewusstsein verankert sind – sie sind

Resultat des entstandenen Regelwerks unserer Gesellschaft: Die Auslöser der Mechanismen sind im Steuersystem, in Regulierungen und Gesetzen zu finden. Soll sich das Verhalten der Menschen verändern, sind die Mechanismen genauer unter die Lupe zu nehmen und gegebenenfalls zu korrigieren.

Unser Verhalten im Alltag wird in hohem Maße vom Preis-Leistungs-Verhältnis eines Konsumvorgangs beeinflusst. Je besser dieses Verhältnis, umso attraktiver der Konsum. Die Kosten, die durch den Konsum verursacht werden, sind oft höher als der Preis für das Produkt oder die Dienstleistung, weil etwa Umweltkosten nicht vom Verbraucher, sondern von der Allgemeinheit getragen werden. Dadurch wird das Preis-Leistungs-Verhältnis verzerrt. Subventionen tragen hierzu ebenso bei wie global unterschiedliche Sozial- und Umweltstandards. Eine besondere Rolle kommt auch unserem Steuersystem zu.

Ein Beispiel: Ist der Preis für eine Reparatur höher als jener des Neuprodukts, wird man sich für Letzteres entscheiden; das ist nachvollziehbar. Die Frage ist, warum Reparaturen zunehmend teurer und Neuprodukte teilweise billiger werden. Der Preis der Reparatur leidet unter der künstlichen Erhöhung der Kosten – in Form von steigenden Lohnnebenkosten des Facharbeiters. Der Preis des Neuprodukts wird hingegen künstlich reduziert: Das Neuprodukt ist so billig, weil die teuren Arbeitsstunden mithilfe von Maschinen-, Energie- und anderem Ressourceneinsatz auf ein Minimum reduziert werden konnten, die Endlichkeit dieser Ressourcen aber ebenso wenig in den Preis einfließt, wie der Schaden, der durch den Verbrauch dieser Ressourcen verursacht wird. Die Behebung solcher Schäden erfolgt wiederum unter Verwendung der Steuereinnahmen aus den Arbeitsstunden, zumindest zu einem großen Teil. Die Kosten werden auf die Allgemeinheit übertragen, externalisiert. Wenn die Produktion in einem Land stattfindet, in dem niedrigere Sozial- und Umweltstandards gelten, werden die Kosten sogar gänzlich ausgelagert: Nicht die eigene Bevölkerung, sondern jene des Produktionslandes muss dafür aufkommen.

Nun ist der subjektive Nutzen oder Wert eines erworbenen Produkts oder einer Dienstleistung nicht immer so leicht zu beziffern wie beim Vergleich zwischen Reparatur und Neuanschaffung. Der Wert einer Flugreise beispielsweise kann individuell höchst unterschiedlich eingeschätzt werden. Einen Kurztrip nach London um 14 Euro (aktuelles Angebot einer Billigfluglinie) werden aber die meisten Menschen als sehr günstig bezeichnen. Der Wert der Leistung wird deutlich höher eingeschätzt als der Preis. Dass die tatsächlichen Kosten mit diesem Preis nicht gedeckt sein können, wissen die meisten Menschen aber auch.

Subventionen lösen einen ähnlichen Mechanismus aus, wenn beispielsweise ressourcenintensive Landwirtschaft mehr unterstützt wird als ressourcenschonende. Oder wenn fossile Energieträger gegenüber Erneuerbaren gleichgestellt oder gar bevorzugt werden: Die verursachten Folgekosten werden nicht vom Konsumenten, sondern von der Allgemeinheit getragen. Das macht den Konsum sogar besonders reizvoll: „Ich bin doch nicht blöd, Mann!" und zahle als Teil der Allgemeinheit die auf alle verteilten Kosten, verzichte aber auf den Nutzen. Das eigentliche Bedürfnis tritt in den Hintergrund, das Schnäppchen, der Konsum an sich stellt den Reiz dar und liefert Befriedigung: Der erworbene Nutzen ist größer als der Preis. Das wirkt sich zum Beispiel dahingehend aus, dass Fleisch aus Massentierhaltung viele Kalorien um wenig Geld liefert. Weder Umweltschäden noch gesundheitliche Folgekosten sind im Preis enthalten und müssen deshalb von der Allgemeinheit – und nicht vom Konsumenten – getragen werden. Deshalb ist das Kosten-Nutzen-Verhältnis vordergründig attraktiv. Das daraus resultierende Verhalten ist für einen großen Teil der Bevölkerung zur Normalität geworden.

Was das Preis-Leistungs-Verhältnis für den Einzelnen darstellt, ist der Gewinn für die Wirtschaft. Das Streben nach Maximierung löst Mechanismen aus, etwa beim Manager, von dem im Effizienzabschnitt im Rahmen der Obsoleszenz die Rede war. Es ist verständlich und nachvollziehbar, dass Aktienbesitzer und Gesellschafter eines Unternehmens eine möglichst hohe Rendite des eingesetzten Kapitals erwarten. Ebenso, dass daraus eine Erwartungshaltung an den Vorstand des Unternehmens resultiert, die letztlich für die Steuerung des ganzen Unternehmens maßgeblich ist. Die Führung der mittleren Managementebenen erfolgt meist nach Zahlen. Ziele werden vorgegeben oder gemeinsam festgelegt. Je besser diese Ziele erreicht werden, umso höher fällt der Gehalt oder Bonus aus. Die Ziele dienen wenig überraschend immer dem übergeordneten Auftrag, profitabel zu wirtschaften, oder besser, noch profitabler als im Vorjahr zu wirtschaften. Es gibt verschiedene Schrauben, an denen gedreht werden kann, sei es im Bereich der Kosten, der Produktivität oder des Verkaufspreises. Am einfachsten und naheliegendsten ist aber meist die Schraube des Wachstums. Deshalb müssen Bedürfnisse geschürt und Kaufanreize geschaffen werden. Je schneller ein verkauftes Produkt ersetzt werden muss und erneut verkauft werden kann, umso leichter wird das angestrebte Wachstum erreicht. Die Verlängerung der Lebensdauer eines Produkts wirkt kontraproduktiv. Die Haltungen und Handlungen aller Beteiligten sind verständlich und nachvollziehbar. Der Mechanismus verursacht das Problem.

Moral? Hat jemand gerade Moral gedacht? Natürlich entbinden die gewachsenen Mechanismen nicht von der Verantwortung und Pflicht, sich seines eigenen Verstandes zu bemühen. Kann aber eine Gesellschaft funktionieren, deren Mechanismen diametral dem entgegenwirken, was den Menschen, der Allgemeinheit gut tut? Es genügt nicht, (nur) an die Vernunft des Einzelnen zu appellieren und auf die Mündigkeit des Konsumenten zu verweisen. Niemandem ist vorzuwerfen, sich von Junkfood zu ernähren, wenn Junkfood billig ist, akzeptiert ist und zum idealisierten Leben in der Welt der Werbung und des niederschwelligen Fernsehens gehört.

Wie wirkungsvoll der Mechanismus des Preises ist, wurde sichtbar, als der Ölpreis an der 150-Dollar-Marke kratzte: Ölkessel wurden durch Pelletkessel ersetzt, ökologische Langfristinvestitionen wurden auf Basis der hohen oder sogar weiter steigenden Energiepreise getätigt. Manche waren sich sicher, dass der Preis nie wieder nach unten ginge, weil Peak Oil eingetreten sei – also das Allzeit-Fördermaximum aufgrund der langsam zur Neige gehenden Ölreserven. Es kam aber anders: Neue Öl- und Gasfelder wurden entdeckt, die Finanzkrise löste auch eine weltweite Wirtschaftskrise aus, wodurch der Energiebedarf sank und damit auch der Ölpreis. Natürlich war klar, dass der Preis wieder von selbst ansteigen wird, wenn die finale Verknappung beginnt; der Mechanismus der Ökologisierung des Energiesystems tritt ganz von selbst in Kraft. Doch abgesehen davon, dass sich diese Entwicklung sehr ungerecht, nämlich zulasten der Verbraucher und zugunsten der Energiekonzerne auswirken würde, reichen auch die fossilen Reserven leider etwas länger, als es unser Klima verträgt. Vielleicht nur 20 oder 30 Jahre, vielleicht auch 100. Ein Wimpernschlag in der Zeitgeschichte – Zufall, Pech, wenn man so will. Es wäre fast ironisch, sollte das Schicksal der Menschheit von diesem Wimpernschlag bestimmt werden. Alternativ hierzu könnte der erforderliche Mechanismus aktiv gestaltet werden.

Durch veränderte Mechanismen wird ein gesünderer, nachhaltiger Lebensstil erleichtert. Die Herausforderung ist nicht das Leben mit den neuen Mechanismen, die Herausforderung ist die Veränderung, die zunächst massive Eingriffe in das Leben der Menschen mit sich bringt. Diese Eingriffe werden nur dann auf Akzeptanz stoßen, wenn sich die Veränderungen nicht nur langfristig, sondern auch im unmittelbaren Umfeld positiv auswirken. Positiv bedeutet in diesem Zusammenhang: Die Bedürfnisse der Menschen werden (besser) gestillt. Das Leben wird spürbar besser. Selbst wenn die langfristigen Auswirkungen der Veränderungen ausschließlich positiv dargestellt und glaubhaft vermittelt werden können, die bloße Aussicht darauf ist zu wenig Anreiz.

Veränderung bedeutet, dass sich für den Einzelnen kurzfristig manches verbessert und anderes verschlechtert. Zum Beispiel wird Fliegen teurer und Zugfahren billiger. Auch wenn sich Nutzen und Schaden rational betrachtet die Waage halten, wird der Schaden, nicht mehr so günstig fliegen zu können, als größer empfunden werden. Der Wirtschaftsnobelpreisträger Daniel Kahneman handelte diese Thematik im Rahmen seiner „Neuen Erwartungstheorie" ab und prägte dabei den Begriff „Verlustaversion". In seinem Buch „Schnelles Denken, langsames Denken" erklärt er die Zusammenhänge und berichtet von hochinteressanten Studien: Eine Wette mit einer 50-Prozent-Chance, 100 Dollar zu gewinnen und zu ebenfalls 50 Prozent 100 Dollar zu verlieren, lehnten die meisten Menschen bei einer groß angelegten Versuchsreihe ab. Die Angst vor dem möglichen Verlust ist viel größer als die Freude über den eventuellen Gewinn. Die Frage, wie hoch der potenzielle Gewinn sein müsste, um die Wette einzugehen, wurde am häufigsten mit 200 Dollar beantwortet. Die meisten Menschen gehen die Wette erst ein, wenn der zu 50 Prozent wahrscheinliche Verlust nur halb so groß ist wie der ebenso wahrscheinliche Gewinn.

Aus diesem Grund ist der spürbare Nutzen für die Bevölkerung so wichtig für die Akzeptanz der erforderlichen Maßnahmen. Vielleicht ist es sogar folgerichtig, wenn die Bedürfnisse der Menschen in den Vordergrund gestellt werden und der Klimaschutz nur eine Folge der Veränderung ist. Die Notwendigkeit und der langfristige Nutzen sollen kommuniziert werden, aber nicht ausschließlich. Parallel dazu muss unmittelbarer Nutzen gestiftet werden. Die Akzeptanz wird größer sein als im umgekehrten Fall, wenn primär das Klima geschützt wird und die Veränderungen den Menschen nur *gut verkauft* werden. Anders ausgedrückt: Unsere Erde hat Fieber – nicht die Symptome sind zu behandeln, sondern die Ursachen.

Die Maslowsche Bedürfnispyramide hilft herauszufinden, wie, in welchen Bereichen die Bedürfnisse der Menschen besser gestillt werden können und quasi nebenher Klimaschutz betrieben werden kann.

In den westlichen Ländern, wo der größte Handlungsbedarf besteht, sind die körperlichen Grundbedürfnisse weitgehend abgedeckt. Einzig der Gesundheit gebührt etwas mehr Beachtung. Gesunde Luft, guter Schlaf, gesunde Nahrung sind so selbstverständlich nicht. Auch über krank machende Arbeit beklagen sich nicht nur Einzelne. Der Klimaschutz liefert angenehme Nebeneffekte: Nahrungsmittel aus biologischem Anbau sind gesünder, etwas weniger Fleisch auch. Insbesondere, wenn Ackergifte und Antibiotika aus der Massentierhaltung wegfallen. Die Reduktion von Kraftfahrzeugen mit Verbrennungsmotor führt zu weniger Luftschadstoffen. Speziell die Eliminierung von Dieselmotoren löst die gefährliche Feinstaubproblematik in Innenstädten. Der niedrige Geräuschpegel von Elektromobilen und Fahrrädern wirkt sich positiv auf das Wohlbefinden aus, ebenso der reduzierte Flugverkehr. Durch die Abnahme des motorisierten Verkehrs gehen auch Verkehrsunfälle und damit Verletzungen und Todesfälle zurück. Demgegenüber führt der verstärkte Einsatz der Körperkraft (Fußwege, Fahrrad, E-Bike) allgemein zu einer besseren körperlichen Verfassung. Das gilt auch für den Einsatz konvivialer Technologien – technische Hilfsmittel, die die menschliche Arbeit erleichtern, aber nicht ersetzen.

Die höheren Stufen der Bedürfnispyramide verlangen nach umfassenderen Betrachtungen. In der Ebene von Schutz und Sicherheit spielt *Frieden* die Hauptrolle. Darauf wird oft vergessen, weil der letzte Krieg im Großteil Europas schon mehrere Generationen zurückliegt. Dabei sind so lange Friedensphasen in einem so großen Gebiet mit durchaus unterschiedlichen Kulturen in der Geschichte kaum zu finden. Frieden ist keine Selbstverständlichkeit. Und Frieden kann nicht nur von außen bedroht werden. Auch das Auseinanderklaffen der Schere zwischen Arm und Reich gefährdet den Frieden.

Mit der Ebene der Sicherheit sind Ängste untrennbar verbunden: Angst vor dem Fremden, vor Zuwanderung, vor Kriminalität, vor dem Verlust von Besitz, vor dem Verlust der Arbeit. Genau diese Themen findet man zuverlässig in Umfragen nach den größten Sorgen und Ängsten der Menschen. So stellt der Wunsch nach *materieller Sicherheit* ein sehr wesentliches Bedürfnis dar.

Wer Arbeit hat, gehört einer sozialen Gruppe an, er kann kommunizieren, Beziehungen aufbauen und pflegen. Wer am Abend sein eigenes Werk betrachten kann, wird auf sich selbst stolz sein. Im Idealfall kann er mit dem Empfänger und Nutzer seiner Leistung direkt kommunizieren, und ehrliche *Wertschätzung* wird ihm zuteil.

Voraussetzung für das Abliefern guter Arbeit ist eine gute Ausbildung. Neben der Spezialisierung auf eine Fachtätigkeit, die einen gesellschaftlichen Nutzen stiftet, hilft eine breite Allgemeinbildung beim Verstehen der komplexen Zusammenhänge unseres Lebens. *Anerkennung* erfährt, wer begreift und erklären kann, aber auch wer sich Fähigkeiten aneignet und sie zum Wohl anderer einsetzt.

Zeit haben für sich selbst steht an der Spitze der Pyramide. Einer Beschäftigung nachgehen, die einen Nutzen stiften kann, aber nicht muss. Sich kreativ betätigen, musizieren oder tanzen; lesen und träumen. Zeit haben für Kultur und Spiritualität. Innerlich *wachsen*.

Wodurch nun die globale Erwärmung gestoppt werden soll?

Frieden durch globale Gerechtigkeit

Die fossilen Ressourcen – allem voran Erdöl – sind global sehr ungleich verteilt. Der größte Teil der Ölreserven ist im Nahen Osten zu finden; die größten Verbraucher in Nordamerika, China, Indien und auch Europa sind auf Importe angewiesen. Diese Abhängigkeit stellt ein Konfliktpotenzial dar. Ob Kriege in der jüngeren Vergangenheit (Irak, Libyen) auf eine aktive Ressourcenpolitik zurückzuführen sind, ist umstritten. Der Schweizer Historiker Daniele Ganser ist überzeugt davon: In seinem Buch „Europa im Erdölrausch" beschreibt er die Geschichte des Öls und formuliert brisante Thesen zu diesen Kriegen. Er zitiert darin auch den ehemaligen Chef der US-Notenbank, Alan Greenspan: „Ich finde es bedauerlich, dass es politisch unangebracht ist zuzugeben, was alle schon wissen: Im Irakkrieg geht es vor allem um Erdöl." Unabhängig davon, wie diese Kriege motiviert waren und wie groß die Gefahr von militärischen Auseinandersetzungen bei kommenden Engpässen eingeschätzt wird: Die Dezentralisierung der Energieversorgung reduziert essentielle Abhängigkeiten. Damit entfällt ein wesentlicher Beweggrund für kriegerische Auseinandersetzungen.

Aber nicht nur die Ressourcen, sondern auch die Verbräuche sind global sehr ungleich verteilt. Klimaschutz hilft deshalb auch, globale Ungerechtigkeiten zu bekämpfen. Das Ziel ist nicht nur ein stabilisiertes Klima, sondern vielmehr eine stabile Weltgesellschaft, die von gerecht verteilten, natürlichen Kräften und Ressourcen lebt. Heute befindet sich diese Gesellschaft im Ungleichgewicht. In manchen Ländern liegt die spezifische CO_2-Emission bei nur 1 oder 2 Tonnen pro Jahr, in anderen aber bei 10, 20 oder 30. Dementsprechend werden viel mehr natürliche Ressourcen verbraucht; mit diesen Ressourcen wird mehr materieller Wohlstand geschaffen. Das ist nicht gerecht. Besonders ungerecht ist aber, dass jene, die am wenigsten verbrauchen, die ersten Geschädigten sind. Mit Ausnahme der Hurrikane in den USA treffen die klimabedingten Naturkatastrophen die Ärmsten: Überschwemmungen in Südasien, Dürren in Afrika. Menschen, die das westliche Wohlstandsniveau nicht einmal kennen, verlieren ihre Existenzgrundlage, weil auf ausgetrockneten Böden nichts mehr angebaut werden kann. Sie sind gezwungen, ihre Heimat zu verlassen, aus ihrem Land zu flüchten. In Europa sind diese Menschen dann Flüchtlinge zweiter Klasse: Wirtschaftsflüchtlinge sollen bleiben, wo sie sind, nur wer vor Krieg flüchtet, hat Recht auf Asyl. Die erst im Entstehen begriffenen Fluchtbewegungen werden zwangsläufig zu regelrechten Völkerwanderungen anwachsen, wenn die betroffenen Regionen nicht wieder bewirtschaftbar werden. Das erfordert zum einen, dass die wohlhabenden Nationen Hilfe leisten, indem sie Menschen vor Ort unterstützen, ihre Böden zu sanieren, eine klimaverträgliche (Land-)Wirtschaft aufzubauen. Noch wichtiger ist, die Subventionierung der Agrarindustrie zu beenden, damit Fleisch aus europäischer Massentierhaltung in Afrika nicht billiger verkauft werden kann als das Fleisch aus inländischer, kleinbäuerlicher Haltung. Zum anderen aber ist das Stoppen der globalen Erwärmung erforderlich, damit die klimatischen Bedingungen das Leben nicht verunmöglichen. Die Angst vor Zuwanderung ist real. Verhindert werden kann sie auf zwei Arten: die eben beschriebene oder mit Gewalt. Wer Grenzen zieht, wird sie im Zweifelsfall verteidigen. Militärisch, wenn's sein muss.

Wir wollten aber Frieden.

Die Ungerechtigkeit, dass Menschen verschiedener Teile unserer Erde die natürlichen Ressourcen in sehr ungleichem Ausmaß in Anspruch nehmen, muss bekämpft werden. Wenn Steuer etwas mit steuern zu tun hat, dann muss Wertvolles, Begrenztes besteuert werden. Wir brauchen einen sanften Übergang vom gegenwärtigen Steuersystem auf eines, das anstelle von Arbeit natürliche Ressourcen besteuert. Im Lauf von zwei bis drei Jahrzehnten ist es möglich, das Steueraufkommen sukzessive und weitestgehend umzuschichten. CO_2 leistet als Indikator wertvolle Dienste, vor allem für die energiebedingten Emissionen. Ressourcen sind aber nicht nur fossile Brennstoffe, die ja letzten Endes fast nicht mehr zum Einsatz kommen, sondern alles, was unsere Erde für uns (alle) bereithält: Rohstoffe, Wasser, Wälder, Grund und Boden. Der Verbrauch beziehungsweise die Beschädigung dieser Güter muss besteuert werden – je knapper das Gut, umso höher die Steuer. Die Einkommensteuer für Gutverdiener (siehe nachfolgendes Kapitel) gehört zu den wenigen Steuern, die nicht vollständig abgelöst werden können. Die Auswirkungen dieser Steuerreform ungeheuren Ausmaßes werden nach und nach an mehreren Fronten sichtbar:

Erstens werden klimaschädliche Aktivitäten teurer, klimaschonende billiger. Heißt: Tomaten aus dem beheizten Treibhaus werden teurer, saisonales Gemüse vom Biobauern billiger. Frischer Meeresfisch aus dem Pazifik wird teurer, regionale Forellen werden billiger. Fleisch aus ressourcenintensiver Massentierhaltung wird teurer, Biofleisch wird billiger. Aludosen und Einwegverpackungen werden teurer, Pfandflaschen und -gläser lohnen sich wieder. Autofahren mit Benzin und Diesel wird teurer, die Fahrt mit dem Elektrotaxi wird billiger. Energieintensive industrielle Produktion wird teurer, Handwerk wird billiger. Neuprodukte werden teurer, reparieren wird billiger. Fliegen wird teurer. Bauen und Wohnen wird billiger. Energetische Sanierungen lohnen sich. Effizienzmaßnahmen werden noch wirtschaftlicher. Bildung wird billiger, Rüstung wird teurer.

Zweitens erfolgt eine Aufwertung der handwerklichen, manuellen Arbeit. Sie wird wieder mehr gefragt. Manche einfachen Tätigkeiten können von Menschen wirtschaftlicher erledigt werden als von teuren, energieintensiven Maschinen. Arbeit ist nicht nur für Menschen mit höherer Qualifikation vorhanden. Außerdem verlagern sich die Bemühungen um Kostenreduktion in der Wirtschaft weg von der Rationalisierung und Erhöhung des Zeitdrucks, hin zu höherer Ressourceneffizienz.

Drittens bewirkt diese Steuerrevolution eine extreme Verwaltungsvereinfachung mit dementsprechendem volkswirtschaftlichen Nutzen: Steuern werden hauptsächlich bei den Energieversorgern und bei Inverkehrbringern von fossilen Treib- und Brennstoffen eingehoben. Nach der vollständigen Umschichtung entfällt neben den Steuern auf Arbeit auch die Mehrwertsteuer, was Schwarzarbeit obsolet macht; Energie-, Öko- und Mineralölsteuern werden ersetzt, es entfallen mit der Lohnsteuer auch die -Erklärungen, und nicht nur die Lohnverrechnung wird massiv vereinfacht. Sogar die Körperschaftssteuer für Unternehmen kann entfallen: Die Steuern werden mit der Verwendung der natürlichen Ressource abgeführt. Zwangsläufig von jedem Unternehmen und in jenem Land, wo die Ressource, der Rohstoff dem Verwendungszweck zugeführt wird, also zum Beispiel bei der Verbrennung von Gas für industrielle Prozesswärme. Oder beim Treibstoff für die Paketauslieferungen. Wo mehr produziert und transportiert wird, kommt mehr Steuer auf. Steuerflucht à la Panama und Paradise Papers wird schwierig: Es spielt keine Rolle, wo die Gewinne erzielt werden. Nur der Verkauf von importierten, CO_2-beladenen Gütern wird am Anfang noch etwas aufwändiger zu handhaben sein: Die Steuerumschichtung wird nicht überall im selben Ausmaß und im selben Zeitplan erfolgen. Einige werden die Vorreiterrolle übernehmen, andere werden nachziehen. Unterschiede zwischen Handelspartnern sind bis zu einem gewissen Maß vertretbar, ist die Differenz zu groß, müssen Importsteuern für Güter eingeführt werden, deren ökologischer Rucksack noch nicht ausreichend besteuert wurde.

Viertens wird – fast nebenbei – der Klimawandel gestoppt. Regionen, die Menschen beheimaten, können weiterhin bewohnt und bewirtschaftet werden.

Der Totalumbau des Steuersystems verändert die Kostenstruktur in der Wirtschaft und auch im öffentlichen Sektor. Weil die Besteuerung von Lohn und Einkommen für 90 Prozent der Arbeitnehmer entfällt, sinken die Lohnkosten drastisch. Leistungen mit hohem Personalkostenanteil werden viel billiger: Die öffentliche Verwaltung, das Gesundheits- und Sozialwesen, das Bildungswesen. Für Unternehmen sinkt der Anteil an Fixkosten, etwa in Form von Personalaufwand für Entwicklung, Marketing, Verwaltung und andere Bereiche. Demgegenüber steigen die variablen Kosten für Material und Energie. Diese Verlagerung der Kosten erleichtert den Umgang mit veränderlichen Umsätzen.

Freilich geht es bei dieser vollständigen Umschichtung um andere Beträge als beim EU-Emissionshandel, wo der höchste Kurs der letzten fünf Jahre bei 8,5, der niedrigste bei knapp 3 Euro pro Tonne CO_2 lag. Auch die heute in manchen Ländern bereits eingeführten Steuersätze von bis zu 125 Euro pro Tonne können nur der Anfang sein: Wird die Hälfte der öffentlichen Ausgaben in Deutschland durch eine CO_2-Steuer finanziert, ergibt sich ein Steuersatz von derzeit rund 650 Euro pro Tonne. Er müsste im Verlauf der nächsten 20 Jahre auf mehrere Tausend Euro steigen, weil sich der CO_2-Ausstoß von zwölf auf eine Tonne pro Person und Jahr marginalisieren wird. Die sukzessive Umschichtung kann nur langsam und stetig erfolgen, weshalb auch die Einführung und Erhöhung der CO_2-Steuer am Anfang sehr moderat ausfallen kann.

Ein möglicher Verlauf ist im nachfolgenden Diagramm schematisch dargestellt.

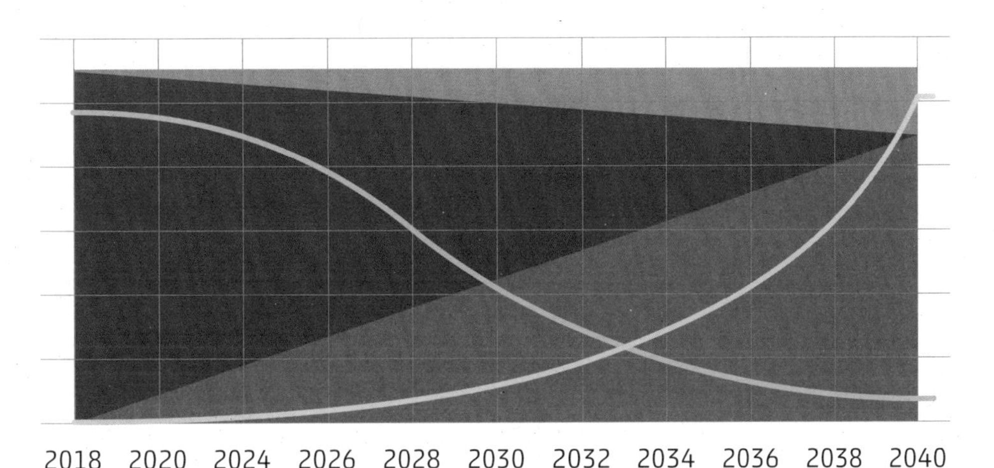

Einsparungen durch Verwaltungsvereinfachungen
Steuereinnahmen alt
Ressourcensteuer und verbleibende Steuern
CO_2-Emission pro Person
CO_2-Steuersatz

Die Zeit wird immer reifer: In Deutschland wurde im März 2017 der „Verein für eine nationale CO_2-Abgabe" gegründet. Er zählte im Januar 2018 bereits 730 Mitglieder, darunter eine Reihe von Vereinen, Verbänden und Kommunen sowie 70 Unternehmen. Gerade für die Wirtschaft ist von großer Bedeutung, Planungssicherheit zu erlangen. Die richtigen Strategien und daraus abgeleitete Standortentscheidungen und Investitionen können nur auf Basis einer langfristigen Perspektive gefunden werden. Es steht ein beispielloser Umbau an, der in zwei Jahrzehnten nur dann glücken kann, wenn die Planung rechtzeitig erfolgt.

Die Steuerlast für den Einzelnen wird im Durchschnitt nicht steigen, sondern aufgrund der Einsparungen im Verwaltungsbereich sinken. Sie wird sich aber massiv verschieben: Klimaschädliches Verhalten wird teurer, klimaschonendes billiger. Um anschauliche Beispiele nennen zu können, wird für nachfolgende Zahlen ein finaler Steuersatz von 6.000 Euro pro Tonne CO_2 unterstellt. Auf Basis der heutigen Wirtschaftsweise wäre mit einem PKW der gehobenen Mittelklasse eine Steuerlast von 72.000 Euro verbunden, nach Umsetzung der beschriebenen Effizienzsteigerungen und durch den Einsatz erneuerbarer Energien sinkt die Steuer aber auf unter 10.000 Euro, wodurch der PKW-Kauf nur maßvoll teurer wäre als heute. In Dänemark beispielsweise liegt die Steuerlast beim Autokauf heute bereits deutlich höher. Das Autofahren selbst wäre auf Basis der derzeitigen Emissionen um ein Vielfaches teurer; durch steigende Effizienz (Elektromotor) und die Umstellung auf erneuerbare Energien wird es aber billiger als heute. Allerdings muss im Sinne der Kostenwahrheit die Straßenbenutzungsgebühr (Maut) deutlich angehoben werden, sodass die laufenden Kosten für das Autofahren gegenüber heute dennoch leicht ansteigen würden.

Diese fiskalischen Lenkungsmaßnahmen sind regulatorischen Maßnahmen in Bezug auf die Wirksamkeit weit überlegen. Was nützen Abgasgrenzwerte, wenn sie nur im Labor eingehalten werden? Regulierungen sind umso wirkungsloser, je komplizierter sie in Definition und Anwendung sind: Fehlinterpretationen können passieren, Schummeleien sind die Folge. Sie wirken sogar kontraproduktiv, weil umso weniger Hausverstand eingesetzt wird, je mehr regulatorisch vorgegeben wird. Je mehr Gesetze beachtet werden müssen, umso weniger zählen Anstand und Moral; Stichwort legale Steuerflucht.

Ich spreche aus Erfahrung; als Hersteller von Lüftungsgeräten und Wärmepumpen musste ich zahlreiche Produkte akkreditiert prüfen lassen. Manchmal müssen die gemessenen Werte einfach nur publiziert werden – je besser der Wert, umso besser für die Vermarktung. Manchmal müssen aber auch bestimmte Grenzwerte erreicht werden. Entweder, um Förderungen lukrieren zu können oder um überhaupt zugelassen zu werden. Für Wärmepumpen muss gemäß EU-Verordnung 813/2013 beispielsweise eine „jahreszeitbedingte Raumheizungseffizienz bei Mitteltemperaturanwendung" von 110 Prozent erreicht werden. Abgesehen davon, dass sich unter diesem Begriff niemand etwas vorstellen kann, ist der Wert auch höchst kompliziert zu ermitteln. Von der akkreditierten Prüfung steht ein vergleichbarer Wert (nämlich der COP, Coefficient of Performance) amtlich zur Verfügung; mit diesem Wert kann die gesamte Branche etwas anfangen. Für die Ermittlung der „jahreszeitbedingten Raumheizungseffizienz bei Mitteltemperaturanwendung" ist hingegen eine 100 Seiten starke Norm heranzuziehen, die nicht nur Potenzial für (absichtliche oder unabsichtliche) Rechenfehler bietet, sondern auch Raum für Missverständnisse und Interpretationen. Letztlich muss dieser Wert nur vom Hersteller deklariert, also nicht über ein akkreditiertes Institut nachgewiesen werden. Was glauben Sie, mit welchem Effekt?

Das Herstellen von Kostenwahrheit durch Ressourcensteuern macht eine große Menge an Verordnungen auf Dauer überflüssig. Das Ausmaß an Verwaltungsvereinfachung ist enorm.

Die wesentlichen Zusammenhänge und Wirkungen sind in der nachfolgenden Grafik schematisch zusammengefasst.

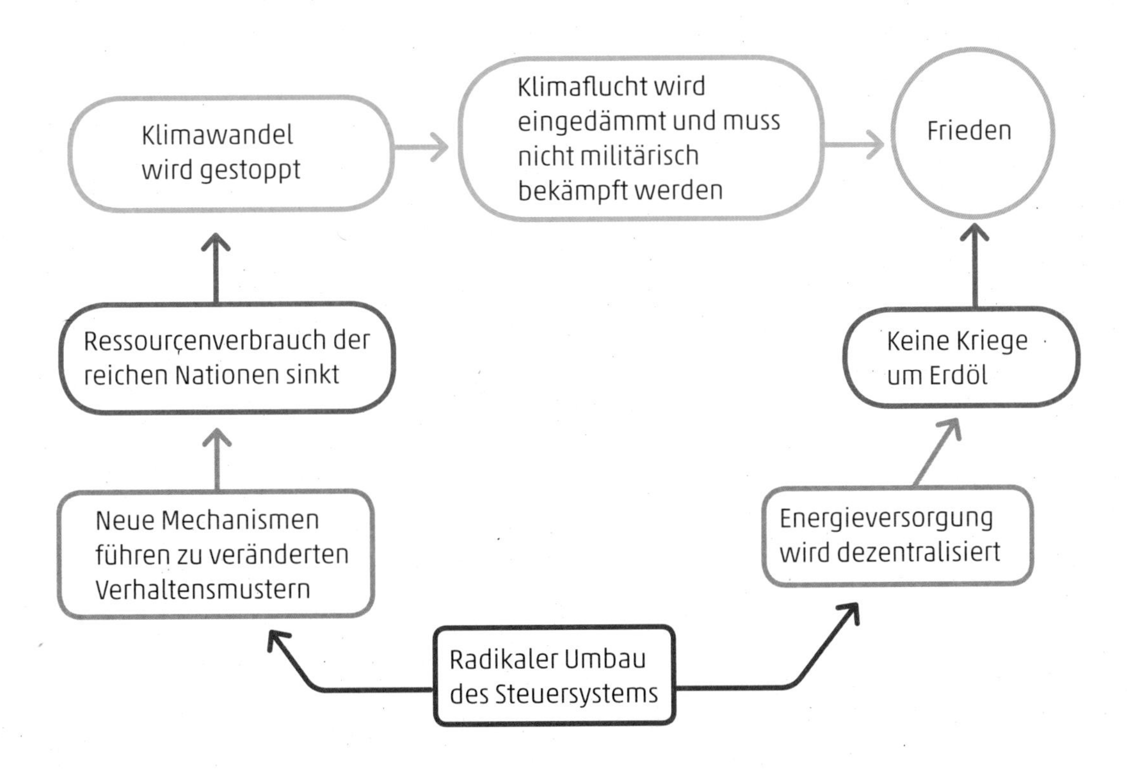

Materielle Sicherheit durch lokale Gerechtigkeit

Die Parole der französischen Revolution – Freiheit, Gleichheit, Brüderlichkeit – entsprang tiefen menschlichen Bedürfnissen, die wir heute noch in uns tragen. Der österreichische Philosoph Rudolf Steiner ordnete diese drei Begriffe den drei Säulen des Staates zu: Die Freiheit ist im Geistesleben verankert, also in der Wissenschaft, in der Religion, in der Kunst. Die Gleichheit ist der Grundsatz im Rechtsleben (Regierung, Gesetze, Verwaltung, Gerichtsbarkeit), und die Brüderlichkeit sollte im Wirtschaftsleben des Alltags sichtbar werden. Indem zum Beispiel jene, die sehr viel haben, denen etwas geben, die sehr wenig haben. Oder indem Menschen, die bessere Fähigkeiten haben, zwar mehr bekommen, als jene, die sich weniger gute Fähigkeiten aneignen konnten, aber vielleicht nur doppelt oder dreimal so viel. In besonderen Fällen wäre vielleicht auch 10- oder sogar 20-mal so viel noch vertretbar. Vor der Finanzkrise im Jahr 2008 gab es Investmentbanker, die 50.000-mal so viel verdienten wie ein schlecht bezahlter Arbeiter. Also etwa 40 Millionen – 40.000.000 – Dollar in einem Monat, gegenüber den 800 Dollar des Arbeiters. Die Finanzkrise wurde von solchen Leuten verschuldet, bezahlt wurde ihr Reichtum letzten Endes von jenen Millionen Menschen, die Haus und/ oder Job verloren. Obwohl man versuchte, diese ganz extremen Fälle im Zuge der Bankenregulierung zu verhindern, ging die Vermögensschere seither noch weiter auseinander. Der Gini-Koeffizient beschreibt diese Ungleichheit. Ein Wert von null steht für absolut gleiche Verteilung (alle haben oder bekommen gleich viel), ein Wert von 100 Prozent bedeutet, dass einer Person alles gehört. Bei einem Koeffizient von 50 Prozent gehören den reichsten 10 Prozent etwa 30 Prozent des gesamten Vermögens, die ärmere Hälfte besitzt nur etwa 17 Prozent. Weltweit lag der Gini-Koeffizient im Jahr 2016 bei über 90 Prozent. Das bedeutet, dass den reichsten 5 Prozent rund 95 Prozent des gesamten Vermögens gehören, der ärmeren Hälfte der Weltbevölkerung bleibt weniger als 2 Prozent des Vermögens. Aber auch innerhalb unserer Länder in Mitteleuropa ist die Ungleichheit mit 70 bis 80 Prozent hoch.

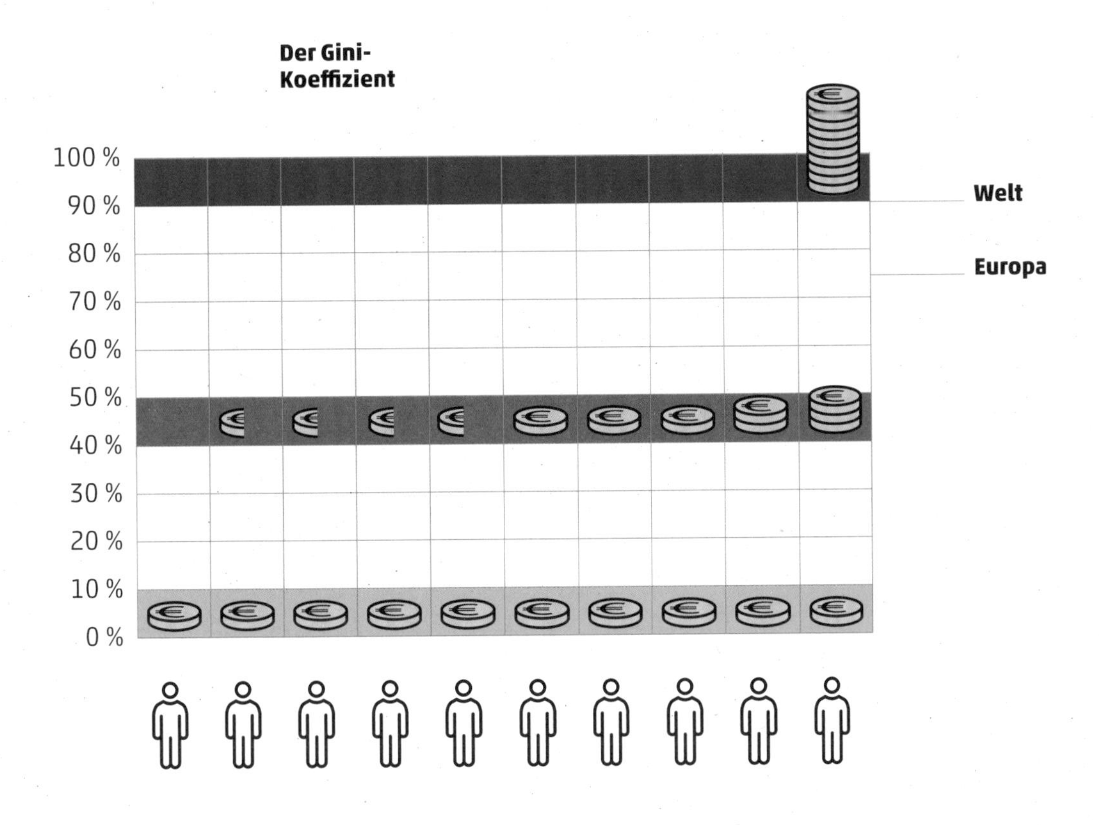

Ist es verwunderlich, dass diese sich immer weiter öffnende Schere zu wachsender Unzufriedenheit in unserer Gesellschaft führt? Populisten öffnet es jedenfalls Tür und Tor. Mit Besorgnis wird das Erstarken der Rechten beobachtet und erstaunt gefragt, wie das nur passieren könne. Soll dieser Entwicklung Einhalt geboten werden, ist die Ungleichheit zu reduzieren! Brüderlichkeit muss der Grundsatz unseres täglichen Zusammenlebens, unseres Wirtschaftens werden. Ein paar neue Regeln scheinen nötig: Das derzeitige Wirtschaftssystem taugt nicht, um die Herausforderungen zu meistern.

Der britische Sozialwissenschaftler Andrew Sayer lieferte 2017 mit seinem Buch „Warum wir uns die Reichen nicht leisten können" eine brillante Standortbestimmung des kapitalistischen Systems und dessen Auswüchse in der jüngeren Vergangenheit. Er deckt die Unvereinbarkeit von Kapitalismus und Klimaschutz auf und fordert eine „Moralische Ökonomie". Die Aussichten sind gut: Wert- und Moralvorstellungen unterlagen immer schon einem Veränderungsprozess, der auch in unsere Zeit hineinreicht. Je mehr die wachsende Ungerechtigkeit wahrgenommen und Bestandteil der öffentlichen Diskussion wird, umso eher wird der Boden für den Wandel bereitet. Was war im Lauf der Geschichte nicht schon alles moralisch legitimiert und hat sich in manch turbulenter Zeit verändert: Sklaverei und Leibeigenschaft wurden abgeschafft, die Apartheid ebenso, nach dem allgemeinen Wahlrecht folgte das Wahlrecht für Frauen und deren Kampf um gleiche Rechte; der Abbau der Diskriminierung von Minderheiten ist noch im Gange. Harmloser die Entwicklung ökologischer Moralvorstellungen: Im Mittelalter wurden Essensreste auf den Boden geworfen, später kam der Müll immerhin auf die Straße; noch vor 50 Jahren war Mülltrennung ein Fremdwort. Jede Veränderung entsprang der wachsenden Wahrnehmung eines Missstandes und mit jedem sozialen und ökologischen Meilenstein veränderten sich Wirtschaft und Gesellschaft.

Unsere westlichen Volkswirtschaften sind reich und werden es hoffentlich bleiben. Noch nie war Reichtum und Überfluss so groß wie heute. Aber eben nicht für alle. Die große, irreführende Parole: Geht´s der Wirtschaft gut, geht´s uns allen gut. Der Gini-Koeffizient beweist das Gegenteil. Die Reichen werden reicher, die Armen werden ärmer. In der Mitte lässt sich´s leben. So wie eine umfassende ökologische Steuerreform helfen wird, das globale Ungleichgewicht zu reduzieren, sind auch innerhalb der Staaten Instrumente erforderlich, die Brüderlichkeit in unseren Alltag bringen.

Wer viel Zeit in seine Ausbildung investiert, wer mit besonderen Fähigkeiten ausgestattet ist, wer besonders viel Verantwortung trägt, wer mehr seiner Zeit für die Arbeit opfert, soll auch mehr Geld bekommen, keine Frage. Wie viel mehr, ist aber eine Frage. Zahlreiche Studien sagen uns, dass Lebensqualität, Glück und Zufriedenheit mit steigendem materiellem Wohlstand zunehmen, aber nur bis zu einem bestimmten Niveau. Bei noch besserer materieller Ausstattung stagniert die Zufriedenheit oder nimmt sogar wieder ab. Bis zu diesem Niveau kann eine Besteuerung der Arbeit langfristig vollständig entfallen, sie wird von der Ressourcenbesteuerung abgelöst. Wer aber mehr Einkommen erzielt, als man zum Glück braucht, soll einen Teil davon solidarisch jenen zur Verfügung stellen, die nicht mit den erforderlichen Talenten ausgestattet wurden, oder aus anderen Gründen auf Hilfe angewiesen sind. Wo diese „Glücksgrenze" genau liegt, ist schwer zu bestimmen, man könnte sie zum Beispiel beim Doppelten des mittleren Einkommens ansetzen. Nur wer mehr verdient, liefert 50 Prozent der darüber liegenden Einkünfte ab. Das betrifft nur etwa 10 Prozent der Einkommensbezieher. Bei geringfügiger Überschreitung macht die Steuer sehr wenig aus, nur ein paar Prozent Spitzenverdiener liefern große Beträge ab. Vielleicht ist es sogar sinnvoll, extrem hohe Einkünfte, etwa ab 500 Prozent des

Medianeinkommens, mit einem noch höheren Steuersatz zu versehen. Wer – wie Investmentbanker zu Zeiten der Finanzkrise – Millionen erhält, ist in der Lage, einen größeren solidarischen Beitrag zum Wohle einer nachhaltigen Gesellschaft zu leisten. Wichtig ist, dass sämtliche Einkünfte gleich behandelt werden: Es ist unerheblich, ob es sich um Löhne, Kapitalerträge, Aktien- oder Spekulationserlöse handelt. Steuervermeidungsstrategien darf kein Raum gelassen werden.

Eine derartige Einkommensteuer für Gutverdiener wird helfen, den Gini-Koeffizienten nicht noch weiter ansteigen zu lassen. Um ihn aber zumindest geringfügig zu reduzieren, ist eine – eventuell befristete – Vermögenssteuer sinnvoll. Wie formulierte es der amerikanische Philosoph Henry David Thoreau so schön: „Überflüssiger Reichtum kann nur Überflüssiges kaufen. Es bedarf des Geldes nicht, um das zu erwerben, was der Seele nottut.“ Es genügen wenige Prozent, nur auf Privatvermögen und mit hoher Freibetragsgrenze. In der Bevölkerung spricht sich eine deutliche Mehrheit für eine solche Vermögenssteuer aus, auch immer mehr reiche Menschen sehen eine Notwendigkeit darin. Die auseinanderklaffende Schere stellt eine Gefahr für die Gesellschaft dar.

Weil wir von der Natur so reich beschenkt werden und unsere hochentwickelte Zivilisation über Mittel verfügt, diese Geschenke bequem und effizient zu nutzen, ist materielle Sicherheit für alle leistbar. Schon heute ist dafür gesorgt, dass Menschen ohne Arbeit Geld erhalten, auch alte und kranke Menschen, Kinder beziehungsweise deren Eltern erhalten staatliches Geld, und die medizinische Versorgung ist gesichert. Die Verwaltung kann jedoch massiv vereinfacht werden, wenn bestimmte Leistungen bedingungslos zur Verfügung gestellt werden: Gesundheitswesen, Bildung, Kinder- und Altenbetreuung, der öffentliche Verkehr, all das kann Teil eines Grundeinkommens in Form von Sachleistungen sein.

Hinzu kommt ein monetäres Einkommen, das ein Leben oberhalb der Armutsgrenze ermöglicht. Die Idee vom Bedingungslosen Grundeinkommen (BGE) wird längst nicht mehr nur in linken Kreisen diskutiert. In der Schweiz hat es die Frage schon bis zur Volksabstimmung geschafft; der Gründer des dm - drogerie markts, Götz Werner, war einer der frühen Fürsprecher: „Das Grundeinkommen hat sich für mich, aus meinen betriebswirtschaftlichen Erfahrungen, in Übertragung auf die Volkswirtschaft, als eine Notwendigkeit ergeben.“ Weitere namhafte Wirtschaftsgrößen wie Elon Musk (Tesla) oder Tim Höttges (Telekom) gehören ebenfalls zu den Befürwortern. Letzterer sieht im BGE auch eine Antwort auf die Digitalisierung, die Gesellschaft und Arbeitswelt grundlegend verändern wird.

Der Wegfall von Arbeit durch technische Fortschritte stellt zunächst einen Vorteil für die Gesellschaft dar, weil die Arbeit nicht mehr von Menschen gemacht werden muss. Problematisch ist die Entwicklung nur, wenn der Nutzen ungleich verteilt wird: Je mehr der Gini-Koeffizient ansteigt, umso schwieriger wird es für die sozial Schwachen und geringer Qualifizierten. Das BGE stellt einen substanziellen Lösungsansatz dar.

Die dritte Komponente dieses Gerechtigkeit-durch-Wohlstand-für-alle-Modells ist das Recht auf Arbeit. Zu diesem Menschenrecht bekennen sich zwar viele Staaten, sorgen aber nicht für dessen Umsetzung. Weil in Zukunft energieintensive Maschinen wirtschaftlich weniger konkurrenzfähig werden, nimmt das Angebot an einfacheren Tätigkeiten wieder zu. Arbeit ist zum Beispiel im Bereich der Landwirtschaft oder in der Pflege zu finden. Der damit verbundene Verdienst kommt zum Grundeinkommen dazu, sodass es jedem arbeitswilligen Bürger möglich ist, nicht nur in Würde, sondern angenehm zu leben. Kommunen und Länder könnten einen Teil dieser Arbeit selbst oder über eigene Organisationen verwalten.

Die Höhe des monetären Grundeinkommens hängt vom Alter ab: Bei Kindern ersetzt es die Kinderbeihilfe und beginnt bei einem Bruchteil des regulären Grundeinkommens. Bis zum Alter von etwa 20 Jahren steigt es auf 100 Prozent an. Ab beispielsweise 55 Jahren steigt der Wert weiter an, um einen fließenden Übergang in den Altersruhestand zu ermöglichen. Der finale Wert von vielleicht 200 Prozent des regulären Wertes ersetzt dann mit 65 oder 70 Jahren die Pension beziehungsweise Rente. So wird es möglich, den Arbeitsprozess langsam zu verlassen, und während dieser langen Übergangszeit mit Erfahrung und Fachwissen zur Verfügung zu stehen. Frauen haben natürlich den gleichen Anspruch wie Männer, unabhängig davon, welcher Art von Arbeit sie im Lauf ihres Lebens nachgingen. Altersarmut, die heute meist weiblich ist, gehört der Vergangenheit an. Und Luxuspensionen auch. Warum sollte die Rente an den früheren Verdienst gekoppelt sein? Es käme auch niemand auf die Idee, umso mehr Kinderbeihilfe zu bezahlen, je höher der Verdienst der Eltern ist. Das komfortable Leben im Alter können wir uns nicht deshalb leisten, weil wir vorher so viel gearbeitet haben (das haben unsere Vorfahren auch), sondern weil es die technischen Fortschritte im Zusammenhang mit der intensiven Nutzung der Ressourcen ermöglichen. Fast paradiesische Zustände – wenn es gelingt, die Ressourcen nachhaltig zu nutzen.

Diese Gleichstellungen ziehen eine radikal einfachere Verwaltung nach sich: Kinder- und Studienbeihilfe, Arbeitslosengeld und Hartz-IV, Wohnbeihilfen und Heizkostenzuschüsse, Pensionen und Renten – mit all ihren komplizierten Vorschriften und Berechnungsverfahren – entfallen, mitsamt den dazugehörenden Anstalten und Verwaltungsapparaten. Diese Vereinfachungen sparen nicht nur eine Menge von Kosten, sie erleichtern auch das Leben der BürgerInnen. Ein beträchtlicher Teil der Bevölkerung ist bei Behördengängen, dem Ausfüllen von Formularen – auf Papier oder online – schlicht überfordert. Manche der sozial Schwächsten sind nicht zuletzt darum so schwach, weil sie nicht in der Lage sind, auf Mittel, die ihnen zustehen, zuzugreifen. Jedenfalls darf die Ökologisierung des Steuer- und Wirtschaftssystems niemals mit wirtschaftlichen Nachteilen für sozial Schwächere verbunden sein, das Gegenteil muss erreicht werden. Der skizzierte Ansatz gewährleistet dies.

Einzelne Länder können eine Vorreiterrolle übernehmen. Die vollumfängliche Umsetzung ist aber eine Aufgabe für Europa. Gemeinsame Währung und freie Warenströme sind nicht die entscheidenden, Kulturen verbindenden Momente. Gleiches Recht, gleiches Gesetz für alle ist die wichtigste Voraussetzung, damit sich Menschen einer Gemeinschaft zugehörig fühlen können. Die Politikwissenschaftlerin Ulrike Guérot beschreibt das in ihrem Buch „Warum Europa eine Republik werden muss!" sehr eindrücklich. Europa hat die Themenführerschaft zum Klimaschutz bereits inne; an Europa liegt es, Möglichkeiten aufzuzeigen, die Geschwindigkeit vorzugeben.

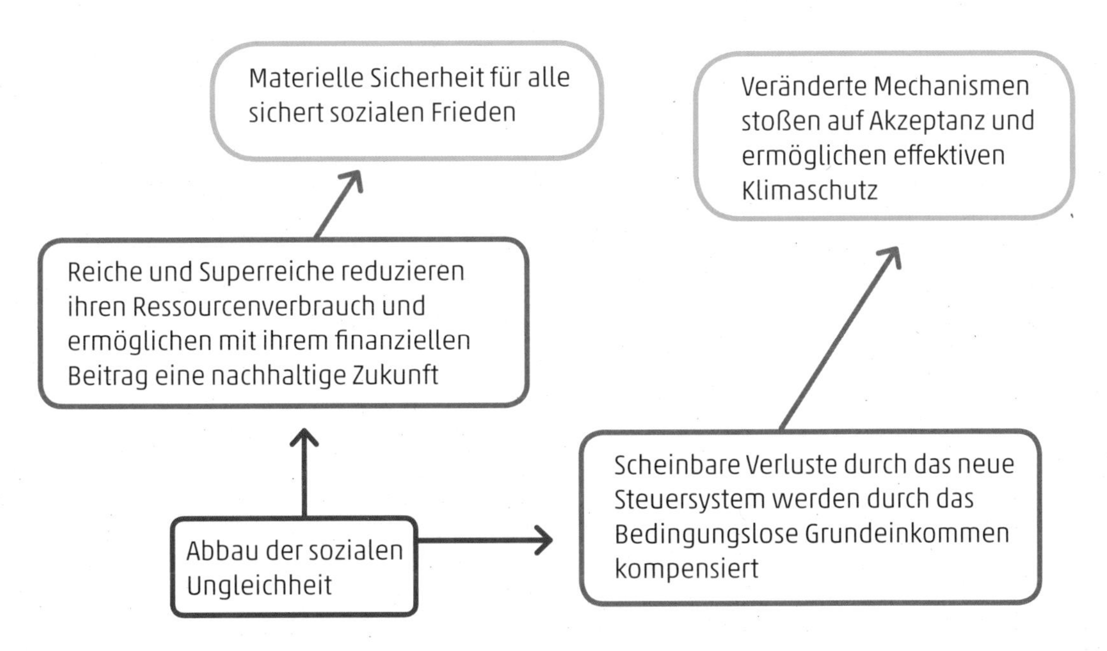

Wertschätzung durch Arbeit

Manuelle Tätigkeiten sind heute in der Regel weniger angesehen als geistige. Die Wertschätzung wird sich aber – zu Recht – verlagern. Es ist ein Irrglaube zu meinen, die Digitalisierung könnte uns von aller Müh der körperlichen Arbeit befreien. Abgesehen davon, dass händisches Schaffen ein Gefühl von Zufriedenheit, auch von Stolz hervorruft; gutes Handwerk ist die Basis eines nachhaltigen Wirtschaftssystems.
In meiner Laufbahn als Produktentwickler genügten wenige Erfahrungen, um zu erkennen, dass auf dem Papier kein brauchbares Konstrukt entstehen kann. Je mehr Produkte entstanden, umso mehr wurden meine Entwicklungen von den Einschätzungen und Empfehlungen der „Praktiker" geprägt. Am Ende verstand ich meine Arbeit so, dass ich meine Überlegungen und theoretischen Entwürfe wöchentlich einem interdisziplinären Kreis vorstellte, der größtenteils aus Personen bestand, die mit dem Produkt in der Praxis zu tun haben würden: Leute aus der Produktion, aus der Qualitätssicherung, Kundendiensttechniker und auch Kunden nahmen an diesen regelmäßigen Entwicklungstreffen teil. An diesen Nachmittagen erfuhr ich stets, welche meiner Ideen warum nicht funktionieren würden. Ein scheinbar mühsamer Prozess, der aber letzten Endes zu der kürzest möglichen Entwicklungsdauer führt: Umso mehr Zustimmung die Theorie von den Praktikern erhält, umso weniger zeitaufwändige Verbesserungsschleifen sind nach dem Prototypenstadium zu erwarten. Im Lauf der Zeit veränderte sich meine Haltung zu diesem Prozess: War es am Anfang mehr Verpflichtung und pragmatisches Vorgehen, begegnete ich den Fachleuten aus den verschiedenen Bereichen immer mehr mit Respekt und Bewunderung. Handwerkliches Geschick und die damit verbundene Erfahrung kann durch nichts ersetzt werden.

Wer arbeitet, ist in der Regel in eine soziale Struktur eingebettet. Er hat Arbeitskollegen, eine Führungskraft, vielleicht Mitarbeiter, für die er Verantwortung trägt. Man kann besser oder weniger gut mit den Kollegen klar kommen, kann den Chef mögen oder nicht. An den formellen Strukturen verzweifeln oder sie schätzen. Man wird aber innerhalb dieser sozialen Struktur in den allermeisten Fällen ein wichtiges Bedürfnis stillen können: zu einer Gruppe zu gehören, in Beziehung zu anderen zu stehen, akzeptiert zu werden, Wertschätzung zu erfahren. Lob und Anerkennung lösen positive Gefühle aus. Die Gehirnforschung liefert immer wieder neue Erkenntnisse zu diesen Interaktionen. Die Neurowissenschaftlerin Tania Singer hat in ihren Forschungsarbeiten nachgewiesen, wie viel Empathie, gemeinsamer Erfolg und auch altruistisches Handeln zu unserem Glück beitragen: Wir kooperieren und helfen gerne. Die Wertschätzung, die wir selber gerne erfahren, lassen wir auch anderen gerne zu Teil werden. Dieses empathische Geben und Nehmen schafft oft größere Zufriedenheit, mehr Glücksgefühle als das Erreichen eines operativen oder monetären Ziels. Noch eine Stufe weiter oben ist das Schaffen eines Werks angesiedelt. Nicht nur das Miteinander funktioniert, sondern *ich* habe etwas Bedeutsames geschaffen. Ich habe ein Ergebnis produziert, das gebraucht wird. Vielleicht ein Werkstück, ein Möbel oder ein wieder funktionierendes Gerät. Vielleicht auch ein Mittagessen oder ein Bild. In einer sehr spezialisierten und arbeitsteiligen Welt geht dieser Erfolg verloren: Exakt beschriebene Arbeitsprozesse führen zu einem vorhersehbaren, multiplizierbaren Ergebnis.

Der schon zitierte Niko Paech hat mit seiner Postwachstumsökonomie ein Modell entworfen, das die handwerkliche Arbeit wieder mehr in den Vordergrund rückt: Er sieht die produktive Arbeitszeit zukünftig auf die drei Bereiche der Industrie, der regionalen Ökonomie und der Eigenproduktion aufgeteilt. Diese Aufteilung kann individuell vollkommen unterschiedlich sein – manche Menschen werden weiterhin ihrem Vollzeitjob in der Industrie nachgehen, andere reduzieren dort auf die Hälfte und teilen den Rest auf die verbleibenden Bereiche auf. Andere werden sich ausschließlich in der Regionalökonomie betätigen. Generell verlagert sich ein wesentlicher Teil der Erwerbsarbeit von der Industrie zum Handwerk. Der Großteil der Beschäftigung ist deshalb in der regionalen Wirtschaft zu finden. Hier ist die Landwirtschaft angesiedelt, das Handwerk, Bauen und Sanieren, Wartung und Reparaturen von industriellen Produkten, Rezyklieren von Rohstoffen sowie Dienstleistungen in vielfältiger Form. Auch die Energieversorgung kann innerhalb einer Region – je nach Gegebenheiten mehr oder weniger autonom – gesichert werden. So können Regionen entstehen, deren Geld und Waren großteils intern zirkulieren. Nur ein Teil muss in Form von Industrieprodukten und manchen Lebensmitteln importiert werden, ein Teil wird in Form von anderen Produkten und Lebensmitteln exportiert. Die globalen Güterbewegungen nehmen stark ab. Jede einzelne Region verfügt über ihre spezifischen Wettbewerbsvorteile, in jeder Region entsteht eine eigene, tragfähige Ökonomie. Die Qualität der Produkte und Dienstleistungen steigt tendenziell an. Zum einen, weil die Arbeit nicht so kleinteilig ist. Mit dem Blick auf das Ganze steigen auch Umsicht und Verantwortung für die eigene Arbeit. Zum anderen, weil sich Produzent und Abnehmer oft kennen, in einer gesunden, vertrauensvollen Wirtschaftsbeziehung zueinander stehen: Da wird Qualität geschätzt und auf Qualität geachtet.

Durch diese Verlagerung in die Regionalwirtschaften werden weniger Arbeitskräfte für die Industrie zur Verfügung stehen. Aber auch der Bedarf an industrieller Produktion wird schrumpfen, nur noch ein kleiner

Teil der Arbeit wird hier zu finden sein. Diese Industrie beliefert uns mit Produkten, deren handwerkliche Produktion nicht möglich oder viel zu teuer wäre. Die Arbeitsteilung ist nach wie vor überregional, wenn erforderlich auch global. Die Reduktion der Industrieleistung erfolgt im Lauf der nächsten 20 Jahre. Die langfristige Planung dieser Veränderungen ist von größter Bedeutung, damit die Verlagerung der Beschäftigungsverhältnisse auf natürliche Art und Weise – ohne Entlassungswellen und Umschulungen, stattdessen über Pensionierungen und Ausbildungsoffensiven für Zukunftsberufe – vonstattengehen kann.

Den verbleibenden Rest der Arbeitszeit verwendet man für sich selbst, oder bietet die Zeit im Leistungstausch in kleinen sozialen Netzen an. Das ist der ursprünglichste und wertvollste Teil der Arbeit: Haus- und Gartenarbeit, die Produktion und Reparatur von Dingen, die man selbst braucht oder die im unmittelbaren Umfeld gebraucht werden. Hobbygärtner bauen ihr Gemüse selbst an, weil es aber zu viel für einen Haushalt ist, erhält die Nachbarschaft einen Teil davon. Eine der Nachbarinnen ist leidenschaftliche Mechanikerin und repariert das Fahrrad des Hobbygärtners, eine andere setzt ihm den Computer neu auf, ein Dritter räumt den Schnee weg. Solche lokalen und regionalen Tauschbörsen gibt es bereits in vielen Städten und auch in ländlichen Regionen. In Vorarlberg besteht die Tauschbörse „Talente" bereits seit 20 Jahren. Das Netzwerk lebt, jährlich werden etwa 10.000 Geschäfte abgewickelt. Darüber hinaus stellen Vereinsengagement und ehrenamtliche Tätigkeiten im Dienste der Gemeinschaft, bei Rettung und Feuerwehr, eine unentgeltliche Komponente des persönlichen Beitrags zum Gemeinwohl dar.

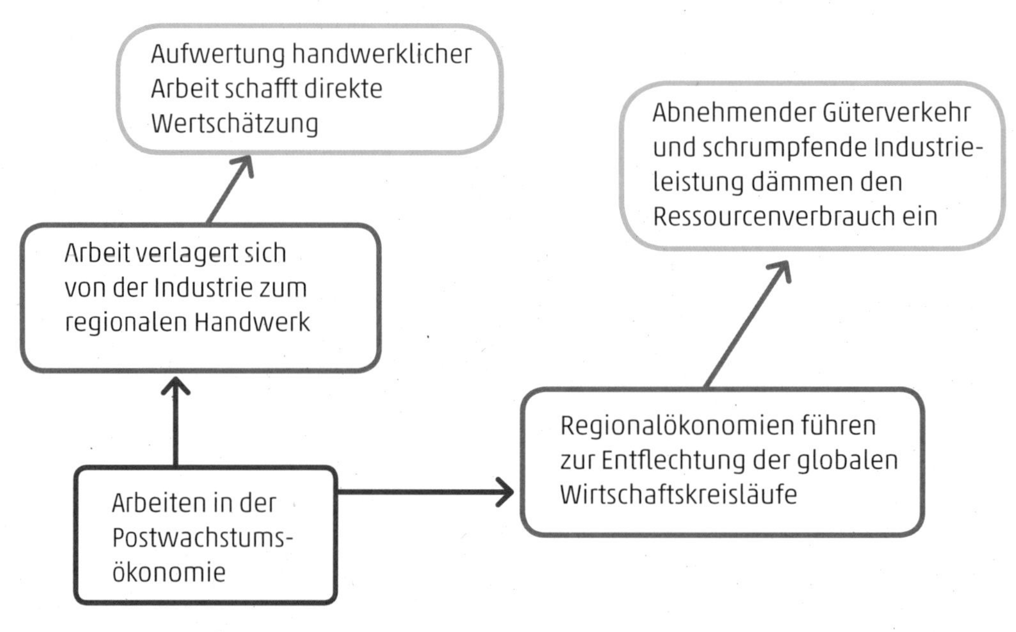

Anerkennung durch Bildung

Unser Alltag ist komplex und undurchschaubar geworden, daran muss man sich gewöhnen. Manche Menschen mögen verstehen, was im Detail vor sich geht, wenn eine Suchabfrage am Smart Phone innert Zehntelsekunden Millionen Ergebnisse liefert. Die Elektronik im Smartphone, die Wellen in der Luft, die Physik im WLAN, die Geschwindigkeit im Datennetz, die Software bei den Suchservern. Zur Allgemeinbildung taugt das Thema nicht. Manche Dinge des Alltags sind bedeutend einfacher zu verstehen, sind aber trotzdem nicht im Lehrplan zu finden. Grundlagen der Ernährung beispielsweise können schon recht früh gelehrt werden. Volksschüler können Gemüse anbauen; viele von ihnen werden zum ersten Mal hören, dass Kartoffeln in der Erde waren, bevor sie zu Pommes verarbeitet werden. Oder dass Tiere geschlachtet werden müssen, bevor das Fleisch gegessen werden kann. Kein Volksschüler soll lernen, wie ein Verbrennungsmotor funktioniert, aber vielleicht, dass in heutigen Autos Benzin oder Diesel verbrannt wird, und woher das Erdöl hierfür kommt. Ein Blick in die industrielle Produktion, ein Blick auf das Handwerk vermittelt eine erste Vorstellung davon, dass die Gegenstände unseres Alltags hergestellt werden müssen, bevor sie der Paketdienst bringt. Ein wenig Alltagskunde würde auch in Bezug auf das Bauen und Wohnen nicht schaden – nicht jedes Kind weiß, dass sich hinter dem Wasserhahn eine Wasserleitung verbirgt und diese bis zum Wasserwerk führt.

Später werden einfache wirtschaftliche Zusammenhänge interessant. Was sich hinter einem Produktpreis verbirgt, welche Ressourcen benötigt und bezahlt wurden, welche Arbeitskräfte daran mitgewirkt haben. Und welche Kosten ein Unternehmen sonst noch zu tragen hat. Das würde helfen, hinter einem Preis nicht nur den Kostenfaktor, sondern auch den Wert zu sehen. Man würde lernen, Preis und Wert auseinanderzuhalten. Wäre es nicht auch hilfreich, bereits in der Schule zu lernen, wozu Banken eigentlich da sind, wie sie funktionieren und warum sie die Finanzkrise 2008 auslösen konnten? (Um genau zu sein: nicht die Banken, sondern Menschen, die wiederum gewachsenen Mechanismen folgten.)

Wenigstens ein Stück weit die Welt zu verstehen, ist ein Bedürfnis junger Menschen. Guter Geschichtsunterricht hilft, die Gegenwart besser zu verstehen. Geographie kann vermitteln, wo welche Völker auf welchem Wohlstandsniveau leben, welche Ressourcen verbraucht werden und mit welchen Emissionen das verbunden ist. Ethik, Nachhaltigkeit und Ökologie sind Bereiche, die heute noch viel zu kurz kommen. Eine etwas praxisorientiertere Allgemeinbildung hilft nicht nur, unsere Welt ein bisschen besser zu durchschauen, sondern liefert auch wertvolle Entscheidungsgrundlagen für eine spätere Spezialisierung.

In meiner Ausbildung zum Maschinenbauer wurde ich von einem Professor begleitet, dem der Ruf vorauseilte, den Schülern nichts beibringen zu können. Wer ihn in Mathe oder Physik genoss, konnte nur hoffen, in einer späteren Klasse keinen anderen Professor zu bekommen – das würde man nicht schaffen. Tatsächlich fehlten am Ende des Jahres auch einige Themengebiete, die der Lehrplan vorsah. In den Unterrichtsstunden erzählte er uns oft Geschichten aus seinem Leben. Geschichten, die uns halfen, Physik und Mathe zu verstehen. Es gab einen Zeitpunkt, ab dem ich das Gefühl hatte, technische Zusammenhänge zu begreifen. Davor lernte ich Dinge auswendig, auch in anderen technischen Fächern. An die meisten Inhalte kann ich mich gar nicht mehr erinnern. An die Geschichten und die dadurch gewonnenen Erkenntnisse aber sehr wohl.
Das alles war noch lange vor der Zeit des Internets. Es war aber damals so wichtig wie heute, Informationen nicht nur zu erfassen und sie beim Prüfungstermin wiederzugeben, sondern diese Informationen so zu verstehen und interpretieren zu können, dass sie zu Wissen werden.

Die nächsten 20 Jahre stellen nicht nur eine politische Herausforderung dar, sondern auch eine fachliche. Nur weil das Wissen vorhanden ist, heißt das nicht, dass es schon von ausreichend vielen Menschen beherrscht wird. Die Ausbildungsschwerpunkte sind zu verlagern: Das Wissen um nachhaltige Methoden in der Landwirtschaft muss neu strukturiert und auf breiter Ebene gelehrt werden. Landwirtschaftliche Tätigkeiten werden eine Aufwertung erleben. Sowohl den gesellschaftlichen Status betreffend als auch den Marktwert. Die Bedeutung des Handwerks wird zunehmen, gefragt sind gut ausgebildete Spezialisten aus allen Bereichen. Insbesondere die Nachfrage nach Reparaturen aller möglichen Produkte steigt an. Die Lehrbücher der Betriebs- und Volkswirtschaftslehre werden neu zu schreiben sein, wenn die erforderlichen Maßnahmen zur Umsetzung gelangen.

Die bevorstehende Effizienzoffensive und der Umbau des Energiesystems verlangen nach einem Kraftakt: Die Lehrpläne für eine Vielzahl von technischen Berufen müssen ergänzt, korrigiert oder vollständig erneuert werden. Um die Ausbildungsplätze auszubauen und junge Menschen für die technischen Karrieren zu begeistern, müssen ungeheure Anstrengungen unternommen werden. Die Themenfelder sind so zahlreich wie vielfältig: Soll energieeffizientes Bauen und Sanieren zum Mainstream werden, muss dies in die Ausbildung von Architekten, Bauingenieuren, Baumeistern, Zimmermeistern und einiger anderer Berufsgruppen einfließen. Für effiziente Gebäudetechnik im Wohnbau (Schwerpunkt Wärmepumpe) werden neben gut ausgebildeten Installateuren und Planungsingenieuren auch Produktentwickler benötigt. Energieeffiziente Lüftung und Klimatisierung ist im Nichtwohnbereich das Hauptthema der Gebäudetechnik – Fachleute für Planung und Ausführung sind aus- und weiterzubilden. Noch mehr Ingenieure mit Schwerpunkt Effizienz werden für die Industrie benötigt – von der Prozesswärme, Wärmerückgewinnung, Abwärme und Nahwärmenetz über die Spezialgebiete der Druckluft, Hydraulik und Kältetechnik bis hin zu Beleuchtung und IT mitsamt energieeffizienter Konzeption von Rechenzentren. Viele neue Berufsbilder bringt die Elektromobilität hervor; die Ausbildungen müssen vielfach noch entworfen und eingeführt werden. Auch neue Formen des Güterverkehrs und die künstliche Intelligenz in der Mobilität lösen einen Bedarf an neuen Berufen aus. Alle Arten und Ausprägungen des zukünftigen Energiesystems verlangen nach Fachkräften: Strom aus Wind und Sonne, Biogas- und Holzgaskraftwerke, Solarthermie für Prozesswärme; Elektrolyse, Wasserstoff und Brennstoffzelle; Methanisierung; Lademanagement in der Elektromobilität und im Gebäudesektor. In all diesen Segmenten sind Theorie und Praxis, Akademiker und Handwerker gleichermaßen gefragt und gefordert.

Weil manuelle Tätigkeiten an Bedeutung gewinnen werden, ist die Skala der Qualifikation differenzierter zu betrachten. Das Bewusstsein, dass unsere Gesellschaft ohne handwerklich veranlagte Menschen nicht funktioniert, wächst. Die Digitalisierung führt entgegen mancher Einschätzung nicht dazu, dass jegliche Arbeit via Laptop im Café verrichtet werden kann. Menschen, die sich im theoretischen Metier leichter tun, begegnen Menschen mit handwerklichen Begabungen auf Augenhöhe. Qualifikationen werden weniger auf der Skala von niedrig und hoch bewertet, sondern nach den erlernten Fähigkeiten unterteilt. Anerkennung erfährt, wer sein Wissen und seine Fähigkeiten zum Wohl einer nachhaltigen Gesellschaft einsetzt.

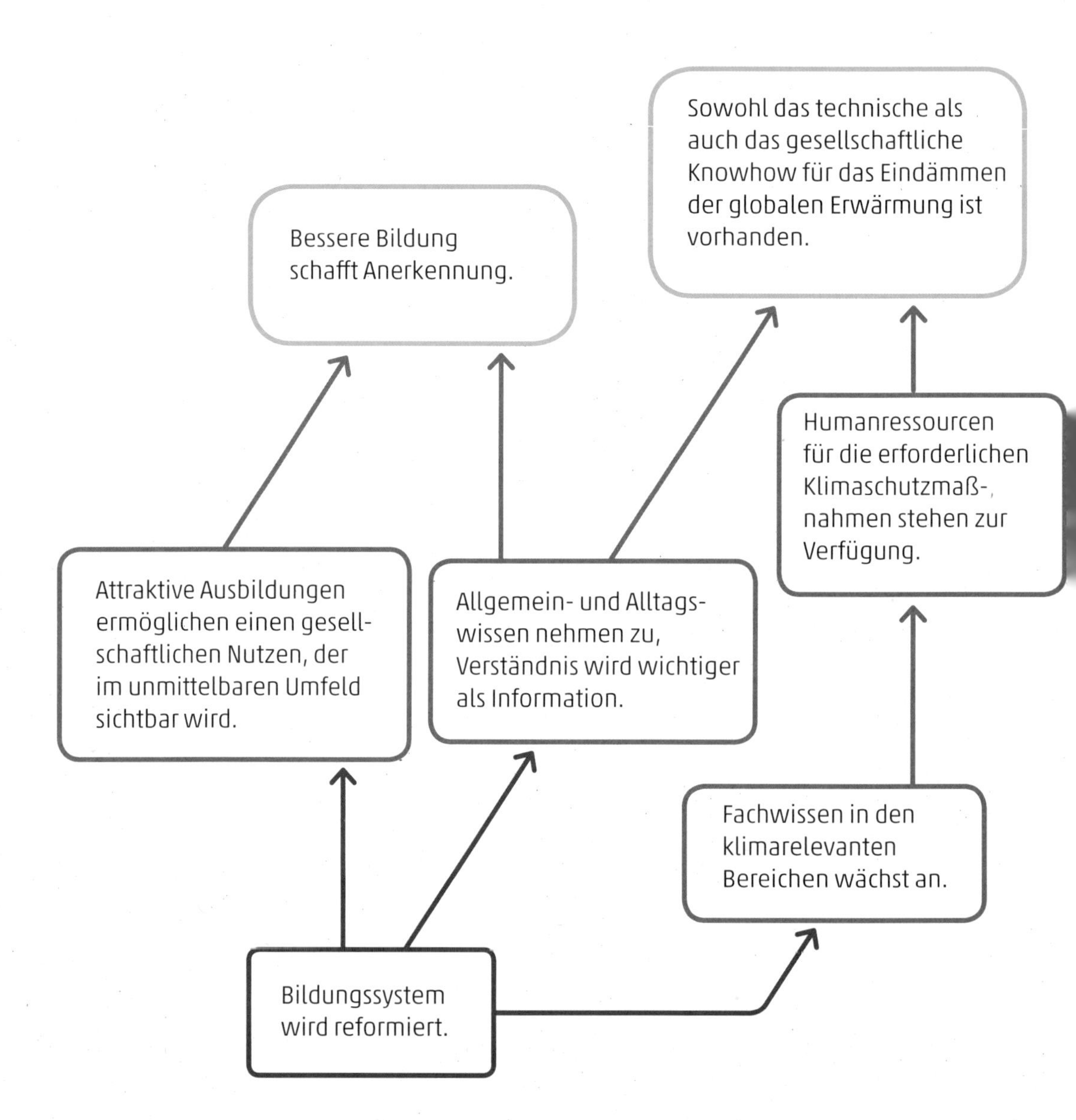
Sowohl das technische als auch das gesellschaftliche Knowhow für das Eindämmen der globalen Erwärmung ist vorhanden.
Bessere Bildung schafft Anerkennung.
Humanressourcen für die erforderlichen Klimaschutzmaß-, nahmen stehen zur Verfügung.
Attraktive Ausbildungen ermöglichen einen gesell-schaftlichen Nutzen, der im unmittelbaren Umfeld sichtbar wird.
Allgemein- und Alltags-wissen nehmen zu, Verständnis wird wichtiger als Information.
Fachwissen in den klimarelevanten Bereichen wächst an.
Bildungssystem wird reformiert.

... und Wachstum?

Ist kein Grundbedürfnis.

Zumindest Wirtschaftswachstum nicht. Trotzdem scheint es wie in Stein gemeißelt: Wir brauchen Wachstum. Gerne nachhaltiges Wachstum, grünes Wachstum, aber ohne Wachstum geht gar nichts, behaupten Vertreter aus Politik und Wirtschaft. Ja wie lange denn noch? Es ist bald 50 Jahre her, dass der amerikanische Sozialökonom Dennis Meadows im Auftrag des Club Of Rome die Grenzen des Wachstums aufgezeigt hat. Unendlich sei nur die Dummheit der Menschen und das Weltall, sagte Albert Einstein. Und nur bei Letzterem sei er sich nicht ganz sicher. Ist vorstellbar, dass immerwährendes Wachstum eine nachhaltige Gesellschaft ermöglicht? Endliche Rohstoffreserven, wachsende Müllberge und schrumpfende Biodiversität sprechen (unter anderem) dagegen. Tatsächlich sind die natürlichen Kreisläufe geprägt von Wachstum – aber auch von Zerfall. Beispiele dauerhaften Wachstums sind in der Natur nicht zu finden. So wie wir Menschen zu akzeptieren haben, dass wir nach Jahren des Wachstums zunächst so bleiben dürfen wie wir sind, uns dann aber wieder von dieser Welt verabschieden müssen, ist auch anzuerkennen, dass Wirtschaftszweige wachsen und wieder zerfallen müssen. Unsere Gesellschaft soll sich weiterentwickeln. Wachsen sollen Gesundheit, Glück und Freude! Eine Skala, auf der diese Entwicklung beobachtet und verfolgt werden kann, fehlt aber noch; ist zumindest noch nicht etabliert.

In der Regel muss immer noch das Bruttoinlandsprodukt (BIP) herhalten, wenn über die Verfasstheit einer Gesellschaft befunden wird. Das BIP steigt jedoch auch an, wenn die Schäden von Naturkatastrophen und Atomkrafthavarien repariert, Städte von Hurrikanen verwüstet und wieder aufgebaut werden müssen. Verkehrsunfälle steigern das BIP, Autostaus wegen des erhöhten Treibstoffverbrauchs ebenso. In der Regel stimmt, dass mehr Erwerbstätigkeit ein höheres BIP zur Folge hat. Das verleitet zum fatalen Umkehrschluss, dass ein höheres BIP benötigt wird, wenn zu wenig Arbeit da ist. Die Krux liegt darin, dass der Anteil der Arbeit am BIP immer geringer wird. Das hat schon vor ziemlich langer Zeit begonnen: Als unsere Vorfahren im Zuge der neolithischen Revolution Tiere domestizierten, wurde dadurch die menschliche Arbeitskraft entlastet. Es entstand dadurch aber zunächst keine Arbeitslosigkeit, sondern mehr Wohlstand. Nach und nach wurden Techniken erfunden, um die Kräfte der Natur nutzbar zu machen. Im Zuge der industriellen Revolution kamen Maschinen zum Einsatz, die mithilfe von fossilen Brennstoffen die menschliche Muskelkraft ersetzen konnten. Aber nicht nur die Muskelkraft, sondern mitunter die ganze Arbeitskraft. Diese Arbeitskräfte standen jedoch nach wie vor zur Verfügung. Die Beschäftigung für andere Tätigkeiten führte zu stark ansteigender Wirtschaftsleistung und Wohlstand – zumindest für eine Gruppe der Gesellschaft. Im Zuge der zweiten und dritten industriellen Revolutionen verhalfen elektrische Energie und Automatisierung zu weiteren Produktivitätsschüben, frei werdende Arbeitskräfte schufen zusätzliches Wirtschaftswachstum und erneut mehr Wohlstand – wenn auch nicht bei allen Gruppen der Gesellschaft. Heute, den Blick auf die bevorstehende vierte industrielle Revolution gerichtet, beschäftigt man sich vielerorts mit der Frage, was denn die vielen Menschen machen sollen, wenn der automatisierte Onlinehandel VerkäuferInnen freisetzt, Buchhaltungen nur ein Nebenprodukt der digitalisierten Unternehmensprozesse sind, die Kassen im Supermarkt von Scannern „bedient“ werden und Reisebüros sowieso vom Internet abgelöst werden, um nur einige wenige der Entwicklungen zu nennen.

All das kann man positiv sehen: Die Arbeiten müssen nicht mehr von Menschen verrichtet werden, sie erfolgen von selbst. Jeder technische Fortschritt führt(e) dazu, dass die Menschen in Summe weniger arbeiten müssen und der Wohlstand zunimmt. Würde dieser Wohlstand auf alle verteilt werden, müssten alle weniger arbeiten. Warum das nicht passiert? Weil der Wohlstandszuwachs ungleich verteilt wird - Stichwort Gini-Koeffizient: 5 Prozent der Menschen besitzen 95 Prozent des weltweiten Vermögens. Die Ärmeren profitieren davon nicht und können es sich deshalb nicht leisten, weniger zu arbeiten. Für die Reicheren ein Argument, noch mehr Wachstum zu fordern, um die Ärmeren ausreichend mit Arbeit zu versorgen. Das wiederum lässt den Gini-Koeffizienten noch weiter ansteigen. Anders formuliert: Wachstum zu fordern heißt, soziale Ungleichheit zu fördern.

Wenn Wachstum nicht erforderlich ist, um den erlangten Wohlstand zu sichern, werden andere Bewertungsindikatoren als das BIP benötigt. Im Königreich Bhutan wird beispielsweise über wiederkehrende Befragungen das Bruttonationalglück erfasst und wenn möglich gesteigert. Es erfasst neben dem materiellen Aspekt das persönliche, psychische Wohlbefinden, die Gesundheit, Bildung, Partizipation, Ökologie und anderes. Dieser Index ist stark auf Bhutan zugeschnitten und gilt in der Form als nicht übertragbar. Es wurde aber bereits eine Reihe von weiteren Indizes entworfen: Nicolas Sarkozy beauftragte 2009 den amerikanischen Nobelpreisträger Joseph Stiglitz zusammen mit einer Kommission von weiteren 22 Ökonomen, nach alternativen Bewertungsmethoden zu suchen. Diese Kommission plädierte für die Einführung eines „Nettonationalproduktes“, das auch Humankapital, zum Beispiel in Form des Bildungsniveaus der Menschen berücksichtigt. Die Qualität des Gesundheitssystems spielte eine Rolle und unbezahlte Hausarbeit musste dem Index zugerechnet werden. (Aus BIP-Sicht wäre es nämlich sinnvoll, wenn Frauen oder Männer eines Haushalts im jeweiligen Haushalt des Nachbarn putzen und kochen und sich die Leistungen gegenseitig in Rechnung stellen würden.)

Auch der Human Development Index (HDI) der UN enthält neben dem BIP Faktoren wie Bildung und Lebenserwartung. Der Nationale Wohlfahrtsindex (NWI) von Hans Diefenbacher, Volkswirt an der Uni Heidelberg, soll das Wohlfahrtsniveau des Landes noch besser abbilden: Neben dem privaten Konsum fließen zum Beispiel die öffentlichen Ausgaben für das Bildungswesen, Kosten für Verkehrsunfälle, Kriminalität und Drogenkonsum, aber auch die Einkommensverteilung ein. Unter den Ländern mit den niedrigsten, also besten Gini-Koeffizienten finden sich Schweden, Norwegen, Österreich und Belgien; ganz am Ende stehen Länder wie Sierra Leone, die Zentralafrikanische Republik und Swasiland. Hohe Lebensqualität und gerechte Einkommensverteilung hängen offenbar eng zusammen. In einem solchen Index darf der Gini-Koeffizient deshalb nicht fehlen.

Wenn der wirtschaftliche Vorteil durch technologische Entwicklungen allen zugutekommt und die bestehende, eklatante Ungleichheit reduziert wird, ist Wirtschaftswachstum für das Überleben der Unter- und Mittelschicht nicht erforderlich. Aber zugegeben: Woher sollte es auch kommen? So sehr die im ersten Abschnitt skizzierte Veränderung des Lebensstils zu mehr Gesundheit und Zufriedenheit führt und der Klimawandel gestoppt werden kann – eine weiter und uferlos wachsende Wirtschaft resultiert daraus definitiv nicht. Im Gegenteil, Wirtschaftswachstum ist nicht nur kein Bestandteil der Strategien gegen den Klimawandel und für eine sozial gerechtere Welt. Es wirkt kontraproduktiv.

Wenn Wachstum nicht nur nichts nützt, sondern schadet, müssen Wachstumstreiber identifiziert und entkräftet werden. Der amerikanische Ökonom Viktor Lebow beschrieb das Übel bereits 1955: „Unsere ungeheuer produktive Wirtschaft verlangt, dass wir den Konsum zu unserem Lebensstil und den Kauf und die Nutzung von Gütern zu unserem Ritual machen, dass wir unsere spirituelle Befriedigung und die Erfüllung unseres Selbst im Konsum suchen.“ Was veranlasst Menschen dazu, Gebrauchsgegenstände zu ersetzen, bevor es nötig ist? Sich mit Dingen einzudecken, die man nicht braucht, immer den neuesten Schrei zu tragen, mehrere Autos zu besitzen, um dann doch lieber mit dem Flugzeug um die Welt zu jetten? Man steht unter dem Druck der Öffentlichkeit, vergleicht sich mit anderen. Noch schlimmer ist aber der Vergleich mit einer gar nicht existierenden Wirklichkeit, wie sie uns in der Werbung vorgegaukelt wird. Dort ist die heile Welt zu finden, das Abenteuer, Sexualität, Liebe und Anerkennung. Bedürfnisse werden geweckt, die zu stillen man sonst gar nicht auf die Idee käme. Würde man wenigstens nur den Nachbarn um sein neues Auto beneiden. Nein, der Neid bezieht sich immer mehr auf eine Scheinwelt, die in der Regel mithilfe von Werbung erzeugt wird. Werbung täuscht vor, Werbung verführt.

Es gibt einige wenige Dinge, die zwar noch legal sind, aber nicht unbeschränkt beworben werden dürfen, wie zum Beispiel das Rauchen. Zu groß der gesundheitliche und somit auch der volkswirtschaftliche Schaden. Wenn Werbung für den Konsumrausch unserer Gesellschaft mitverantwortlich ist, für das Schüren von Bedürfnissen und das Vorgaukeln von Scheinwelten, dann wäre es angemessen, den dadurch entstehenden volkswirtschaftlichen Schaden zu berücksichtigen, etwa in Form einer Steuer. Selbstverständlich soll es möglich sein, Produkte der interessierten Zielgruppe vorzustellen, die Vorteile hervorzuheben und zu bewerben. Produktinformationen, gedruckt und online, aber auch Messen bieten diese Möglichkeiten, hier muss nicht *gegengesteuert* werden. Das Schüren von Bedürfnissen findet dort statt, wo der Konsument der Zwangsbeglückung ausgesetzt ist, oder es zumindest sehr unbequem ist, sich dem Einfluss der Werbung zu entziehen: in Radio und Fernsehen, auf Plakatwänden und in Form von Postwurfsendungen, durch Anzeigen in Printmedien und im Internet. Hier kann eine – langsam ansteigende, am Ende aber massive – Steuer Einnahmen für die Behebung der Schäden liefern, aber auch eine Reduktion der konsumfördernden Aktivitäten bewirken.

Ein weiterer Wachstumstreiber ist die Obsoleszenz: Produkte müssen früher als nötig ersetzt werden. Diese Obsoleszenz kann darin begründet sein, dass eine längere Lebensdauer aus betriebswirtschaftlichen Gründen nicht angestrebt, also das Produkt nicht gezielt verbessert wird, sie kann aber auch „geplant" sein: Eine Komponente, ein Bauteil wird gezielt geschwächt, sodass das Produkt früher durch ein neues ersetzt werden muss. Ein schwieriges Thema, weil die betriebswirtschaftlichen Mechanismen nicht aus der Welt geschaffen werden können. Moral als einziges Korrektiv scheint unzureichend. Eine Möglichkeit zur Verbesserung besteht darin, neben (oder statt) gesetzlicher Gewährleistung und Garantie die geplante Lebensdauer zu deklarieren. Interessanterweise gibt es Produktbereiche, bei denen diese Zeitspannen relativ gut zusammenpassen, beispielsweise bei der Leistungsgarantie von Photovoltaikmodulen (bis zu 30 Jahren), mitunter aber auch bei Haushaltsgeräten (Waschmaschinen mit 10 oder mehr Jahren Garantie) oder Kraftfahrzeugen. Von anderen Produkten wiederum erwartet man, dass sie 20 Jahre halten, Gewährleistung und Garantie betragen aber nur 2 oder 3 Jahre, wie zum Beispiel in der Gebäudetechnik üblich. Mobiltelefone und Drucker sind ebenfalls Produkte, die viel länger halten (könnten), als Garantie gegeben wird. Würde der Hersteller nun eine geplante Lebensdauer deklarieren, wäre das für den Kunden ein zusätzlicher Aspekt, der in seine Entscheidungsfindung miteinfließt. Für den Zeitraum der geplanten Lebensdauer könnte der Hersteller eine Garantieverlängerung anbieten, sodass der Kunde weiß, unter welchen Umständen er sich auf diese Lebensdauer einstellen darf und welche Kosten noch auf ihn zukommen könnten.

Der Sinn von Subventionen und Förderungen ist in der Regel, Produkten, Technologien oder ganzen Wirtschaftszweigen einen Vorteil zu verschaffen, ohne den sie nicht existieren oder wachsen könnten. Gilt Wachstum per se nicht als wünschenswert, werden viele dieser Stützungen ihre Berechtigung verlieren. Insbesondere dann, wenn gemeinwohlschädliches Wirtschaften subventioniert wird. Aber auch die Förderung von grundsätzlich hilfreichen Technologien wie Photovoltaik, Wärmepumpen oder Wohnraumlüftung wird nicht mehr erforderlich sein, weil sie sich über ihre energietechnischen Vorzüge durchsetzen können: Die CO_2-Steuer sorgt für entsprechende Kostenwahrheit.

Diese entstehende Kostenwahrheit wird vorhandene Mechanismen stark verändern. Seit der Erfindung des Geldes können die Werte verschiedener Dinge und Leistungen auf einer Skala miteinander verglichen werden. Wenn der (möglichst) wahre Wert sichtbar gemacht werden kann, ist das nur gut. Der Wachstumstreiber der Kostenexternalisierung wurde bereits beschrieben; mit der Umschichtung der Steuerlast von Arbeit auf Ressourcen wird dem effektiv begegnet.

Vollbeschäftigung ist auch bei schrumpfendem BIP möglich: Aufgrund der beschriebenen Dreiteilung der menschlichen Arbeitskapazität verlagert sich ein relevanter Teil in die lokale Wertschöpfung, die vorhanden ist, aber nicht im BIP abgebildet wird. In der Regionalökonomie nehmen manuelle Arbeiten zu: Die Verlagerung der Steuerlast von Arbeit auf Ressourcen führt dazu, dass manuelle Tätigkeiten wieder wirtschaftlicher werden. Alleine die regionalisierte Landwirtschaft liefert ausreichend Potenzial. Der ehemalige Manager und Gründer der Stiftung „Forum für Verantwortung", Klaus Wiegandt, rechnet im Buch „Wege aus der Wachstumsgesellschaft" vor, dass 1950 noch etwa 25 Prozent der Erwerbstätigen in diesem Sektor arbeiteten, heute sind es nur noch 3 Prozent. Auch wenn das Niveau von 1950 gar nicht angestrebt wird, geht es um Millionen von Arbeitsplätzen, die in einer nachhaltigen Landwirtschaft wieder angesiedelt werden können. In der Industrie müssen dadurch signifikant weniger Arbeitskräfte untergebracht werden – das langsame, geplante Gesundschrumpfen stellt kein gesellschaftliches Problem dar.

Wer immer sich gegen Wirtschaftswachstum ausspricht, läuft Gefahr, als Feind der Wirtschaft verstanden zu werden. Zu Unrecht: Das Wirtschaftsleben ist und bleibt eine der Säulen unserer Gesellschaft; Wirtschaftstreibende und Unternehmer verdienen besonderen Respekt. Sie tragen Verantwortung, sorgen für Innovationen, sie geben Arbeit. Die Erfolgsmaßstäbe müssen aber nicht zwingend betriebswirtschaftliches Wachstum, Umsatz und Gewinn sein. Schon heute genießen Unternehmer, die besonderen Wert auf Nachhaltigkeit legen, besonderes Ansehen. Wer sein Unternehmen einen „Great Place to Work" nennen darf, ist zu Recht stolz darauf. Viele Unternehmer erstellen heute schon eine Gemeinwohl-Bilanz, wie sie vom österreichischen Publizisten Christian Felber entwickelt wurde. Sie bewertet ökologische und soziale Aspekte und gibt Aufschluss darüber, wie sehr die Organisation dem Gemeinwohl dient. Verantwortungsvoller Unternehmer zu sein, verschafft verdiente Anerkennung.

Natürlich wird es rein wirtschaftlich betrachtet Gewinner und Verlierer geben. Branchen, die wachsen, Branchen die schrumpfen oder ganz von der Bildfläche verschwinden. Das hat es allerdings im Lauf der Geschichte immer gegeben. Jeder gesellschaftliche Wandel forderte seine Opfer.

Stellt sich abschließend die Frage, ob unsere Gesellschaft als Ganzes ohne Wachstum wirtschaftlich überleben kann.

Selbstverständlich! ist man versucht auszurufen, wenn der monetäre Nutzen der technologischen Fortschritte etwas gleichmäßiger verteilt wird. Das ist zwar ein hilfreicher Aspekt, aber bei weitem nicht der einzige. All diese Veränderungen helfen, große Summen an Kosten einzusparen. In verschiedenen Teilen dieses Buches wurden externalisierte Kosten behandelt – zum Beispiel jene des Straßenverkehrs in der EU: zwischen 500 und 2.000 Milliarden Euro pro Jahr. 320 Milliarden wurden alleine für die Nitratfilterung aus dem Trinkwasser genannt. Über 100 Milliarden werden in Europa in die Werbung investiert. Alleine in Deutschland betragen die externen Kosten der (fossilen) Energieversorgung über 100 Milliarden, zusätzlich wird klimaschädliches Wirtschaften mit 50 Milliarden subventioniert. Ganz zu schweigen davon, was der Klimawandel noch für Kosten verursacht, wenn er denn nicht gestoppt wird. Doch auch die massiven Einsparungen durch die extremen Vereinfachungen in der Verwaltung können sich sehen lassen.

Einen Versuch ist es wert.

Eigentlich wollte ich diesen Abschnitt noch ergänzen: Inneres Wachstum, mehr Sinn, mehr Glück, wären die Stichworte. Außerhalb von meinem geschützten Bereich fühle ich mich aber nicht berufen, viel hierzu zu sagen. Nicht weil ich zu wenig recherchiert habe oder zu wenig darüber weiß - Wissen reicht hier nicht aus. Mit sich selbst zufrieden, im Frieden zu sein, ist wohl eine Lebensaufgabe. Schön finde ich die Ratschläge des Dalai Lama, die er zu Beginn dieses Jahrtausends aussprach. Manche davon fallen mir immer wieder ein: Verbringe jeden Tag einige Zeit mit dir allein. Dem Kochen und der Liebe widme dich mit ganzem Herzen. Lass einen kleinen Disput nie eine große Freundschaft zerstören. Beachte, dass große Liebe und großer Erfolg immer mit großem Risiko verbunden sind.

Vielleicht hilft´s, am richtigen Ort zu wachsen.

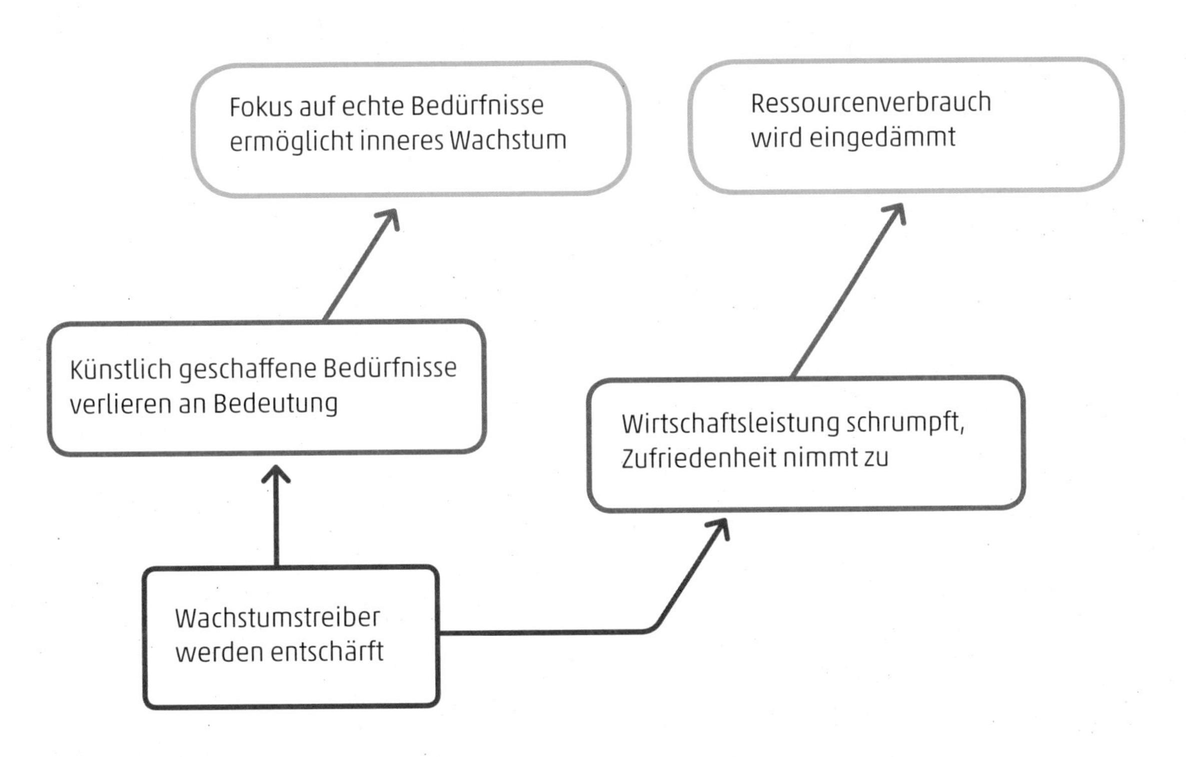

VI. Gesellschaftlicher Wandel beginnt im Kleinen

Nach den Fragen, welche Strategien zielführend und welche Maßnahmen bei der Umsetzung hilfreich sind, bleibt noch zu klären, wer dafür verantwortlich sein soll. Wer leitet einen solchen gesellschaftlichen Wandel ein, wer trägt ihn? Meist wird die Politik in der Verantwortung gesehen, und damit ist in der Regel der Staat oder die EU und nicht etwa der Gemeinderat gemeint. Doch gerade bei den kommunalen und regionalen Gremien ist der direkte Draht zur Bevölkerung zu finden; politische Verantwortung hat hier noch mit Verantwortung für Menschen zu tun. Berufspolitiker arbeiten mit ehrenamtlichen Gemeindevertretern auf Augenhöhe zusammen; das Geflecht persönlicher Kommunikation reicht bis zum unpolitischen Bürger.

Den (inter-)nationalen Parlamenten obliegt es zwar, die Rahmenbedingungen für eine gesellschaftliche Veränderung von gigantischem Ausmaß zu gestalten; die alleinige Verantwortung kann dort aber nicht verankert werden. Auch wenn sich die internationale Staatengemeinschaft im Rahmen der Klimakonferenzen auf Ziele geeinigt und die Umsetzung von erforderlichen Maßnahmen verbindlich vereinbart hat – es ist den Regierungen nicht möglich, eine klimaverträgliche Politik gegen den Willen der Bevölkerung durchzusetzen. Ein ausreichend großer Teil der Wählerschaft muss die notwendigen Entscheidungen akzeptieren, im Idealfall sogar fordern.

Einzelne Maßnahmen könnte man bewerben: Plattformen gründen, Petitionen initiieren, Volksbefragungen erwirken. Der bevorstehende gesellschaftliche Wandel ist aber kein Paket von Einzelmaßnahmen. Er kann nur stattfinden, wenn die Veränderung bei den Menschen stattfindet. Wenn vorherrschende Werteskalen hinterfragt, alte Ideale ersetzt werden, sich das Verhalten verändert. Das Gute: Dieser Prozess ist schon längst im Gange. Es ist wie beim Mathematik-Beispiel von der Seerose, die sich täglich verdoppelt: Ein paar einzelne Seerosen sieht man im großen Teich nicht; selbst die Verdoppelung wird am Anfang nicht wahrgenommen. Es dauert viele Wochen, bis man einen größeren Fleck erkennt, ein paar Tage später ist aber schon ein Viertel des Teichs mit Seerosen bedeckt. Und zwei Tage später ist der Teich voll. Auch wenn sich die gesellschaftliche Veränderung nicht linear, sondern in mehr oder weniger großen Schüben vollzieht – sie entsteht langsam und unbemerkt. Wenn sie für alle sichtbar wird, ist sie bereits nicht mehr aufzuhalten.

Der Gedanke, dass das Verhalten des Einzelnen auf unserer Erde mit ihren 7,5 Milliarden Menschen tatsächlich eine Rolle spielen soll, scheint manchmal absurd, manchmal faszinierend. Doch die Geschichte lehrt, dass gesellschaftlicher Wandel, große Transformationen nie anders stattfanden: Im Zuge der neolithischen Revolution begann der Mensch, Ackerbau und Viehzucht zu betreiben, er wurde sesshaft. Diese Entwicklung ging aber nicht von einem zentralen Ort aus, um sich dann auszubreiten. Auf Teilen der ganzen Welt begannen Menschengruppen, systematisch Landbau zu betreiben – räumlich und zeitlich voneinander unabhängig. Die industrielle Revolution fand zwar zunächst nur auf der britischen Insel, dort aber regional an vielen verschiedenen Orten und ebenfalls teilweise unabhängig voneinander statt. Die Ausbreitung auf die ganze Welt war keineswegs von einer strukturierten Planung gekennzeichnet, vielmehr fand dieser Übergang von der Agrar- zur Industriegesellschaft mit all ihren tiefgreifenden Veränderungen einfach statt, auf den verschiedenen Erdteilen, zu verschiedenen Zeiten. Oder die Abschaffung der Sklaverei – sie wurde nicht von der UNO beschlossen. In Nordamerika, in einzelnen europäischen Ländern und auch in den Kolonien veränderten sich die Wertvorstellungen der Bürger im Lauf einiger weniger Jahrzehnte grundlegend. Beeinflusst vom Geist der Aufklärung wurde die Sklaverei mehr und mehr als unmoralisch empfunden (was zuvor nicht der Fall war). Die Abschaffung der Sklaverei gelang, weil einzelne Menschen auf der ganzen Welt ihre Moralvorstellungen veränderten, gesellschaftliche Missstände erkannten und bereit waren, diese zu bekämpfen. Das macht es leicht, sich auf seine eigene Welt zu konzentrieren: Nur hier kann Veränderung stattfinden. Mahatma Gandhi hinterließ uns den schönen Ratschlag „Sei Du selbst die Veränderung, die Du Dir wünschst für diese Welt." Auf internationalen Gleichklang zu warten hilft ebenso wenig, wie zu bejammern, dass die Chinesen (oder wer immer) doch die größten Umweltsünder seien. Auch dort leben einzelne Menschen, und die verändern zur Stunde die Welt!

Es gibt Menschen, die mehr zum Wandel beitragen können als andere. Prominente, Politiker, Unternehmer und andere Personen von öffentlichem Interesse. Die noch größere Wirkung erzeugt aber die Gruppe der Einzelnen: Man kann sich engagieren, beruflich, ehrenamtlich oder politisch. Man kann auch einfach nur Teil der Veränderung sein; scheinbar unbemerkt. Wächst diese Gruppe an, wird irgendwann die kritische Masse erreicht: Der Anteil der Vorreiter wird so groß, dass sich die Mehrheit mitziehen lässt. Der Wertewandel etabliert sich und bewirkt zweierlei: Die Veränderung der politischen Rahmenbedingungen gewinnt an Akzeptanz, und der klimaverträgliche Lebensstil wird angesehen.

Zur Erinnerung: Die Hälfte der zu reduzierenden Emissionen kann direkt vom Einzelnen beeinflusst werden. Durch den Lebensstil, aber auch durch private Entscheidungen im Bereich der Effizienz und der Erneuerbaren. Kleinzellige Strukturen bieten die besten Voraussetzungen für unterstützende Maßnahmen. In den Gemeinden und Regionen, in Bezirken und Stadtvierteln kann eine Umgebung geschaffen werden, die den gesellschaftlichen Wandel fördert und ermöglicht. Je mehr die Menschen eingebunden werden, umso schneller kann Veränderung stattfinden: Partizipative Prozesse verbinden die nur scheinbar ohnmächtigen BürgerInnen mit den formalen Entscheidungsträgern. Politik wird wieder zu dem, was es im Ursprung war: Engagierte Menschen beschäftigen sich mit Fragestellungen des Gemeinwesens und setzen sich für die Verbesserung des gesellschaftlichen Lebens ein. Privat, ehrenamtlich, beruflich; die Kategorien sind nicht entscheidend.

Der Wandel beginnt, hat schon begonnen, an einzelnen Orten dieser Welt, unabhängig voneinander. Eine Vernetzung kann hier und dort stattfinden, ist aber nicht Voraussetzung. Zahlreiche positive Beispiele auf der ganzen Welt belegen dies. Nur wecken diese Good News deutlich weniger Interesse als Klima- und andere Katastrophen. Doch immer mehr Menschen nehmen die Bedrohung ernst, sehen gleichzeitig auch eine Chance, die unselige Wachstumsspirale zu durchbrechen und dem Hamsterrad zu entfliehen. Kleine und große Initiativen für eine nachhaltigere Gesellschaft entstehen und wirken – lokal und regional.

Die technisch basierten Umsetzungen der beschriebenen Strategien werden fast von selbst erfolgen, wenn die notwendigen, in sich wirtschaftlichen Lenkungsmaßnahmen greifen. Investitionen in Effizienz und erneuerbare Energien werden noch viel wirtschaftlicher sein als heute. Jeder Energieversorger wird jene Kraftwerke abstellen, die nicht mehr rentabel sind, und jenen Strom verkaufen, der vom Markt nachgefragt wird. Jedes Industrieunternehmen wird sämtliche Effizienzpotenziale nutzen, wenn es sich wirtschaftlich geradezu aufdrängt.

Was sich nicht von selbst verändert, ist der Lebensstil. Die neuen Mechanismen erleichtern die Umstellung, viele Menschen werden aber Hilfestellung benötigen. Ein Umfeld, das die Veränderung mitträgt, Vorbilder, die von den Vorzügen des neuen Lebensstils berichten können, eine Umgebung, die Veränderungen sichtbar macht und zur Normalität werden lässt.

Um die Gestaltungsmöglichkeiten dieser Umgebung genauer zu betrachten, kehren wir zu den einzelnen Lebensbereichen zurück. Die nachfolgende Grafik zeigt die Ergebnisse der ersten beiden Abschnitte, reduziert auf den privaten Einflussbereich.

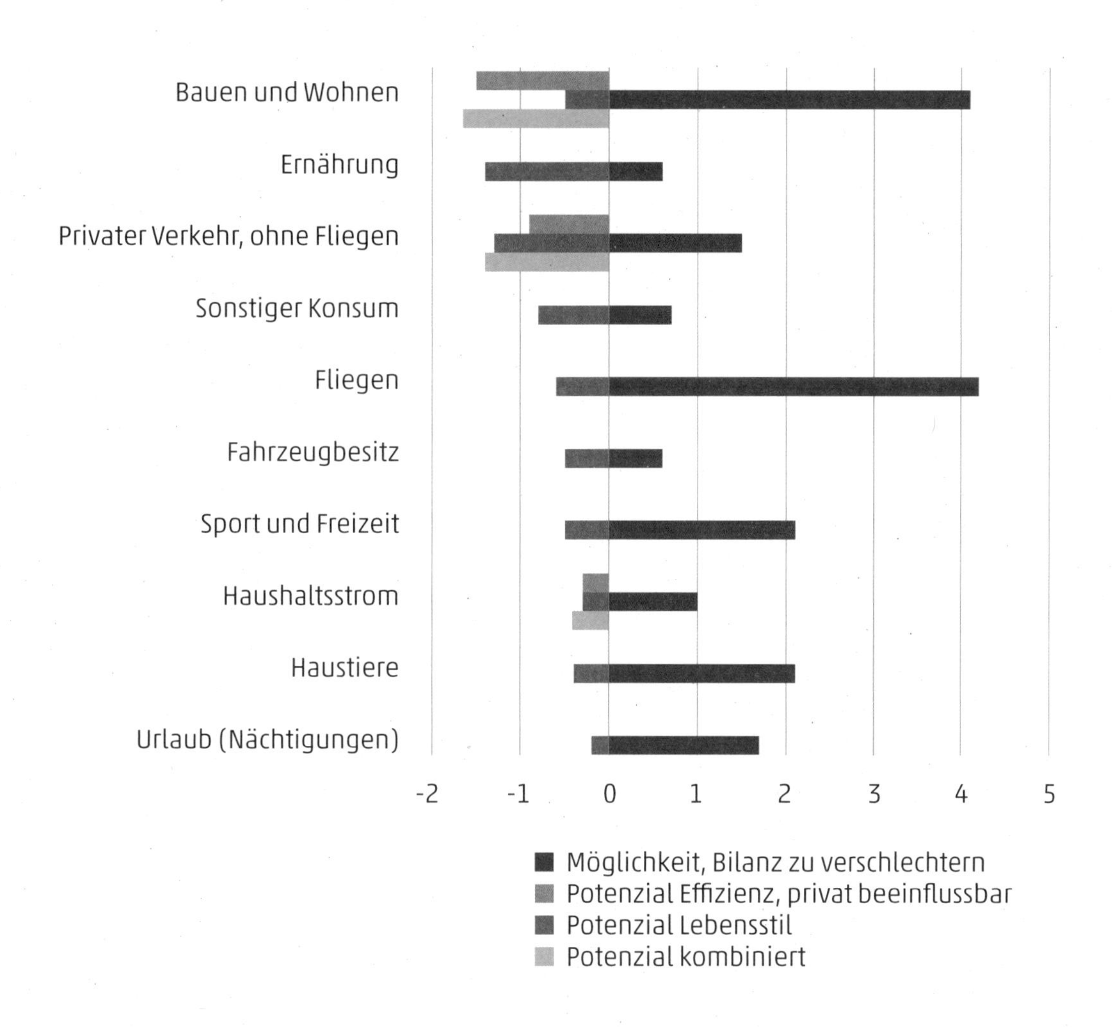

Die Bereiche Bauen und Wohnen, Ernährung, privater Verkehr und Konsum bieten gegenüber dem Durchschnitt die größten Potenziale. Die zahlreichen Möglichkeiten, die Bilanz massiv zu verschlechtern, dürfen nicht außer Acht gelassen werden. Maßnahmen zur Verringerung der Emissionen sind das eine, die Verhinderung von Emissionserhöhungen das andere.

In diesem Sinn behandeln die folgenden Kapitel die Möglichkeiten im privaten und politischen Alltag, das klimaverträgliche Leben zu erleichtern, zu unterstützen, attraktiv zu machen. Die Bandbreite ist groß!

Klimaverträgliches Bauen und Wohnen erleichtern

Richtige Entscheidungen sind eine Frage des Wissens. In eine hochwertige Beratung kann deshalb nicht genug investiert werden. Einfluss der Bauform, Wahl der Baustoffe, Energiestandard, passende Gebäudetechnik und Geräteausstattung gehören nicht zum Allgemeinwissen. Auch die Beantwortung der Fragen, ob sich eine Sanierung des Bestands lohnt und welche Aspekte abzuwägen sind, erfordert Expertise. Nur gut ausgebildete Berater können helfen, die richtigen Entscheidungen zu fällen.

Diese Beratungsdienstleistung kann von Gemeinden, Städten und Bezirken angeboten werden, aber auch von privat geführten, öffentlich unterstützten Institutionen. Wichtig ist der gesamtheitliche Ansatz: Am Ende zählen weder Energiekennzahl noch Leistungsziffer einer Wärmepumpe. Der entscheidende Maßstab lautet CO_2 pro Person und Jahr. Aufwändige Erschließungen können damit ebenso abgebildet werden wie ressourcenschonende Bauweisen. Verschwenderische Wohnflächen werden trotz bester Energiekennzahl entlarvt. Für die Darstellung der verbrauchsbedingten Emissionen können Diagramme wie das nachfolgende verwendet werden. Die Energiekennzahl ist in diesem Fall nur in Form von „PH“ (Passivhaus, 15 kWh/m^{2}a) und „NEH“ (Niedrigenergiehaus mit 45 kWh/m^{2}a) enthalten; für beide dieser Gebäudestandards werden drei unterschiedliche Ausführungen von Wärmepumpen-Heizsystemen angeführt. Je aufwändiger das System gestaltet wird, umso höher die erreichbare Jahresarbeitszahl (JAZ). Der eigentliche, lineare Zusammenhang besteht zwischen Wohnfläche pro Person und der CO_2-Emission pro Person und Jahr. Der durchschnittliche Warmwasserverbrauch pro Person ist berücksichtigt; er wird mit der jeweils angeführten Systemeffizienz abgedeckt.

Das Diagramm liefert mehrere Informationen: Bei durchschnittlicher Wohnfläche schneidet ein sehr guter Energiestandard (Passivhaus) immer besser ab als ein guter Standard (Niedrigenergiehaus), auch wenn im Passivhaus die einfachste (JAZ 2,5) und im Niedrigenergiehaus die aufwändigste Technik (JAZ 4,5) eingesetzt wird. Je besser der Gebäudestandard, umso weniger kann eine aufwändige Technik bewirken. Der Mehrverbrauch von sehr großen Wohnflächen kann allenfalls kompensiert werden, indem sehr guter Gebäudestandard mit sehr aufwändiger Technik kombiniert wird.

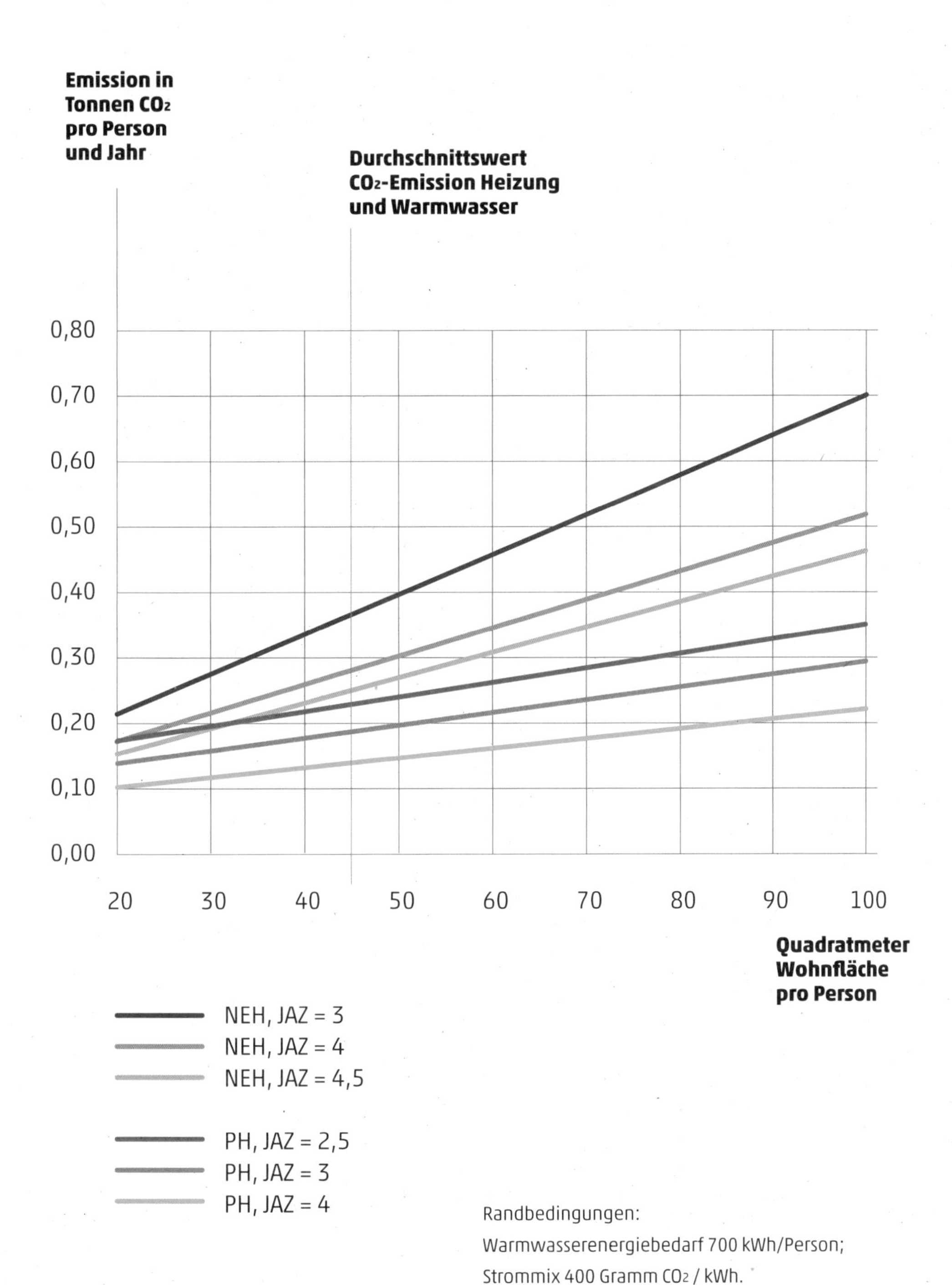

Randbedingungen:
Warmwasserenergiebedarf 700 kWh/Person;
Strommix 400 Gramm CO_2 / kWh.

Peter Bamm, deutscher Arzt und Schriftsteller, formulierte es treffsicher:
„Fleiß für die falschen Ziele ist noch schädlicher als Faulheit für die richtigen."
Wir fahren einen Toyota Prius mit Hybridantrieb. Der mittlere Verbrauch liegt bei etwa 5 Liter pro 100 Kilometer. Das ist nicht schlecht, könnte aber viel besser sein: Wenn die gefahrenen Strecken länger wären, kämen die Vorzüge des Hybrids viel besser zu tragen. Das Ziel, für 100 Kilometer weniger als 4 Liter zu verbrauchen, wäre ohne Weiteres erreichbar, würden wir nur mehr (längere Strecken) fahren. Ähnlich verhält es sich mit vielen anderen spezifischen Werten. Der Heizenergiebedarf wird auf den Quadratmeter bezogen. Ein Single im 200 Quadratmeter großen Passivhaus verbraucht aber mehr Heizenergie als ein Bewohner eines 80 Quadratmeter großen Dreipersonenhaushalts, auch wenn der Energiestandard nur durchschnittlich ist.
Solche Verbrauchskennzahlen sind darum immer mit Vorsicht zu genießen. Sie verleiten dazu, fleißig und gut gemeint die falschen Ziele zu verfolgen. Und Faulheit, zum Beispiel in Bezug auf eine besonders effiziente, aber aufwändige Gebäudetechnik, führt nicht immer zu schlechten Resultaten.

Vor diesem Hintergrund sind Förderungen zu hinterfragen, die an die Erreichung von Energiestandards und Kennwerten der Gebäudetechnik gebunden sind. Mittelfristig kann aufgrund der entstehenden Kostenwahrheit auf jegliche Förderung verzichtet werden, mit einer guten Beratung kann vielleicht heute schon dasselbe Ergebnis erzielt werden.

Neben der elektrisch betriebenen Wärmepumpe werden Biomasse und Abwärme wesentliche Lieferanten von Heizenergie werden. Müllverbrennung und industrielle Abwärme liefern wertvolle Energie, die über Nahwärmenetze verteilt wird. Am wirtschaftlichsten im urbanen Bereich, in dicht besiedelten Gebieten, damit die Wärme möglichst dort genutzt wird, wo sie anfällt. Abwärmekataster können wertvolle Informationen liefern, wo die Errichtung wirtschaftlich interessant ist. Biomasse soll vorwiegend in Holzgaskraftwerken zur Gewinnung elektrischer Energie eingesetzt werden. Die Nutzung der anfallenden Wärmeenergie ist in Gegenden mit hohem Mehrfamilienhausanteil am wirtschaftlichsten; je nach Energiestandard bieten sich Distrikte von 500 bis 1.000 Wohneinheiten aufwärts an. Also dort, wo keine industrielle Abwärme genutzt werden kann, aber dennoch ausreichend Wärmeabnehmer zur Verfügung stehen und der Rohstoff Biomasse zudem günstig angeliefert werden kann.

Für die Erreichung der Klimaschutzziele im Bereich des Gebäudebestands ist die Reihenfolge der Maßnahmen von entscheidender Bedeutung: Zuerst muss die Gebäudehülle auf den erforderlichen energetischen Standard gebracht werden, erst danach ist die Installation einer
neuen Gebäudetechnik sinnvoll. Eine Wärmepumpe für ein unsaniertes
Einfamilienhaus kann nach der Sanierung nicht mehr effizient betrieben werden, außerdem ist die Installation vor der Sanierung viel teurer
als danach. Ein Fern- oder Nahwärmenetz, das heute einen Gebäudebestand mit einem Heizenergiebedarf von 100 kWh/m²a versorgt, kann in
10 bis 20 Jahren nicht mehr wirtschaftlich betrieben werden! Sowohl die
flächendeckende Errichtung von Holzgaskraftwerken als auch die Nutzung von industrieller Abwärme ist deshalb keine kurzfristige Aufgabe,
sondern über zwei bis drei Jahrzehnte anzulegen.

Einer Raumplanung, die Zersiedelung eindämmt, Bebauungsdichte maßvoll erhöht und nachhaltige Mobilität begünstigt, kommt eine besonders
wichtige Rolle zu. Erschließungsaufwände werden reduziert; der Errichtungsaufwand von Gebäuden mit höherer Dichte ist tendenziell niedriger als jener von Einfamilienhäusern. In diesem Zusammenhang gewinnt das gemeinsame Bauen an Bedeutung.

Barbara Nothegger beschreibt in ihrem Buch „Sieben Stock Dorf" die
persönlichen Erfahrungen mit ihrem gemeinschaftlichen Wohnprojekt.
Vom Wert großer Fahrradräume und gemeinsamer Kleinwerkstatt. Welche Möglichkeiten das gemeinsame Wohnen bietet, wie sich gute Nachbarschaft auf die Lebensqualität auswirkt, aber auch welche Herausforderungen zu meistern sind. Die eingearbeiteten Studien und Vergleiche
zu anderen Wohnprojekten im deutschsprachigen Raum liefern über
den persönlichen Erfahrungsbericht hinaus wertvolle und sachliche
Informationen.

Energiekennzahlen und ökologische Standards gewährleisten noch keinen nachhaltigen Wohnbau, sie bieten nur gute Voraussetzungen dafür.
Die Beratungsstellen könnten Anlaufstelle für Interessenten an solchen
Bauprojekten sein. Vielleicht stellt die Gemeinde sogar eine Fachperson,
die eine Gruppe, die sich gefunden hat, ein Stück weit begleitet. Das muss
sich nicht auf junge Familien beschränken: Gemeinsames (Bauen und)
Wohnen „im besten Alter" ist ebenfalls ein spannendes Thema. Man
kann von erfolgreichen Beispielen berichten, aber auch darstellen, worin
die Tücken des gemeinsamen Bauens liegen, worauf besonders zu achten
ist. Das hilft, vom selbstverständlichen Einfamilienhaus auf der grünen
Wiese wegzukommen und das gemeinsame Bauen zu kultivieren.

Moderne Mobilität fördern

Die zuvor erwähnte Raumplanung beeinflusst auch das Mobilitätsverhalten. Kleinzelligkeit ist von Vorteil: Die täglichen Wege können zu Fuß oder mit dem Fahrrad bewältigt werden, wenn ein Nahversorger um die Ecke zu finden ist. Gute Verkehrsplanung sorgt für komfortable Fußwege und ein lückenloses Radwegenetz. Die Durchsetzung des Fahrrads als Hauptverkehrsmittel kann beschleunigt werden. Städte wie Münster oder Freiburg im Breisgau zeigen es vor: Mit 39 beziehungsweise 34 Prozent aller Wege ist das Fahrrad das meistgenutzte Verkehrsmittel noch vor dem Zufußgehen und Autofahren. Der Anteil des Radverkehrs liegt damit etwa doppelt so hoch wie in den meisten anderen Städten. Neben dem gut ausgebauten Radwegenetz machen auch andere Einrichtungen das Radfahren attraktiv: Fahrradparkhaus mit eigener Fahrradwaschanlage, „unechte Einbahnstraßen", die von Radfahrern in beide Richtungen befahren werden dürfen und Leihfahrräder im gesamten Stadtgebiet.

Die Anschaffung von E-Bikes und Fahrradanhängern wird schon in vielen Gemeinden gefördert. Öffentliche Ladestationen signalisieren den Aufwärtstrend der elektrischen Fahrradmobilität. Öffentlich ausgeschriebene Fahrradwettbewerbe animieren Sommer wie Winter zur gesunden Fortbewegung. Tempolimits von 30 bis 40 km/h für Kraftfahrzeuge gelten innerorts als gesamtwirtschaftlich optimal, berücksichtigt man externalisierte Kosten wie Unfall und Lärm. Das macht den Radverkehr noch sicherer und attraktiver, die Lebensqualität wird generell gesteigert.

Das Angebot des öffentlichen Verkehrs wird ausgebaut und durch eine Reihe von Serviceleistungen komfortabler: Einfache Apps und Webtools ermöglichen nicht nur eine schnelle Auskunft über die nächste Abfahrtszeit, sondern liefern optimale Reisemöglichkeiten durch die Kombination verschiedener Verkehrsmittel. Zu Fuß, mit dem Fahrrad, mit Öffis, Taxi oder eigenem Auto – die schnelle Ermittlung der möglichen Kombinationen samt Fahrzeiten, Kosten und CO_2-Emission(!) erleichtert die Wahl enorm. Solange die Benutzung von öffentlichen Verkehrsmitteln noch nicht Bestandteil des Grundeinkommens ist, können Gemeinden, Städte und Länder einspringen, um das Kostenargument möglichst aus dem Weg zu räumen. Ein Teil des investierten Geldes kommt in Form von reduzierten externalisierten Kosten des Individualverkehrs zurück.

Ein anderer Teil kann in Form von intensiverer Parkplatzbewirtschaftung eingenommen werden. Die flächendeckende freie Fahrt für alle reduziert zudem die Verwaltungskosten.

Der verbleibende motorisierte Individualverkehr wird zunehmend elektrisch betrieben. Der Umstieg wird attraktiv, wenn Elektroautos begünstigt werden: In Norwegen dürfen die Busspuren benutzt werden; in schadstoffgeplagten Innenstädten wären Gratisparkplätze für gekennzeichnete Elektroautos effektiv. Wenn Städte und Gemeinden ihren eigenen Fuhrpark elektrisch betreiben, können auch Testfahrten für private Interessenten angeboten werden.

Die Vorteile eines elektrischen Antriebs sind nirgends so gravierend wie im innerstädtischen Stop-and-go-Verkehr – geradezu prädestiniert für Busverkehr und Taxi-Branche. Die Eliminierung jeglicher Schadstoffe wirkt sich ebenso positiv aus wie der deutlich reduzierte Geräuschpegel. Für die öffentliche Hand ein Grund, die rasche Umstellung zu unterstützen!

Private und öffentliche Arbeitgeber stellen in der Regel Autostellplätze kostenlos zur Verfügung. Das ist nicht ganz fair: Die Kosten für Grund, Errichtung und Erhaltung der Plätze werden nur für die autofahrenden Mitarbeiter ausgegeben. Nimmt ein Mitarbeiter keinen Stellplatz in Anspruch, könnten ihm die eingesparten Kosten bar vergütet werden.

Carsharing-Modelle werden attraktiv, wenn ausreichende Dichte und Verfügbarkeit gewährleistet sind. Eine Gruppe von Unternehmen, ein Netzwerk von Kommunen oder auch engagierte BürgerInnen können die Sache in die Hand nehmen: Die Idee bewerben, mit einer Basis von Interessenten starten und die Öffentlichkeit neugierig machen. Am besten mit elektrisch betriebenen Fahrzeugen.

Die Einführung einer CO_2-Buchhaltung ermöglicht jeder Gemeinde, jeder Stadt eine Standortbestimmung und das Definieren und Verfolgen von Zielen. All diese Initiativen bewirken aber noch mehr als den primären Effekt der Einsparung. Sie wirken im öffentlichen Raum: Alle nehmen wahr, dass sich die Zeit verändert, wohin der Trend geht.

Gesunde Ernährung und nachhaltige Landwirtschaft fördern

Zum erforderlichen Umbau der Landwirtschaft können Gemeinden und Länder besonders viel beitragen. Information steht immer ganz am Anfang: Die Bedeutung der Ernährung in Bezug auf den Klimawandel ist in der Öffentlichkeit noch viel zu wenig präsent. Der Zusammenhang zwischen gesunder Ernährung und Klimaschutz ist deutlich zu machen. Ein Vortrag, eine kleine Veranstaltungsreihe, ein *Klima-Kochkurs* - es gibt eine Reihe von Möglichkeiten, um gesundes Essen wieder mehr in den Mittelpunkt zu rücken. Ein Bioladen darf in keiner Gemeinde fehlen. Die Direktversorgung ab Hof stellt Regionalität und Saisonalität sicher – die öffentliche Hand kann dies ermöglichen, forcieren, unterstützen. Manche Gemeinden stellen heute schon landwirtschaftliche Flächen zur Verfügung, die von Gemeindebürgern als Gemeinschaftsgärten genutzt werden. Eine ideale Gelegenheit, Wissen über nachhaltige, biologische Landwirtschaft unter die Leute zu bringen. Voraussetzung ist, dass dieses Wissen vorhanden ist und weitergegeben wird. Klimaschutzbeauftragte, die in Gemeinden immer öfter anzutreffen sind, könnten die Aufgabe als Generalisten abdecken; je intensiver die Sache betrieben wird, umso mehr können Spezialisten dafür eingesetzt werden. Rund um Klimafarming, Terra-Preta-Böden und Permakulturen ist fundiertes Wissen noch nicht allzu verbreitet. Zwei Themenbereiche sind von besonderer Bedeutung.

Erstens: Die Regenerierung von humusarmen Böden mittels Biokohle. Die Herstellung der Biokohle und der vielfältige Nutzen wurden in den Abschnitten II und III beschrieben. Für den kommunalen Bereich ist hervorzuheben, dass die produktiveren, humusreicheren Böden mit ihrem vergrößerten Wasserspeichervermögen einen wesentlichen Beitrag zum Hochwasserschutz leisten. Das Wissen hierzu ist vorhanden und muss nur verbreitet werden: Die „Ökoregion Kaindorf“ hat mittlerweile ein Netzwerk von 150 Landwirten in ganz Österreich aufgebaut. Auf 1.600 Hektar Ackerland werden jährlich über 16.000 Tonnen CO_2 mithilfe von Biokohle gebunden. Seit 2017 gibt es eine eigene Humus-Akademie, die regen Zuspruch findet.

Zweitens: Landwirtschaft dezentralisieren. Die kleinste landwirtschaftliche Einheit ist das eigene Fensterbrett, der eigene Garten. Ein Gemeinschaftsgarten am Ortsrand kann schon größer gestaltet werden. Auch wenn der Selbstversorgungsgrad beachtlich ansteigt, eine Vollversorgung ist nach heutigen Maßstäben weder denkbar noch muss sie angestrebt werden. Wenn aber Massentierhaltungen und riesige, glyphosatbesprühte Monokulturen bald der Vergangenheit angehören sollen, gehört die Zukunft kleinen bis mittelgroßen Farmen, die eine breite Palette von Nahrungsmitteln anbauen. „Mikrofarmen" mit einer Größe von einigen wenigen Hektar können als Permakultur aufgebaut und professionell betrieben werden. Ein Vorzeigebeispiel ist die französische Farm „Bec Hellouin". Die Produktion ist so vielfältig und reichhaltig, dass die Vollversorgung von bis zu 20 Personen möglich ist. Die Betreiber können sogar wirtschaftlich gute Ergebnisse vorweisen. Der Aufbau einer solchen Farm kostet zwar etwas mehr, die Erträge pro Fläche sind aber deutlich höher als in der konventionellen Landwirtschaft: In Permakulturen wachsen – anders als in agroindustriellen Monokulturen – verschiedene Pflanzen nebeneinander, innerhalb eines Jahres auch nacheinander.
Etwas größere Einheiten sieht das Konzept „Neustart Schweiz" von Hans Widmer vor: Höfe mit etwa 60 Hektar sorgen für 70 Prozent Selbstversorgung einer Siedlung mit rund 500 Einwohnern. Ein hoher Selbstversorgungsgrad ist von großem Nutzen, doch gibt es natürlich auch Lebensmittel, die hier nicht angebaut werden können. Für diesen Teil gewährleistet ein fairer Handel die soziale und ökologische Nachhaltigkeit. Was Akteure von Gemeinden, Kantonen und Ländern hierfür tun können: sich weiterbilden, informieren, Bedürfnisse wecken, günstige Rahmenbedingungen schaffen, Initiativen unterstützen. Und stolz sein auf die engagierten Bürger- und UnternehmerInnen.

Nachhaltiges Wirtschaften ermöglichen

Von der Veränderung der Arbeitswelt werden vor allem die regionalen Ökonomien profitieren. Das betrifft eine ganze Reihe von Branchen: allem voran die Landwirtschaft – bio ist weniger maschinen- und ressourcenintensiv, dafür werden mehr Arbeitskräfte benötigt. Der Trend zu regionalen Lebensmitteln führt zu regionaler Wertschöpfung.

In der Baubranche schafft die immer wirtschaftlicher werdende Sanierung einen erhöhten Bedarf an Handwerkern aus der Region – das Geld bleibt im Land und muss nicht mehr für Gas- und Ölimporte ausgegeben werden. Die sukzessive Umrüstung auf Wärmepumpen wird – im Zuge der Gebäudesanierung – die Installationsbranche fordern. Das Streben nach möglichst weitgehender, regionaler Energieautonomie schafft weitere Arbeitsplätze: Gebäudetechniker, Lüftungs- und Heizungsinstallateure, die Effizienzverbesserungen vornehmen, Anlagen für Abwärmenutzung errichten, Nahwärmenetze und solarthermische Anlagen für Prozesswärme installieren. Weiters wird für die Planung und Errichtung der vielen dezentralen Holzgaskraftwerke und Biogasanlagen eine Reihe von gut ausgebildeten Spezialisten benötigt.

Die Verteuerung von Ressourcen und die gleichzeitige Verbilligung der Arbeitskraft löst einen Reparaturboom aus – Handwerker aller Sparten werden benötigt. Attraktivität und Zukunftssicherheit dieser Berufe müssen der Öffentlichkeit vermittelt werden. Manche Ausbildungszweige müssen ausgebaut werden, andere sind erst einzuführen. Neugründungen von kleinen Handwerks- und Reparaturunternehmen können von der öffentlichen Hand unterstützt werden – in Form von spezifischen Beratungen, erleichterten Rahmenbedingungen und vielleicht auch eigens geschaffener Infrastrukturen: ein Reparaturhaus für Fahrräder und Bohrmaschinen, Drucker und Schuhe, Kleider und Rasenmäher. In jedem Dorf, in jeder Stadt, in jedem Viertel.

Die mancherorts schon etablierten Reparaturcafés dienen als Einstiegshilfe: Handwerklich begabte Menschen, vielleicht schon im Ruhestand aber noch voller Tatendrang, stellen sich zur Verfügung, um Reparaturen durchzuführen, die sich beim Hersteller des Produkts niemals lohnen würden. Die öffentliche Hand kann Räume zur Verfügung stellen, private Initiativen unterstützen und bei der Bewerbung helfen. Dasselbe gilt für Tausch- und Schenkbörsen. Wie viele Produkte würden nicht weggeworfen oder jahrelang im Keller stehen, wie viele Produkte müssten nicht neu gekauft werden, wenn das Schenken und Tauschen unkompliziert möglich wäre? Benötigt werden auch hier nur die öffentliche, lokale Infrastruktur und eine entsprechende Bewerbung. In ebenso kleinzelligen Strukturen bieten sich Verleihe von selten benötigten Gebrauchsgegenständen an: Heimwerker-Equipment, manches Gartenwerkzeug, vielleicht ein elektrisches Lastenrad?

Der öffentliche Raum kann auf diese Weise belebt werden, es entstehen neue Marktplätze. Lokale Kleinstanbieter können ihr Angebot in einem gemeinsamen Verkaufslokal – im gemieteten Regal – der Öffentlichkeit präsentieren: kreatives Handwerk, Selbstgemachtes, regionale Spezialitäten, Strickwaren und vieles mehr. Der Vorarlberger Unternehmensentwickler und Mitgründer der bereits erwähnten Tauschbörse „Talente", Gernot Jochum-Müller, hat schon eine Reihe von solchen Projekten initiiert – auf der Plattform www.allmenda.com findet sich ein Auszug davon. Das neueste Projekt heißt „Zeitpolster" und dient der Verwaltung von Betreuungsleistungen für bedürftige Menschen. Die Leistungen werden von den BetreuerInnen unbezahlt erbracht, es wird aber ein Zeitpolster angespart, das für die spätere, eigene Betreuung verwendet wird.

Eine erprobte Möglichkeit, die regionale Ökonomie zu unterstützen, sind regionale Währungen. Das bekannteste Beispiel ist der „Chiemgauer". Das regionale Geld wird um denselben Betrag an Euros gekauft und kann nur in der Region ausgegeben werden. Derzeit wird die Regionalwährung von fast 500 Unternehmen akzeptiert, knapp 700.000 Euro sind in Form von Chiemgauern im Umlauf. Das Geld zirkuliert in der Region, bis es jemand nicht mehr in der Region ausgeben möchte und wieder in Euro wechselt. Dafür fallen fünf Prozent Regionalbeitrag an. Der Konsument genießt keinen direkten monetären Vorteil; er weiß aber, dass er die regionale Wirtschaft stärkt, was ihm oder seiner unmittelbaren Umgebung zugutekommt: Jeder Unternehmer, der die Währung entgegennimmt, ist daran interessiert, seine Lieferanten ebenfalls mit dem Regionalgeld zu bezahlen. Ein Anbieter außerhalb der Region müsste in diesem Fall um mindestens fünf Prozent billiger sein. Das alles basiert in hohem Maße auf Freiwilligkeit und Idealismus. Nach Wegen, die regionale

Währung automatisiert und kontinuierlich in Umlauf zu bringen, wird noch gesucht. Der schwedische Humanökologe Alf Hornborg präsentierte Ende 2017 einen interessanten Vorschlag, nach dem das Bedingungslose Grundeinkommen in der Regionalwährung ausbezahlt wird. Ein spannender Ansatz, der jede Regionalökonomie mit einem Schlag massiv aufwerten würde. Über die Frage, wie das Geld zum Staat zurückfließen soll, wird noch diskutiert – die bevorstehende Steuerrevolution ermöglicht vielleicht eine smarte Lösung: Die Einschränkung der Gültigkeit auf die jeweilige Region gilt nicht für Energieversorger und Rohstofflieferanten. Diese dürfen und müssen jede Regionalwährung annehmen, damit das Geld in Form der Ressourcensteuer wieder rückfließen kann. Weil die privaten Ausgaben für Energie und Rohstoffe viel niedriger sind als das Grundeinkommen, ist gewährleistet, dass der größte Teil zumindest einige Male innerhalb der Region zirkuliert.

Vorbild sein

Nüchterne Daten und Fakten sind im Moment der Informationsaufnahme oft interessant, werden aber gerne wieder vergessen. Geschichten hingegen verbleiben viel besser in der Erinnerung. „Die Seele denkt niemals ohne Bilder", brachte es Aristoteles auf den Punkt – und Bilder entstehen überall dort, wo Realitäten geschaffen werden. In Form von Gebäuden und Fahrzeugen, aber auch in Form von persönlichen Geschichten. Vor-Bilder prägen sich ein.

Gemeinden, Städte, Kantone und Bundesländer verfügen über eine Vielzahl von Möglichkeiten, mit gutem Beispiel voranzugehen. Das beginnt bei den öffentlichen Gebäuden: Wann immer eine Schule, ein Rathaus, ein Veranstaltungssaal saniert oder neugebaut werden muss, kommt nur der nachhaltigste Standard in Frage. Nicht nur das Gebäude selbst, sondern auch seine Einrichtung, seine Technik, Beleuchtung und IT sind dabei zu beachten. Die langfristige Wirtschaftlichkeit ist gegeben und die Vorbildwirkung enorm! Dasselbe gilt für den öffentlichen Fuhrpark. Jedes sichtbare Elektroauto sendet eine Botschaft aus: Die Technologie ist da, es funktioniert. Sogar die Straßenbeleuchtung bietet Potenzial, dessen Ausschöpfung von der Öffentlichkeit positiv wahrgenommen wird. Teilabschaltungen und die Umrüstung auf LED entlasten zudem das öffentliche Budget.

Steht in der Kantine des Rathauses vermehrt Saisonales und Regionales auf der Karte, werden die MitarbeiterInnen die Vorzüge kennenlernen und nach außen tragen. Das gilt auch für Schulen und Universitäten. Bei öffentlichen Veranstaltungen bewirkt ein nachhaltiges Speisenangebot weit mehr, als die Emission, die gerade vermieden wird. So mancher Bürger lernt vielleicht etwas Neues kennen und kommt auf den Geschmack.

Letztlich schreiben wir selbst unsere (Lebens-)Geschichten, die von anderen wahrgenommen werden – innerhalb der Familie, bei der Arbeit, in unserem privaten Umfeld. Manche von uns stehen besonders im Fokus des öffentlichen Interesses. Nicht jeder Lebensbereich muss preisgegeben werden, manches bleibt aber nicht verborgen: Welche Verkehrsmittel benutzen wir? Wie bauen und wohnen wir? Wie und wohin verreisen wir? Welchen Hobbys gehen wir nach?

Da fällt mir eine letzte Geschichte ein. Von Hermann Scheer, dem Starredner bei dem Architektursymposium, von dem ich schon erzählt habe. Um Mut für die Umsetzung von nachhaltigen Technologien zu machen, erzählte er von seiner Tätigkeit als Bundestagsabgeordneter. Davon, wie das EEG (Erneuerbare-Energien-Gesetz) und das 100.000-Dächer-Programm zustande kamen: „Am Anfang werden Sie für eine solche Idee nur belächelt. Wenn die Sache aber Anhänger findet und größer zu werden droht, gibt es meist eine Reihe von Menschen, die Nachteile aus der Veränderung zu erwarten glauben – von denen werden Sie auf das Bitterste bekämpft. In der dritten Phase, wenn die Idee nicht mehr aufzuhalten ist, haben es hingegen alle immer schon gewusst: Das ist die Zukunft."

Hermann Scheer war sozusagen eine der ersten Seerosen im Teich.

Erzählen Sie Geschichten. Erzählen Sie von Ihrem Leben, erzählen Sie durch Ihr Leben. Im kleinen Kreis oder in der Öffentlichkeit. Erzählen Sie sie in Schulen und Kindergärten, in Vereinen und Unternehmen.

Erzählen Sie auch davon, welche Auswirkungen Ihr Lebensstil hat, wie Sie sich dabei fühlen, woraus Sie Ihre Kraft schöpfen.

Erzählen Sie von den Erfolgen im Kampf gegen die globale Erwärmung. Ermitteln Sie ihre Emissionen, ermitteln Sie die Emissionen Ihres Unternehmens, Ihrer Gemeinde, Ihrer Stadt oder Ihres Viertels und verfolgen Sie Ziele. Reduzieren Sie den Fußabdruck jedes Jahr um ein paar Prozent und erzählen Sie davon!

Engagieren Sie sich privat, ehrenamtlich, beruflich oder politisch und erzählen Sie vom Sinn Ihres Engagements. Erzählen Sie von der Wichtigkeit von Energiewende und gesellschaftlichem Wandel und von der Bedeutung Ihrer Arbeit.

Erzählen Sie Geschichten aus der guten neuen Zeit.

Dank

Ohne die vielen Menschen, die mir zur Seite standen, gute Ratschläge gaben und kritische Anmerkungen machten, hätte ich das Buch nicht schreiben können. Mein Freund Hans-Joachim Gögl gab mir den wertvollen Tipp, mich bei Aufbau und Konzeption des Buches professionell begleiten zu lassen; ich hatte ja zuvor noch nie ein Buch geschrieben. Michael Gleich war dieser Profi, der mir im Rahmen eines Workshops so viele unangenehme Fragen stellte, dass ich danach endlich begann, ein richtiges Konzept zu erarbeiten. Im weiteren Verlauf diente er mir immer wieder als Gesprächspartner und Anlaufstelle für besonders heikle Fragen.
Mein Nachbar und Wegbegleiter Helmut Krapmeier gab mir ein wertvolles Feedback zum ersten geschriebenen Abschnitt. Meiner Einladung zu einer ersten Vorstellung der recherchierten Ergebnisse und aufgestellten Thesen folgte eine Reihe von Fachleuten aus den Bereichen Energie, Gebäude, Ökologie und Politik: Martin Brunn, Adi Groß, Thomas Hammerer, Stephen Kaltheier, Hermann Kaufmann, Markus Kaufmann, Helmut Krapmeier, Bernd Krauß, Dietmar Lenz, Günter Morscher, Mario Nussbaumer, Martin Ploss, Andreas Postner, Hans Punzenberger, Matyas Scheibler, Willi Schlader, Christian Vögel und Gerhard Zweier. Ich erhielt viel Bestätigung und Motivation, aber auch viele kritische Fragen und wertvolle Anregungen. Adi Groß erklärte sich zudem bereit, als Fachlektor einige der gewagten Thesen auf Plausibilität zu prüfen.
Für Ausarbeitung und Gestaltung konnte ich ein tolles Team gewinnen: Caroline Egelhofer und Wolfgang Pendl für das Lektorat, Martin Caldonazzi und Veronica Burtscher für die Grafik, und Wolfgang Mörth steuerte die fantastische utopische Geschichte bei. Alle zusammen berieten mich im Rahmen der Jour fixes zu allen möglichen Fragestellungen.
Von der ersten Idee bis zum konzentrierten Finale stand mir meine Frau Doris zur Seite, bekräftigte mich in meinem Vorhaben, duldete geistige Absenzen, setzte sich mit Ideen auseinander, von denen ich zutiefst überzeugt war, später aber wieder verwarf und begleitete meinen Veränderungsprozess liebevoll. Auch meine Söhne Adrian und Raphael hörten sich viele meiner Überlegungen bereitwillig an und unterstützten mich in meinem Vorhaben.

Herzlichen Dank!

Anhang

Glossar

Berufsverkehr: Die Fahrt zwischen Wohnort und Arbeitsstätte.

Biokohle (auch Pflanzenkohle): Kohle, die mittels Pyrolyse aus pflanzlichen Ausgangsstoffen hergestellt wird.

Biokraftstoffe (auch Biotreibstoffe): Flüssige oder gasförmige Kraftstoffe, die aus Biomasse hergestellt wurden.

Biomasse: Tierische und pflanzliche Erzeugnisse, deren Energieinhalt in Wärme, elektrische Energie oder Bewegungsenergie umgewandelt werden kann. Sie kann in fester, gasförmiger und flüssiger Form vorliegen. Beispiele: Holz, Holzpellets, Hackschnitzel, Stroh, Getreide, Biogas.

Brennstoffzelle: Apparatur zur chemischen Umwandlung von der Energie eines Brennstoffs (häufig Wasserstoff) in elektrische Energie.

Bruttoinlandsprodukt (BIP): Gesamtwert aller im Lauf eines Jahres im Inland hergestellten Endprodukte, in Form von Waren und Dienstleistungen. Der Wert ergibt sich aus der Summe von privaten und staatlichen Konsumausgaben, den Bruttoinvestitionen sowie dem Export-Import-Saldo.

COP (Coefficient of Performance): Das Verhältnis von erzeugter Wärmeleistung zur eingesetzten elektrischen Leistung.

Digitalisierung: Gesellschaftlicher Veränderungsprozess der sich aufgrund des immer weitreichenderen Einsatzes von digitalen Technologien vollzieht.

Elektrolyse: Chemische Umwandlung von elektrischer Energie in die Energie eines Stoffes (in der Energietechnik häufig Wasserstoff).

Emissions-Handelsbilanz: Saldo aus den vorgelagerten Emissionen exportierter und importierter Güter.

Endenergie: Energie, die beim Verbraucher ankommt und im Gebäude ihrer Nutzung zugeführt wird. Die Menge an zur Verfügung stehenden Endenergie ist geringer als die eingesetzte Primärenergie, weil beispielsweise die Stromerzeugung verlustbehaftet ist.

Energiepflanzen: Pflanzen, die speziell für die energetische Nutzung angebaut werden.

Externalisierte Kosten: Auf die Gemeinschaft abgewälzte Kosten, die durch privaten Konsum - z.B. von staatlich subventionierten Gütern – entstanden sind.

Fernwärme: Zentrale Wärmeversorgung einer größeren Menge von Abnehmern. Als Wärmelieferanten treten etwa Industriebetriebe, Müllverbrennungsanlagen und Biomasseheizwerke auf. Der Energietransport erfolgt in einem wärmegedämmten, meist unterirdischen Rohrleitungssystem.

Flexitarier: Mensch, der den Konsum von Fisch und Fleisch stark einschränkt, aber nicht gänzlich darauf verzichtet.

Geschäftlicher Verkehr: Reisen, die im Rahmen einer geschäftlichen Tätigkeit unternommen werden.

Gigawattstunden (GWh): Einheit für Energie. Eine GWh entspricht einer Million kWh.

Gini-Koeffizient: Index zur Darstellung von ungleichen Verteilungen, häufig verwendet für die Darstellung von Einkommens- und Vermögensverhältnissen.

Heizenergiebedarf: Energiebedarf für die Beheizung eines Gebäudes, unter Berücksichtigung des Anlagenwirkungsgrades.

Heizwärmebedarf: Bedarf an Wärmeenergie für die Beheizung eines Gebäudes.

Hypokausten: Hohlräume in Fußböden und Decken, durch welche warme Luft zu Beheizungszwecken zirkuliert.

Jahresarbeitszahl (JAZ): Das Verhältnis von der im Lauf eines Jahres erzeugten Wärmeenergie zur eingesetzten elektrischen Energie.

Kältemittel: Fluid, das in Kältemaschinen und Wärmepumpen eingesetzt wird, um die Energie eines kälteren Mediums auf ein wärmeres Medium zu übertragen.

Kaverne: Natürlicher oder künstlich geschaffener, unterirdischer Hohlraum, in dem flüssige oder gasförmige Stoffe gelagert werden können.

Kilowattstunden (kWh): Einheit für Energie.

Klimafarming: Landwirtschaftliches Konzept, das mithilfe von Biokohle Humusaufbau und Bodensanierung betreibt und gleichzeitig Kohlenstoff bindet, um die CO_2-Emission in die Atmosphäre zu reduzieren.

Komfortlüftung: Mechanisches System zur Be- und Entlüftung von Wohngebäuden, in der Regel mit hocheffizienter Wärmerückgewinnung ausgestattet.

Konviviale Technologien: Vom Philosophen Ivan Illich geprägter Begriff. Er beschreibt technische Hilfsmittel, welche die menschliche Arbeitskraft nicht ersetzen, sondern nur unterstützen.

Kostenwahrheit: Liegt vor, wenn mit den Einnahmen eines Konsumvorgangs sämtliche dadurch verursachte Kosten abgedeckt werden.

Kraft-Wärme-Kopplung: Die Energie eines Brennstoffs wird sowohl in Bewegungsenergie (meist zur Erzeugung von elektrischem Strom) als auch in Wärmeenergie umgewandelt.

Lastmanagement: Die zeitliche Steuerung von elektrischen Verbrauchern, um die (Verbraucher-)Last an das momentane Angebot von elektrischer Energie anzupassen.

Lohnnebenkosten: Kosten, die vom Arbeitgeber zusätzlich zum Arbeitnehmerlohn im direkten Zusammenhang mit dem Arbeitsverhältnis zu tragen sind.

Lüftungswärmeverluste: Wärmeverluste, die durch manuelles oder mechanisches Lüften von beheizten Gebäuden auftreten.

Luftwärmepumpe: Wärmepumpe, die der Umgebung (Außenluft) Wärmeenergie entzieht und zur Beheizung nutzbar macht.

Maslowsche Bedürfnispyramide: Beschreibt menschliche Bedürfnisse und Motivationen in einer hierarchischen Anordnung.

Medianeinkommen: Höhe jenes Einkommens, das die Einkommensbezieher in eine untere und eine obere Hälfte teilt.

Nahwärme: Zentrale Wärmeversorgung von mehreren Gebäuden, ähnlich der Fernwärme, jedoch in kleinerem Maßstab.

Obsoleszenz: Das Altern / Veraltetwerden eines Produkts. Wird dies absichtlich und vorzeitig herbeigeführt, spricht man von geplanter Obsoleszenz.

Offshore (Windenergie): auf dem Meer

Onshore (Windenergie): auf dem Land

Permakultur: Landwirtschaftliches Konzept mit dauerhaften, in sich geschlossenen Kreisläufen. Verschiedene Pflanzen werden sowohl nebeneinander als auch zeitlich nacheinander so angebaut, dass ein symbiotisches Zusammenleben entsteht.

Power-to-Gas: Gewinnung eines Brennstoffs (Wasserstoff, Methan) mittels elektrischer Energie aus erneuerbaren Quellen.

Power-to-Liquid: wie Power-to-Gas, mit nachfolgender Verflüssigung.

Primärenergie: Energie in der ersten Form der Umwandlungskette, zum Beispiel Erdöl, Erdgas und Kohle, aber auch Biomasse, Sonnen- oder Windenergie.

Prozesswärme: Wärme, die nicht für Heizzwecke, sondern für technische Prozesse benötigt wird. In der Industrie (z.B. Schmelzen), in der Landwirtschaft (z.B. Trocknen), aber auch beispielsweise in Beherbergungsbetrieben (Waschen).

Pyrolyse: Die thermische Spaltung chemischer Verbindungen. Durch hohe Temperaturen wird ein Bindungsbruch von großen Molekülen in kleinere erzwungen.

Regionalwährung: Zusatz- oder Komplementärwährung, die nur innerhalb einer definierten Region Gültigkeit besitzt.

Sektorkopplung: Die gemeinsame Betrachtung der bekannten Verbrauchssektoren Elektrizität, Wärme (Brennstoffe), Verkehr (Treibstoffe) und Industrie und deren Verschränkung.

Smart Grid (auch Intelligentes Stromnetz): Stromerzeuger kommunizieren digital mit Energiespeichern und Stromverbrauchern.

Solewärmepumpe: Wärmepumpe, die dem Erdreich mittels Kühlflüssigkeit (Sole) Wärmeenergie entzieht und zur Beheizung nutzbar macht.

Terawattstunden (TWh): Einheit für Energie. Eine TWh entspricht einer Milliarde kWh.

Terra-Preta-Boden: Fruchtbarer Boden mit hohem Anteil an Biokohle.

Treibhausgase: Gase, die zum Treibhauseffekt und somit zur globalen Erwärmung beitragen. Anthropogene, also Treibhausgase menschlichen Ursprungs sind vor allem Kohlendioxid (CO2), Methan (CH4), Lachgas (N2O), sowie Fluorkohlenwasserstoffe, Schwefelhexafluorid (SF6) und Stickstofftrifluorid (NF3).

Verbrauchssektoren: Elektrizität, Wärme (Brennstoffe), Verkehr (Treibstoffe) und Industrie.

(Volks-)Wirtschaftlichkeit: Verhältnis von monetärem Nutzen zu monetärem Aufwand, jeweils innerhalb eines definierten Zeitraums. Die Kenngröße kann für private Entscheidungen ebenso herangezogen werden, wie für betriebs- oder volkswirtschaftliche.

Weltklimarat (IPCC): „Intergovernmental Panel on Climate Change“ / “Zwischenstaatlicher Ausschuss für Klimaänderungen”, wurde 1988 als wissenschaftliches Gremium ins Leben gerufen und ist eine Institution der UN.

Zitierte und weiterführende Literatur

Paech, Niko,
Befreiung vom Überfluss. Auf dem Weg in die Postwachstumsökonomie,
München 2012

Scheub, Ute,
Schwarzer Stefan,
Die Humusrevolution,
München 2017

Rosa Wolf,
Arm aber Bio!,
München 2010

Serge Latouche,
Es reicht!,
München 2015

Bernd Sommer, Harald Welzer,
Transformationsdesign,
München 2017

Kora Kristof,
Wege zum Wandel, Wie wir gesellschaftliche Veränderungen erfolgreicher gestalten können,
München 2010

Daniel Kahneman,
Schnelles Denken, langsames Denken,
München 2012

Daniele Ganser,
Europa im Erdölrausch,
Zürich 2012

Andrew Sayer,
Warum wir uns die Reichen nicht leisten können,
München 2017

Ulrike Guérot,
Warum Europa eine Republik werden muss,
Bonn 2016

Harald Welzer,
Klaus Wiegandt (Hrsg.),
Wege aus der Wachstumsgesellschaft,
Frankfurt am Main 2013

Hans-Joachim Gögl,
Josef Kittinger (Hrsg.),
Tage der Utopie, Entwürfe für eine gute Zukunft,
Hohenems 2015

Barbara Nothegger,
Sieben Stock Dorf, Wohnexperimente für eine bessere Zukunft,
Wien 2017

Christian Felber,
Gemeinwohlökonomie, Das Wirtschaftsmodell der Zukunft,
Wien 2010

Datenquellen

Seite 6ff
Intergovernmental Panel On Climate Change (Hrsg.), aufgerufen am 3.5.2017, http://ipcc.ch/index.htm

Seite 14
Bundesamt für Umwelt BAFU (Hrsg.), *Kenngrössen zur Entwicklung der Treibhausgasemissionen in der Schweiz 1990–2015*, Bern 2017

Seite 17ff
IFEU-Institut für Energie- und Umweltforschung Heidelberg, 2016; aufgerufen am 17.5.2017 https://www.klimatarier.com/de/Fragen/Glossar#CO2Lebensmittel

Seite 20
Kirsten Havers, *Die Rolle der Luftfracht bei Lebensmitteltransporten*, Berlin 2008

Seite 21
Anita Idel, Verena Fehlenberg and Tobias Reichert, *Livestock production and food security in a context of climate change, and environmental and health challenges*, 2013

Seite 22
Mark A. Sutton et al, *European Nitrogen Assessment, Technical Summary*, Cambridge 2011

Seite 23
Niels Jungbluth, Simon Eggenberger, Regula Keller, *Ökoprofil von Ernährungsstilen*, Zürich 2015

Seite 24
Umweltbundesamt (Hrsg.), *Daten zum Verkehr, Ausgabe 2012*, Berlin 2012

Seite 28
INFRAS und IWW (Hrsg.), *Externe Kosten des Verkehrs, Zusammenfassung der Aktualisierungsstudie*, Zürich/Karlsruhe, 2004.

Seite 28
VCÖ (Hrsg.), *Ökonomisch effizienter Verkehr – Nutzen für alle*, Wien 2005

Seite 30
Friedrich Pötscher et al., *Ökobilanz alternativer Antriebe – Elektrofahrzeuge im Vergleich*, Wien 2014

Seite 30
Isabel van de Sand et al., *Abschätzung von Potenzialen zur Verringerung des Ressourcenverbrauchs im Automobilsektor*, Wuppertal 2007

Seite 30
Dieter Teufel et al., *Ökobilanzen von Fahrzeugen*, Heidelberg 1990

Seite 35
Deutsche Lufthansa AG (Hrsg.), *Balance*, Köln 2011.

Seite 36
Flughafen Zürich AG (Hrsg.), *Zahlen und Fakten 2016*, Zürich 2017.

Seite 36
Rolf Grupp, aufgerufen am 28.6.2017, www.cci-dialog.de

Seite 39
Sybille Büsser et al., *Umweltbelastungen verschiedener Ferienszenarien*, Uster 2010.

Seite 39
Alex König et al., *Treibhausgasbilanz verschiedener Ferienszenarien*, Zürich 2014

Seite 39
Ulrich Reinhardt, *Tourismusanalyse 2017*, Hamburg 2017.

Seite 39
Alexander Lerch, *Energieflussanalyse eines 4-Sterne-Hotels*, Graz 2003

Seite 41
Skilifte Lech, Ing. Bildstein Gesellschaft m.b.H., *Umwelterklärung 2008*, Lech 2008

Seite 41
Ulrike Pröbstl, Alexandra Jiricka, *Carbon Footprint Skilifte Lech*, Wien 2014

Seite 41
Nicolas Ürlings, *Das Fitnessstudio als Kraftwerk*, Aachen 2009

Seite 41
Wirtschaftskammer Oberösterreich, *Energiekennzahlen und –sparpotenziale für Gastronomiebetriebe*, Linz 1998

Seite 41
ÖGUT (Hrsg.), *Kennzahlen zum Energieverbrauch in Dienstleistungsgebäuden*, Wien 2011

Seite 41
Wirtschaftskammer Österreich (Hrsg.), *Tourismus und Freizeitwirtschaft in Zahlen*, Wien 2016

Seite 41
EHI Retail Institute GmbH, abgerufen am 29.12.2017, www.handelsdaten.de

Seite 42
Utopia GmbH, abgerufen am 30.6.2017, https://utopia.de/0/ratgeber/wie-viel-co2-verursacht-ein-haustier?p=1

Seite 42
Statista GmbH, angerufen am 31.10.2017, https://de.statista.com/infografik/12761/beliebteste-hunderassen-in-deutschland/

Seite 44
Systain Consulting GmbH, *220 Gramm Textil, 11 Kilogramm CO2. Der Carbon Footprint von Bekleidung*, Hamburg 2009

Seite 44
co2online gemeinnützige gmbH, *Pendos CO2-Zähler*, München und Zürich 2007

Seite 45ff
Magistrat der Stadt Wien, abgerufen am 3.7.2017, https://www.wien.gv.at/statistik/wirtschaft/tabellen/konsumerh-oe-vergleich-05-10.html

Seite 48ff
Uwe R. Fritsche, Hans-Werner Greß, *Development of the Primary Energy Factor of Electricity Generation in the EU-28 from 2010-2013*, Darmstadt 2015

Seite 48ff
co2online gemeinnützige gmbH, *Stromspiegel für Deutschland 2017*, Berlin 2017

Seite 48ff
Thomas Bogner et al., *Outlook „Lifestyle 2030", Determinanten für den österreichischen Stromverbrauch in Haushalten*, Wien 2012

Seite 48ff
Statista GmbH, aufgerufen am 15.12.2017, https://de.statista.com/statistik/daten/studie/165364/umfrage/energieverbrauch-der-privaten-haushalte-fuer-wohnen-2000-und-2009/

Seite 51
Rainer Greiff, *Nachhaltiges Bauen – Umwelttechnologieeinsatz und Ressourceneffizienz bei Sanierung und Neubau*, Darmstadt 2011

Seite 51
Tobias Hatt, *Ökobilanzen mit HEROES*, zum Zeitpunkt des Drucks noch unveröffentlicht.

Seite 62
Volker Quaschning, *Sektorkopplung durch die Energiewende*, Berlin 2016

Seite 64
Martin Ploss et al., *Modellvorhaben „Klinawo", Klimagerechter nachhaltiger Wohnbau, Zwischenbericht Jänner 2017*, Dornbirn 2017

Seite 72
Martin Ploss et al., *Energieperspektiven, Szenarien zum künftigen Energiebedarf des Wohngebäudeparks – ›Dampferstudie‹, Vorarlberg 2010 – 2070*, Dornbirn und München 2017

Seite 73
Arbeitsgemeinschaft Energiebilanzen e.V. (Hrsg.), *Auswertungstabellen zur Energiebilanz Deutschland 1990 bis 2016*, Berlin 2017

Seite 75
VCÖ (Hrsg.), *Faktencheck E-Mobilität, Was das Elektroauto tatsächlich bringt*, Wien 2017

Seite 75
Daniel Sokolov, abgerufen am 28.7.2017, https://www.heise.de/newsticker/meldung/E-Autos-verbrauchen-viel-mehr-Strom-als-angegeben-3081667.html

Seite 79
Volker Quaschning, *Sektorkopplung durch die Energiewende*, Berlin 2016

Seite 79
Ronny Kay, Bundesministerium für Wirtschaft, *Politische Bedeutung und Rahmenbedingungen industrieller Abwärmenutzung*, Nürnberg 2017

Seite 79
Tobias Turek, *Wärmerückgewinnung und Abwärmenutzung – Nutzungsmöglichkeiten und Praxisbeispiele*, Nürnberg 2017

Seite 80
Thomas Hammerer, *Monitoring und Evaluierung des Energie- und Warmwasserverbrauches in neu errichteten und sanierten Gebäuden*, Egg 2014

Seite 81
Tobias Turek, *Wärmerückgewinnung und Abwärmenutzung – Nutzungsmöglichkeiten und Praxisbeispiele*, Nürnberg 2017

Seite 81
Peter Sattler et al., *Energieeffiziente Klimatisierung*, Wien 2010

Seite 82
Manfred Stahl, aufgerufen am 14.8.2017, https://cci-dialog.de/wissensportal/projekte/klimatechnik/waermeabfuehrung_aus_einem_rechenzentrum_mit_freier_kuehlung.html?buyBackLink=/wissensportal/projekte/klimatechnik/waermeabfuehrung_aus_einem_rechenzentrum_mit_freier_kuehlung.html&page=2&buyBackPage=1

Seite 82
Manfred Stahl, aufgerufen am 22.9.2017, https://www.cci-dialog.de/branchenticker/2017/kw38/05/rechenzentrum_heizt_6900_haeuser.html?backLink=/branchenticker/?date=22.09.2017

Seite 82
Peter Sattler, *Energieeffizienzpotenziale bei Motorsystemen in Österreich, Fallbeispiele*, Wien 2013

Seite 89f
Gerald Dunst, aufgerufen am 4.10.2017, http://www.sonnenerde.at/index.php?route=common/page&id=1254

Seite 89f
Elena Käppler, *Lebenszyklusanalyse der Strom- und Wärmeerzeugung einer Holzvergasungsanlage inklusive Nahwärmenetz, am Beispiel des Schwebefestbettvergasers des Energiewerk Ilg, Dornbirn*, Dornbirn 2017

Seite 89f
Scheub, Ute, Schwarzer Stefan, *Die Humusrevolution*, München 2017.

Seite 94
REN21 (Hrsg.), *Renewables 2014, Global Status Report*, Paris 2014

Seite 98
Christian Mähr, *Vergessene Erfindungen, Warum fährt die Natronlok nicht mehr?*, Köln 2002

Seite 105
Mathis Buddeke, Frank Merten, *„Nutzung von Wasserstoffspeichern im europäischen Stromsystem 2050"; Teilbericht D16 zum Forschungsvorhaben RESTORE 2050 – Regenerative Stromversorgung & Speicherbedarf im Jahr 2050; FKZ 03SF0439B, gefördert durch das Bundesministerium für Bildung und Forschung (BMBF)*, Wuppertal, 2017

Seite 105
Momir Tabakovic, *Elektrische Energiespeicher, Aktuelle Forschungsergebnisse*, Feldkirch 2017

Seite 107
acatech – Deutsche Akademie der Technikwissenschaften e. V., Deutsche Akademie der Naturforscher Leopoldina e. V., Union der deutschen Akademien der Wissenschaften e. V. (Hrsg.), *»Sektorkopplung« – Optionen für die nächste Phase der Energiewende*, Berlin 2017

Seite 110ff
Uwe R. Fritsche, Hans-Werner Greß, *Der nichterneuerbare kumulierte Energieverbrauch des deutschen Strommix im Jahr 2014 sowie Ausblicke auf 2015 und 2020*, Darmstadt 2015.

Seite 110ff
Reinhard Haas et al., *Stromzukunft Österreich 2030, Analyse der Erfordernisse und Konsequenzen eines ambitionierten Ausbaus erneuerbarer Energien*, Wien 2017

Seite 110ff
Joachim Nitsch, *Erfolgreiche Energiewende nur mit verbesserter Energieeffizienz und einem klimagerechten Energiemarkt – Aktuelle Szenarien 2017 der deutschen Energieversorgung*, Stuttgart 2017

Seite 110ff
Christian Bauer, Stefan Hirschberg, *Potenziale, Kosten und Umweltauswirkungen von Stromproduktionsanlagen*, Bern 2017

Seite 112
Brosowski André et al., *A review of biomass potential and current utilisation - status quo for 93 biogenic wastes and residues in Germany*, Leipzig 2016

Seite 112
Peter Hirschberger, *Potenziale der Biomassenutzung aus dem österreichischen Wald unter Berücksichtigung der Biodiversität*, Wien 2006

Seite 114
Ritter Solar, aufgerufen am 15.1.2018, http://ritter-xl-solar.com/anwendungen/prozesswaerme/ julius-blum-gmbh-at/

Seite 120
Umweltbundesamt, *Nachhaltige Stromversorgung der Zukunft, Kosten und Nutzen einer Transformation hin zu 100% erneuerbaren Energien*, Dessau-Roßlau 2012

Seite 120
acatech – Deutsche Akademie der Technikwissenschaften e. V., Deutsche Akademie der Naturforscher Leopoldina e. V., Union der deutschen Akademien der Wissenschaften e. V. (Hrsg.), *»Sektorkopplung« – Optionen für die nächste Phase der Energiewende*, Berlin 2017

Seite 122
Stadt Linz, aufgerufen am 3.1.2018, https://www.linz.at/presse/2004/200401_13227.asp

Seite 127
Erich Hau: *Windkraftanlagen – Grundlagen, Technik, Einsatz, Wirtschaftlichkeit*, Berlin/Heidelberg 2014

Seite 153
Umweltbundesamt, *Repräsentative Erhebung von Pro-Kopf-Verbräuchen natürlicher Ressourcen in Deutschland (nach Bevölkerungsgruppen)*, Dessau-Roßlau 2016

Seite 163
Ecoplan (Hrsg.), *Volkswirtschaftliche Auswirkungen einer ökologischen Steuerreform, Analyse mit einem berechenbaren Gleichgewichtsmodell für die Schweiz*, Bern 2012

Seite 196
Verein Ökoregion Kaindorf, aufgerufen am 9.1.2018, https://www.oekoregion-kaindorf.at/humusaufbau.95.html

Seite 197
Neustart Schweiz, aufgerufen am 12.1.2018, https://neustartschweiz.ch/nach-hause-kommen/

Über den Autor

Christof Drexel übernahm nach seiner Ausbildung zum Maschinenbauer den Betrieb seines Vaters in Bregenz, ein regionales Unternehmen für Lüftungsbau. Später entwickelte er hocheffiziente Kompaktgeräte für Heizen, Lüftung und Warmwasserbereitung, mit denen „drexel und weiss" zum Technologie- und Marktführer bei der Haustechnik für Passivhäuser wurde. 2016 schied er aus dem operativen Geschäft aus und arbeitet seither als Berater und Autor.